职业教育课程改革创新教材
服装设计与工艺专业群系列教材

服装结构设计

主　编　陈　鑫　陈荣潘
副主编　黄发柏　谷林润　米热尼沙·依马木

科 学 出 版 社
北　京

内 容 简 介

本书主要内容包括服装结构制图基础、服装结构制图方法、裙装结构制图、裤装结构制图、上衣结构制图、裙装变化款式结构制图、裤装变化款式结构制图及其他变化款式结构制图。本书内容深入浅出、环环相扣，绘图及标注规范严谨，理论结合实践，可以使学习者较全面地掌握服装结构设计的原理、方法及规律。

本书既可作为职业学校服装设计与工艺专业学生的学习用书，又可作为服装专业培训用书与服装专业技术人员的参考用书。

图书在版编目（CIP）数据

服装结构设计/陈鑫，陈荣潘主编. —北京：科学出版社，2022.12

职业教育课程改革创新教材　服装设计与工艺专业群系列教材

ISBN 978-7-03-070889-2

Ⅰ. ①服…　Ⅱ. ①陈…　②陈…　Ⅲ. ①服装设计-结构设计-职业教育-教材　Ⅳ. ①TS941.2

中国版本图书馆 CIP 数据核字（2021）第 258213 号

责任编辑：张振华　刘建山 / 责任校对：马英菊
责任印制：吕春珉 / 封面设计：东方人华平面设计部

科学出版社 出版
北京东黄城根北街 16 号
邮政编码：100717
http://www.sciencep.com

三河市骏杰印刷有限公司印刷
科学出版社发行　各地新华书店经销
*
2022 年 12 月第 一 版　开本：889×1194　1/16
2022 年 12 月第一次印刷　印张：12 3/4

字数：320 000

定价：58.00 元

（如有印装质量问题，我社负责调换〈骏杰〉）
销售部电话 010-62136230　编辑部电话 010-62135120-2005

前　言

PREFACE

党的二十大报告指出："加快建设国家战略人才力量，努力培养造就更多大师、战略科学家、一流科技领军人才和创新团队、青年科技人才、卓越工程师、大国工匠、高技能人才。"为了更好地贯彻落实二十大报告精神，编者根据二十大报告和《职业院校教材管理办法》《高等学校课程思政建设指导纲要》《"十四五"职业教育规划教材建设实施方案》等相关文件精神，结合编者多年的教学和实践成果，编写了本书。在编写过程中，编者紧紧围绕"培养什么人、怎样培养人、为谁培养人"这一教育的根本问题，以落实立德树人为根本任务，以学生综合职业能力培养为中心，以培养卓越工程师、大国工匠、高技能人才为目标。

与同类图书相比，本书的体例更加合理和统一，概念阐述更加严谨和科学，内容重点更加突出，文字表达更加简明易懂，工程案例和思政元素更加丰富，配套资源更加完善。具体而言，本书具有以下几个方面的突出特点。

1. 校企"双元"联合开发，行业特色鲜明

本书是在行业专家、企业专家和课程开发专家的指导下，由校企"双元"联合编写的新形态融媒体教材。编者均来自教学或企业一线，具有多年的教学或实践经验。在编写本书的过程中，编者能紧扣该专业的培养目标，遵循教育教学规律和技术技能人才培养规律，将产业发展的新技术、新工艺、新规范、新设备、新材料融入教材，反映服装设计师岗位及典型工作任务的职业能力要求

2. 体现以人为本，强调实践能力培养

服装结构设计是职业院校服装类专业的主干课程，是服装专业实践性教学环节的重要组成部分。服装结构设计既是服装造型设计的延伸和发展，又是服装工艺设计的准备和基础，在整个服装设计中起着承上启下的作用。简单地说，服装结构设计的过程就是服装产品的款式、结构、工艺的设计过程，具有一定的技能性和操作性。

本书切实从职业院校学生的实际出发，摈弃了以往服装结构设计教材中过多的理论描述，在知识讲解上"削枝强干"，力求理论联系实际，从实用、专业的角度剖析各个知识点，以浅显易懂的语言和丰富的图示来进行说明，注重学生应用能力和实践能力的培养。

3. 与实际工作岗位对接，突出"工学结合"

本书采用"模块化教学"和"项目化教学"的编写理念，以真实生产项目、典型工作任务、案例等为载体，以服装设计师岗位知识、能力、素养要求为核心，严格按照服装设计师岗位要求，构建知识、能力与素养结构体系，并根据该体系确定教学模块和教学项目，满足模块化、项目化等多种教学方式的要求。

4. 对接职业标准，体现"岗课赛证"融通

在编写过程中，紧密围绕"知识、技能、素养"三位一体的教学目标，将服装结构设计的相关知识、技能、素养融入教学项目，注重对接1+X职业资格证书和国家职业技能标准及技能大赛要求，体现"书证"融通、"岗课赛证"融通。

5. 融入思政元素，落实课程思政

为落实立德树人根本任务，充分发挥教材承载的思政教育功能，本书凝练项目中的思政要素，融入精益化生产管理理念，将质量意识、创新意识、职业素养、工匠精神的培养与教学内容相结合。在学习专业知识的同时，可潜移默化地提升学生的思想政治素养。

6. 配套立体化资源，便于信息化教学实施

为了方便教师教学和学生自主学习，本书配有免费的立体化的教学资源包，包括多媒体课件、实训素材及自测题。此外，本书中穿插有丰富的二维码资源链接，通过扫描可以观看相关的微课视频，便于随时随地移动学习。

本书分为 3 个模块。模块 1 为服装结构制图基础知识，包含服装结构制图基础和服装结构制图方法两个项目；模块 2 为服装基础款式结构制图，包括裙装结构制图、裤装结构制图、上衣结构制图 3 个项目；模块 3 为变化款式结构制图，包括裙装变化款式结构制图、裤装变化款式结构制图及其他变化款式结构制图 3 个项目。

本书由陈鑫（新疆轻工职业技术学院）、陈荣潘（中山市沙溪理工学校）担任主编，黄发柏（新疆轻工职业技术学院）、谷林润（新疆轻工职业技术学院）、米热尼沙·依马木（新疆轻工职业技术学院）担任副主编。具体编写分工如下：陈荣潘编写项目 1、项目 2；谷林润、米热尼沙·依马木编写项目 3、项目 4；黄发柏编写项目 5、项目 6，陈鑫编写项目 7、项目 8。

在编写过程中，深圳市格林兄弟科技有限公司提供了工程案例和素材，在此表示感谢。

由于编者水平有限，书中难免存在不足，敬请广大读者批评指正。

目　录

CONTENTS

模块1　服装结构制图基础知识

模块3　变化款式结构制图

模块 1

服装结构制图基础知识

通过学习本模块，了解服装术语、服装制图基础知识、人体测量、服装结构设计等知识；掌握服装结构制图方法、制图要求与规范，为后期在实际运用中各款式服装的结构制图打好基础；掌握服装结构制图的规则，正确识别和使用服装结构制图的基本符号和部位代号；掌握人体测量的正确方法。

项目1 服装结构制图基础

知识目标

1）了解服装术语，服装结构制图所需材料与工具。
2）掌握服装结构制图线条与符号、服装部位名称。
3）厘清服装结构设计的要素、结构设计因素与成衣构成流程。
4）掌握服装结构设计的方法。

能力目标

能够使用工具并运用正确的姿势和方法对人体进行测量。

素养目标

1）坚定技能报国、民族复兴的信念，立志成为祖国需要的行业拔尖人才。
2）树立规范意识，严格遵守服装结构制图规范，自觉践行行业道德规范。

1.1 服装术语

服装术语是服装行业用于交流的服装专业语言。由于地域上的区别，各地使用的服装术语并不完全相同，总结而言，大致有三种。一是外来语，主要来源于英语的读音和日语的汉字，如克夫、育克等；二是民间服装的工艺术语，如领口、过肩、门襟等；三是其他工程技术术语的移植，如轮廓线、辅助线等。下面介绍一些与服装结构制图相关的服装术语。

衣身（body piece）：覆合于人体躯干部位的服装裁片，分前衣身、后衣身。

领子（collar）：围绕人体颈部，起保护和装饰作用的领子样片。

翻领（lapel）：领子自翻折线至领外口的部分。

底领（collar stand）：也称领座，指领子自翻折线至领下口的部分。

领窝（neckline）：又称领口或领圈，指前后衣片在肩部缝合后，再与领子缝合的部位。

领嘴（notch）：领底口末端至门里襟止口的部位。

领上口（fold line of collar）：领子外翻的连折线。

领下口（under line of collar）：与领窝缝合的领片下口线。

领外口（collar edge）：领子的外沿边。

领串口（roll line of collar）：领面与挂面的缝合线。

领豁口（collar notch）：领嘴与领尖的最大距离。

驳头（lapel）：门里襟上部翻折部位。

驳口（roll line）：驳头翻折部位。

平驳头（notch lapel）：与上领片的夹角呈三角形缺口的方角驳头。

戗驳头（peak lapel）：驳角向上形成尖角的驳头。

串口（gorge）：领面与驳头面缝合处。

单排扣（single breasted）：里襟钉一排纽扣。

双排扣（double breasted）：门里襟各钉一排纽扣。

袖窿（armhole）：前后衣身片绱袖的部位。

袖子（sleeve）：覆合于人体手臂的服装样片。

袖山（sleeve top）：袖子上部与衣身袖窿缝合的凸状部位。

袖缝（sleeve seam）：衣袖的缝合线。

袖口（sleeve opening）：袖子下口边沿。

大袖（top sleeve）：多片袖的大袖片。

小袖（under sleeve）：多片袖的小袖片。

克夫、袖头（cuff）：夹克衫衣身下面缝接的部分和袖子下口缝接的部件，起束紧与装饰作用。

腰头（waistband）：与裤身、裙身缝合的部件，起束腰与护腰作用。

口袋（pocket）：插手和盛装物品的部件，有插袋（insert pocket）、贴袋（patch pocket）、立体袋（accordion pocket）、双嵌线袋（double welt pocket）、单嵌线袋（single welt pocket）、手巾袋（breast pocket）。

袢（tab）：起扣紧、牵吊等功能与装饰作用的部件，有领袢（collar tab）、吊袢（hanger loop）、肩袢（shoulder tab；epaulet）、腰袢（waist tab）、袖袢（sleeve tab）。

总肩宽（across back shoulder）：左肩端至右肩端的部位。

育克（yoke）：也称过肩，指前后衣身上面分割缝接的部位，现也指裙、裤片结构中的腰、腹、臀部位的育克。

门襟（front fly）、里襟（under lap）：开扣眼的衣片称门襟，钉纽扣的衣片称里襟。

搭门（front overlap）：也称叠门，指门里襟左右重叠的部分。

挂面（facing）：上衣门、里襟反面的贴边。

门襟止口（front edge）：门襟的边沿。止口可缉明线，也可不缉。

背缝（center back seam）：为贴合人体后身造型需要，在后身中间设纵向分割缝接线。

侧缝（side seam）：也称摆缝，指前后衣身、前后裙片、裤片的缝接线。

背衩（back vent）：也称背开衩，指背缝下部的开衩。

摆衩（side slit）：又称侧摆衩，指侧摆缝下部的开衩。

省（dart）：也称省道，指将人体躯干部位的凹凸型之间的多余量缝合。不同位置分别称领省（neck dart）、肩省（shoulder dart）、袖窿省（armhole dart）、腋下省（underarm dart）、腰省（waist dart）、门襟省（front dart）等。

裥（pleat）：衣身、裙、裤的前身在裁片上预留出的放松量，通常经熨烫定出裥形，在装饰的同时增加可运动松量。

塔克（tuck）：服装上有规则的装饰褶子。

公主线（princess seam）：从肩缝或袖窿处通过腰部至下摆底部的开刀缝。

上裆（seat）：也称直裆、立裆，是腰头上口至裤腿分衩处横裆线的部位，是裤子舒适与造型的重要部位。

中裆（leg width）：人体膝盖附近的部位，大约在裤脚口至臀围线的 1/2 处，是决定裤管造型的主要因素。

下裆缝（inside seam）：裤子横裆至裤脚口的内侧缝。

横裆（thigh）：上裆下部的最宽处，对应于人体的大腿围度。

烫迹线（crease line）：又称挺缝线或裤中线，指裤腿前后片的中心直线。

翻脚口（turn-up bottom）：裤脚口往上外翻的部位。

裤脚口（bottom leg opening）：裤腿下口边沿。

小裆缝（front crutch）：裤子前身小裆缝合的缝。

后裆缝（back rise）：裤子后身裆部缝合的缝。

1.2 服装结构制图基础知识

1.2.1 材料与工具

本节列出了绘制服装纸样的各种工具，并指明了具体绘制中的各种特殊用途，如表 1-2-1 所示。

服装制图
基础知识

表 1-2-1　绘制服装纸样工具的说明及特殊用途

工具	说明及用途	工具	说明及用途
锥子	木柄的锥子，用于在衣片上锥小洞，如在胸高点上打孔	圆规	有两个脚，一个脚定点，另一个脚画圆，两脚之间的距离可调节。可绘制曲线、圆弧，如圆摆裙边、褶边
曲线板	弯曲的塑料工具尺，用于作袖窿弧线与领窝弧线	直尺	制作材料为透明塑料、金属或木材，其上有刻度，长度可为 6in（15cm）、8in（20cm）或 18in（46cm），用于测量尺寸和绘制直线
大头针	17 号不锈钢大头针，用于折褶或各片重叠部分的固定	铅笔	分红、蓝两色，标号 2～3，用于制图
镇木 （或镇石、镇铁）	作图、剪布时，压住纸张或者布，使其不移动，便于操作	画粉	用于裁剪面料时绘画标记
L 形直角尺	由木质、金属或塑料制成，两直角边一边长于另一边，形如字母 L。用于绘制样板与纸样草图及长线或样板中的经纬线	点线轮	带有手柄的锯齿轮工具，用于将线迹穿透；纸张间的转移（织物与纸样间的转移）。点线轮分为两种：①锯齿，用于织物（不伤织物）；②尖齿，用于纸样（不伤纸样）
线剪	体形较小，主要用于制衣过程中裁剪线头和修剪缝纫线	样板用纸	厚重，常呈黄色，用于绘制基本样板
打孔机	在纸样上打孔，易于穿线悬挂以保存纸样	量角器	作图时用于肩斜度、省道角度等的测量
裁剪刀	尺寸至少为 9in 的剪刀。由于纸张对剪刀口有损伤，应准备两把剪刀，一把用于剪纸，另一把用于剪面料	软尺	质地较软，结构稳定，一般长约 60in，在其两端均有金属固定，并有刻度的起点标识。当拿起任意一端工作时，都能方便测量

注：1in=2.5cm。

1.2.2　制图线条与符号

制图线条符号与说明如表 1-2-2 所示。

表 1-2-2　制图线条符号与说明

线条名称	符号	说明
轮廓线		同样的边线，虚线（影示线）为下层边缘
连折线		对折线，表示左右上下相连对折，不裁开
辅助线	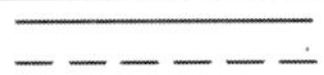	制图基础线、框架线
等分线	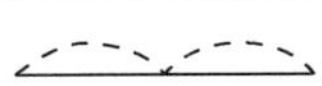	将某线段划分成若干等份
直丝线	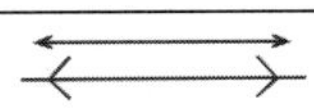	表示面料的径向
方向线	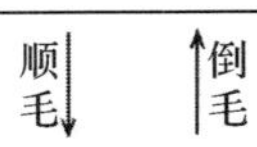	表示样板、衣片的方向，面料倒、顺毛，工艺连续性
省缝线	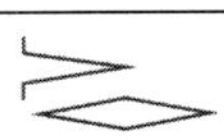	需要缝进去的线
缝缩线	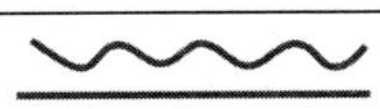	衣片吃势、收缩、抽细褶
同长符号	△▲○●◎□■ ◇◆☆★	线段相等
交叉符号	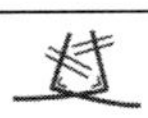	两片重叠交叉，等长

续表

线条名称	符号	说明
褶裥符号		需要折叠的部分，斜线上方要折在上层
归拔符号		需要归拢熨烫、拉伸熨烫部位
合并符号		图样合并，两片合并成一片，两线并为一线
直角符号		两线垂直相交呈 90°
切开符号		沿图样中线剪切开
扣眼符号	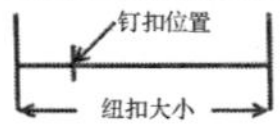	表示纽扣眼的位置、大小及钉扣位置
纽扣符号	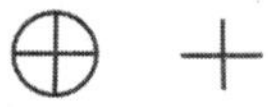	表示钉扣位置
缝止位置		表示缝止口及拉链止的位置

1.2.3　服装部位中英文名称对照表

服装部位中英文名称对照表如表 1-2-3 所示。

表 1-2-3　服装部位中英文名称对照表

中文名称	英文名称	代号	中文名称	英文名称	代号
胸围	bust	B	胸高点	bust point	BP
腰围	waist	W	侧颈点	side neck point	SNP
臀围	hip	H	肩端点	shoulder point	SP
颈围	neck	N	前颈点	front neck point	FNP
胸围线	bust line	BL	后颈椎点	back neck point	BNP
腰围线	waist line	WL	长度	length	L
臀围线	hip line	HL	袖长	sleeve length	SL
中臀围线	middle hip line	MHL	袖窿周长	arm holl	AH
袖肘线	elbow line	EL	袖口	sleeve opening	CW
膝线	knee line	KL	裤脚口	bottom leg opening	SB

1.2.4　服装设计的要素、结构设计影响因素与成衣构成流程

1）服装设计有设计、材料、制作三要素，三者相互影响、互为作用。设计是对服装效果的构思、预想和策划，材料是服装结构设计与缝制的必备条件，制作是服装设计成功的手段。制作包括结构设计与缝制，两者紧密相关，没有前期的结构设计，服装就无法裁剪与缝制。

2）服装结构设计影响因素有款式设计因素、人体因素、面料因素、缝制因素，具体如图 1-2-1 所示。

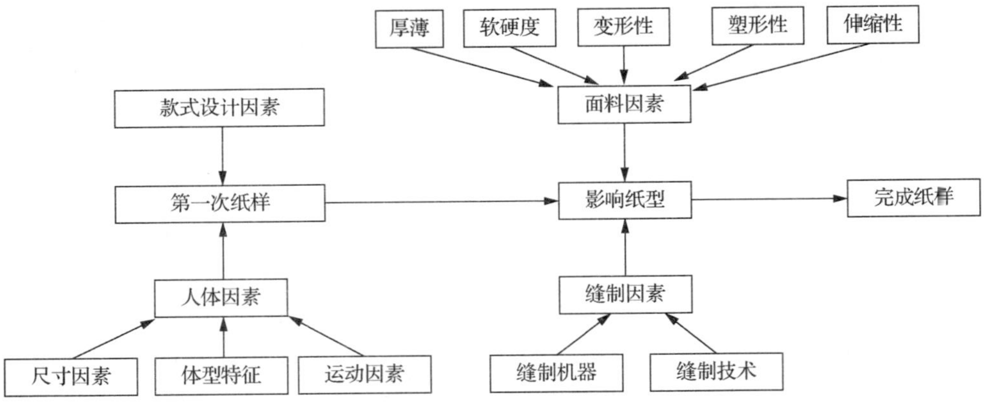

图 1-2-1　服装结构设计影响因素

3）成衣构成流程如图 1-2-2 所示。

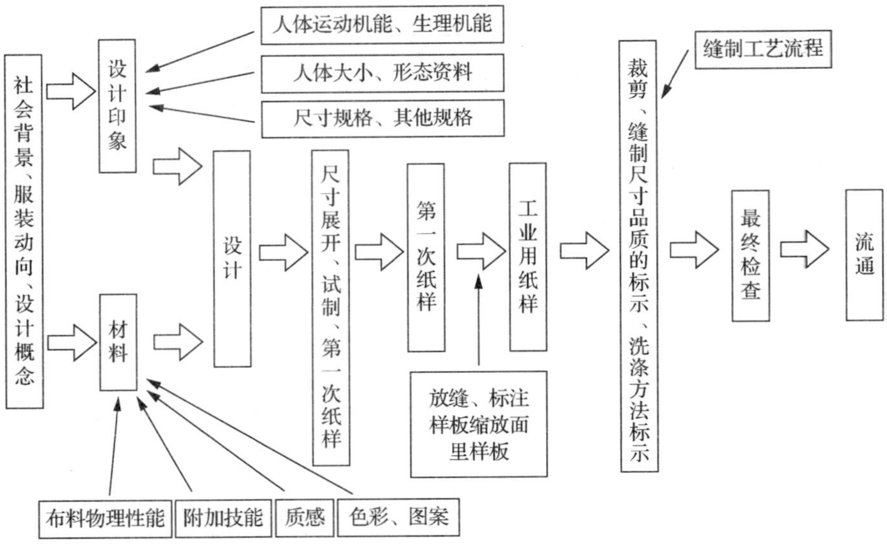

图 1-2-2　成衣构成流程

1.2.5　号型

1. 我国号型推行情况

标准服装号型规格是服装企业进行成衣纸样设计的尺寸依据。

1）我国首次实施的是 1981 年制定的《服装号型》（GB/T 1335.1—1981）。

号型标准如下。

上装：身高/胸围（如 160/84）。

下装：身高/腰围（如 160/68）。

号型系列标准如下。

成人：有 5 • 4、5 • 3、5 • 2 系列。

儿童：81～130cm 有 7 • 2 系列；130～160cm 有 5 • 3 系列。

2）1991 年完成《服装号型系列》（GB/T 1335.1—1991）新标准的修订工作，增设了 Y、A、B、C 四种体型类别。

号型标准如下。

上装：身高/胸围 A（Y、B、C）（如 160/84A）。

下装：身高/腰围 A（Y、B、C）（如 160/68A）。

3）1991 年以后又对标准做了修改，废除了 5•3 系列，增加了婴儿号型。这就是《服装号型 男子》（GB/T 1335.1—1997）、《服装号型 女子》（GB/T 1335.2—1997）和《服装号型 儿童》（GB/T 1335.3—1997）三个标准。

4）随着服装行业迅猛发展和消费者对服装的季节性、多样性、适体性的进一步要求，先后修订形成《服装号型 男子》（GB/T 1335.1—2008）、《服装号型 女子》（GB/T 1335.2—2008）、《服装号型 儿童》（GB/T 1335.3—2009）标准。

2. 服装号型标准的相关概念

（1）号型定义

号指高度，以厘米表示人体的身高，是成衣结构设计与选购服装长度的依据；型指围度，以厘米表示人体净体胸围和腰围，是成衣结构设计与选购服装肥瘦的依据。

（2）号型标志

号型标志如表 1-2-4 所示。

表 1-2-4 号型标志　　单位：cm

号/型（体型类别）	性别	中间体号型数
上装 （身高/胸围 体型类别）	男	170/88A
	女	160/84A
下装 （身高/胸围 体型类别）	男	170/74A
	女	160/68A

（3）号型系列定义

号型系列以各体型中间体为中心，向两边依次递增或递减。

（4）号型系列标准

上装以身高与胸围搭配成 5•4 号型系列数，下装以身高与腰围搭配成 5•4 号型、5•2 号型系列数。女子标准体号型系列标志如表 1-2-5 所示。

表 1-2-5 女子标准体号型系列标志　　单位：cm

胸围	身高																							
	145			150			155			160			165			170			175			180		
	腰围																							
72				54	56	58	54	56	58	54	56	58												
76	58	60	62	58	60	62	58	60	62	58	60	62	58	60	62									
80	62	64	66	62	64	66	62	64	62	62	64	66	62	64	66	62	64	66						
84	66	68	70	66	68	70	66	68	70	66	68	70	66	68	70	66	68	70	66	68	70			
88	70	72	74	70	72	74	70	72	74	70	72	74	70	72	74	70	72	74	70	72	74	70	72	74
92				74	76	78	74	76	78	74	76	78	74	76	78	74	76	78	74	76	78	74	76	78
96							78	80	82	78	80	82	78	80	82	78	80	82	8	80	82	78	80	82

（5）体型类别

一般以胸腰落差对人体体型进行分类，分为 Y（瘦体）、A（标准体）、B（偏胖体）、C（胖体）等类型。即使身高、胸围相同，腰围也会有差异（表 1-2-6）。

表 1-2-6　体型类别标志　　单位：cm

体型类别		Y（瘦体）	A（标准体）	B（偏胖体）	C（胖体）
胸腰差	男	17～22	12～16	7～11	2～6
	女	19～24	14～18	9～13	4～8

注：男士比女士的胸腰差要小。体型越瘦，胸腰差越大，体型越胖，胸腰差越小。

例如，160/84A，A 表示胸腰差为 14～18cm；160/84Y，Y 表示胸腰差为 19～24cm。

（6）系列号型配置

1）一号一型同步配置如表 1-2-7 所示。

表 1-2-7　5 · 4 A 号型　　单位：cm

项目	性别	号型						
		XXS	XS	S	M	L	XL	XXL
上装	男	155/76A	160/80A	165/84A	170/88A	175/92A	180/96A	185/100A
	女	145/72A	150/76A	155/80A	160/84A	165/88A	170/92A	175/96A
下装	男	155/62A	160/66A	165/70A	170/74A	175/78A	180/82A	185/86A
	女	145/56A	150/60A	155/64A	160/68A	165/72A	170/76A	175/80A

2）一号多型配置如表 1-2-8 所示。

表 1-2-8　5 · 4 女上装号型（1）　　单位：cm

			160/80A			
145/72A	150/76A	155/80A	160/84A	165/88A	170/92A	175/96A
			160/88A			

3）多号一型配置如表 1-2-9 所示。

表 1-2-9　5 · 4 女上装号型（2）　　单位：cm

			155/84A			
145/72A	150/76A	155/80A	160/84A	165/88A	170/92A	175/96A
			165/84A			

4）一号多型多类别配置如表 1-2-10 所示。

表 1-2-10　5 · 4 女上装号型（3）　　单位：cm

一号		Y	A	B	C
160	80	160/80Y	160/80A	160/80B	160/80C
	84	160/84Y	160/84A	160/84B	160/84C
	88	160/88Y	160/88A	160/88B	160/88C
165	84	165/84Y	165/84A	165/84B	165/84C
	88	165/88Y	165/88A	165/88B	165/88C
	92	165/92Y	165/92A	165/92B	165/92C

3. 成衣规格设计

（1）成衣规格

成衣规格，即服装成品的实际尺寸，以服装号型数据、服装式样为依据，加放适当松量等因素设计服装成品规格。成衣规格直接影响服装成品的销售和服装工业的发展。对服装企业纸样师而言，成衣规格是开展样板设计的依据，在学习服装制图中必须掌握成衣规格设计。

（2）控制部位

控制部位是指设计成衣规格时起主导作用的人体主要部位。在长度方面，有身高、颈椎点高等；在围度方面，有胸围、颈围、总肩宽、腰围及臀围（表1-2-11）。

表1-2-11 5·4人体控制部位标准数据 单位：cm

部位	男A型		女A型	
	中间体尺寸	档差	中间体尺寸	档差
身高	170	5	160	5
颈椎点高	145	4	136	4
坐姿颈椎点高	66.5	2	62.5	2
全臂长	55.5	1.5	50.5	1.5
腰围高	102.5	3	98	3
胸围	88	4	84	4
颈围	36.8	1	33.6	0.8
总肩宽	43.6	1.2	39.4	1
腰围	74	4	68	4
臀围	90	3.2	90	3.6

（3）规格设计

1）长度规格：一般是号的比例数，以加减变量来确定服装的衣长、袖长、裤长、裙长等。长度规格的计算公式为

L（腰节长、短裙长）=号/4

L（短衣长、及膝裙长）=3/10号+0～6

L（外衣长、中庸裙长）=2/5号+0（女）～6（男）

L（短大衣长、长裙）=1/2号±0～4

L（中长大衣长、裤长）=3/5号±0～4

L（长大衣长、连衣裙长）=7/10号±0～4

SL（短袖长）=号/10±0～4

SL（长袖长）=3/10号+6（女）～8（男）+1～2（垫肩厚）

2）围度规格：用型加放松量来确定服装的胸围、腰围、臀围、领围的规格。围度规格的计算公式为

B（胸围）=B^*+内穿厚（0～3～5～8）+松量（8～12～16）

W（腰围）=W^*+内穿厚（0～2）

H（臀围）=H^*+内穿厚（0～3～5）+松量（0～6～12～20）

N（领围）=N^*+（松量）1.5～2.5（合体）

3～4（春季外衣）

6～7（春秋外衣）

8～10（秋冬外衣）

3）宽度规格的计算公式为

S（肩宽）=总肩宽*+变量（1～2～3～5）

胸宽/2=0.15B^*+4～5

背宽/2=0.15B^*+5～6

4）细部规格的计算公式为

袖窿深=0.15B^*+7～8+变量

袖口宽=0.1B^*+3～5

直裆=0.1L+0.1H+6～8 或号/8+6（净）+1～2（空隙量）

腹臀宽=0.16H^*

大裆宽=0.1H^*

小裆宽=0.045H^*

裤口宽=0.2H^*+3～5（松量）

1.3 人体测量

人体测量

准确的人体各部位数据是保证服装纸样制作、服装缝制顺利进行的前提，也是确保服装穿在人身上感到舒适的重要因素。随着社会经济的发展和人们生活水平的不断提高，人们对服装穿着的要求也不断提高，这就要求在量体裁衣的过程中准确测量人体，结合所获得的人体各部位的精确数据进行服装结构设计，保证服装适合人体的体型特征。

1.3.1 测量工具

世界上没有完全相同的两片叶子，同样，由于人体是微妙的活动体，姿态各异，即使是同样的形体体型，其各部位尺寸也存在差异。虽然市面上有许多人体测量仪器，但它们很难完全测量人体的每个细节，因此，在人体测量的过程中不仅要把握人体尺寸数值，还要把握其形态特征。

1. 马丁人体测量仪

马丁人体测量仪是国际上广泛使用的二维人体测量仪，可根据需要选用各类测量器（图 1-3-1）。

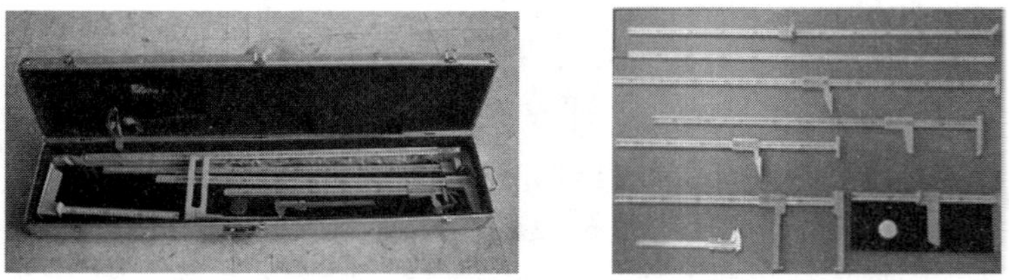

图 1-3-1 马丁人体测量仪

1）量身高尺：最高部位装有两根横向标尺，可测量人体的宽度、厚度。

2）触角标尺：可测量人体凹凸部位的厚度。

3）定规：15cm 定规，测量部分直线长度。

4）卷尺（软尺）：测量人体各部位的周长、体表长度的尺寸数值。

此外，还有体重器、体脂肪器、角度器（量肩斜）、角尺（量乳房深度）、支下脂肪尺（量皮肤厚度）等。

2. 滑动测量

滑动测量是指受测者身体各部位用活动棒点出前后形状的测量法，有水平断面型与纵向断面型两种。

3. 石膏定型测量

石膏定型测量是指用石膏绷带贴在人体上拓出人体体表特征的测量法。

4. 自动体型摄影

自动体型摄影适用于观察姿态、体型及身体歪斜特征。

5. 三维人体测量仪

三维人体测量仪是指对人体使用微弱激光，并用照相机摄下此光，测得人体三维形状的测量法。用专门分析软件把数值置换成图像数据，可了解距离（周长、厚度、宽度）数据、角度及断面形状数值。

1.3.2 人体测量点

服装结构制版是由人体各部位的点连接成线，最后由线组成的面。因此，可以将结构制图理解为由人体各部位不同的点、线、面构成的服装裁片。在人体测量中，正确把握测量点和基准线是十分重要的环节。测量点和基准线都是固有的，一般为骨骼的端点、突起点和肌肉的沟槽等部位（图1-3-2）。

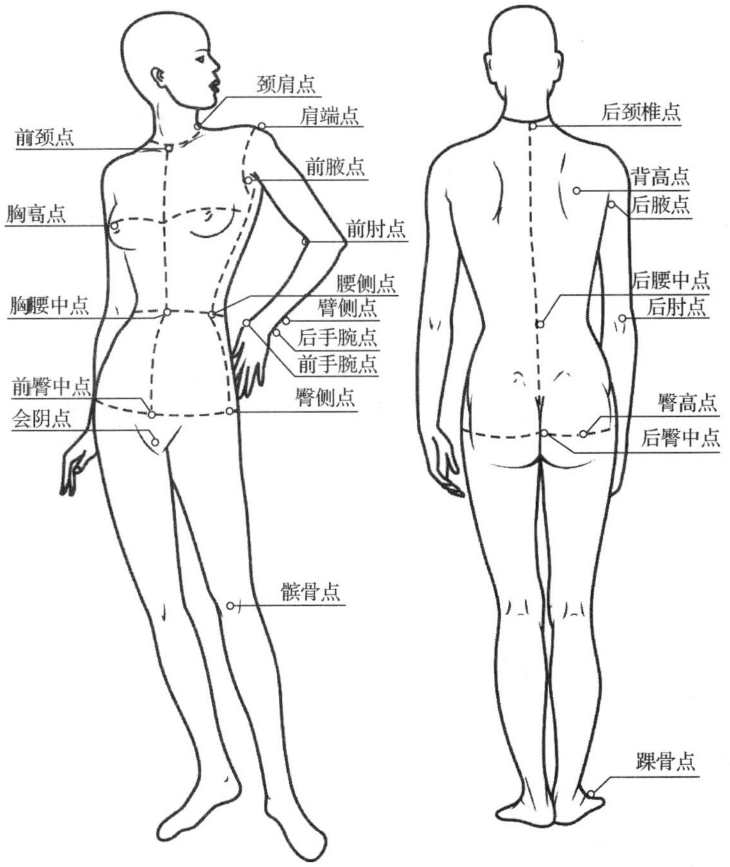

图1-3-2 人体测量点

头顶点：头部保持水平时头部中央最高点。

后颈椎点：第七颈椎棘突出处。

侧颈点：斜方肌前缘和肩交点。

前颈点：左右锁骨上沿与前中线交点。

肩端点：手臂与肩交点，上臂正中央。

前腋点：手臂与躯干在腋前交接产生的皱褶点。

后腋点：手臂与躯干在腋后交接产生的皱褶点。

胸高点：戴文胸时乳房最高点。

肘点：肘关节内侧点，分为前肘点和后肘点。

手腕点：尺骨下端外侧突出点，分为前手腕点和后手腕点。

臀高点：臀部最突出点。

髌骨点：髌骨下端点。

踝骨点：脚踝外侧突点。

1.3.3　测量姿势和方法

（1）测量姿势

被测者站直，头部水平目视正前方，背部自然伸展，双臂自然下垂，手心向内，保持自然姿势。

（2）测量方法

1）测量者站在被测者的右斜前方测量右半体。

2）测量时观察被测者的体型、特殊部位，做好记录。

3）为准确测量净体尺寸，被测者需穿内衣、内裤，测量时保持纵直横平，以保证测量数据的准确性。

4）测量围度：左手持软尺零起点，右手持软尺水平围绕一周。注意，应将软尺贴紧测位，软尺不能拉得过松或过紧，既不能脱落也不能有扎紧感，一般宜保证两个手指的松量。

5）软尺选厘米制，统一规范单位。

1.3.4　人体测量项目

人体测量项目主要有水平围度测量、长度测量、围度测量、宽度测量等。

1. 水平围度测量

（1）水平围度测量项目

1）胸围：沿胸高点，水平围量一周。

2）胸下围：沿乳房下缘，水平围量一周。

3）腰围：沿腰部最细处，水平围量一周。

4）腹围：沿腰与臀之间中央，水平围量一周。

5）臀围：沿臀部最高点，水平围量一周。

水平围度测量如图 1-3-3 所示（图中，*a*=实际胸围，*b*=测量胸围）。

（2）水平测量注意事项

1）胸围：身体轴线从腰往上会向后倾斜，后背从肩胛骨到腰的倾斜度较大，测量后背时皮尺的测量位置容易下滑，所以测量出的尺寸要比实际水平测量的尺寸小。

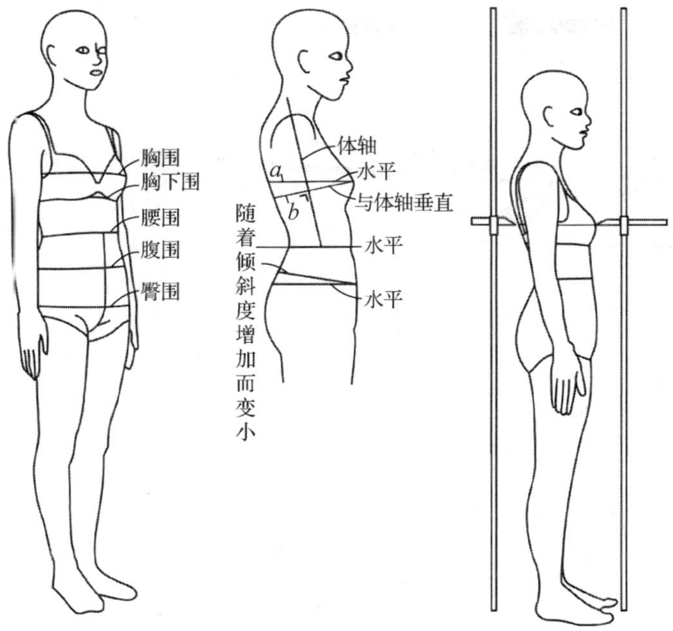

图 1-3-3 水平围度测量

2）腹围：腰部至臀部由细变粗，腹围随着臀部起翘倾斜，测量时往往容易把软尺往上移动，这样测量出的尺寸就会变小。为了能够更加正确和准确地测量各部位的尺寸，一般先用身高尺从地面量到胸高点并在背面做好对应的标记，再沿着标记点进行水平测量。

2. 长度测量

1）身高：从头顶点量至地面。

2）颈椎点高：从后颈椎点量至地面。

3）背长：正立从后颈椎点量至腰节。

4）后长：从侧颈点经肩胛骨突出部位，直下量至腰节。

5）前长：从侧颈点经胸高点，直下量至腰节。

6）乳高：从侧颈点直线量至胸高点。

7）前衣长：从侧颈点经胸高点，直下量至衣服所需长度。

8）后衣长：从侧颈点经肩胛骨突出部位，直下量至服装所需长度。

9）腰高：从腰部垂直量到地面。

10）臀高：从臀突出点垂直量到地面。

11）腰长：也称臀长，腰高减臀高。

12）下裆长：腹股沟下方的大腿根部垂直量到地面。

13）上裆长：腰高减下裆长。

14）膝长：从腰部量至髌骨下端。

15）臂长：手臂自然下垂，从肩端点经肘突出点，量至侧手腕尺骨突出处。

16）上裆前后长：从前腰顺前上裆，穿过裆底绕到后侧上裆，直至后腰（注意，软尺不能拉得过紧或过松）。上裆前后长是裤子结构设计的重要尺寸。

长度测量如图 1-3-4 所示。

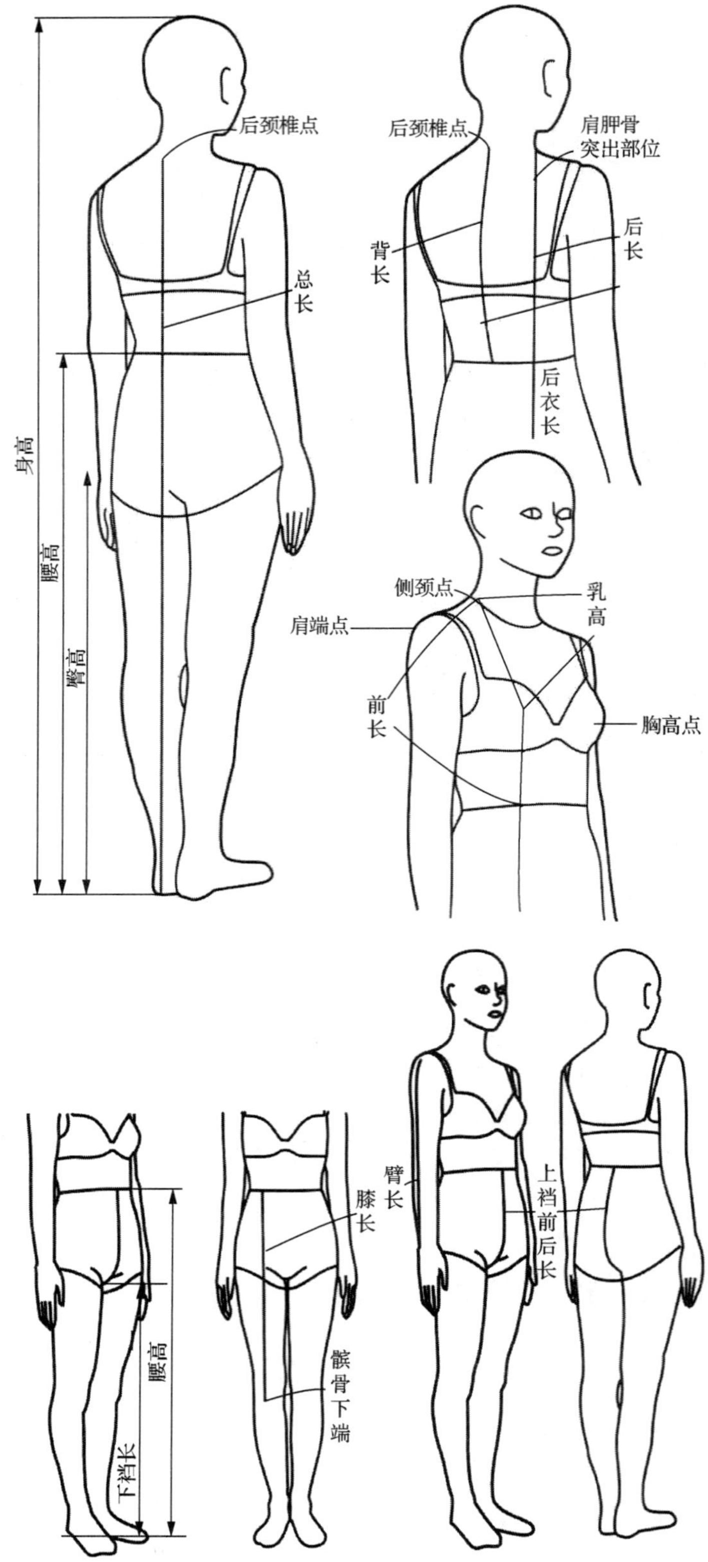

图 1-3-4　长度测量

3. 围度测量

1）臂根围：从前腋点沿臂底（腋点）到后腋点，再经后腋点至肩端点，最后回到前腋点。

2）臂围：经上臂最粗处，水平围量一周。

3）肘围：放下手臂，沿肘关节的曲肘线突出点，围量一周。

4）手腕围：手腕桡骨突出部位，从大拇指侧经小指，围量一周。

5）头围：从眉间点到后脑最突出的位置，再回到眉间点，围量一周。

6）颈围：低头找后颈椎点，抬正头，经侧颈点、前颈点，至另一侧颈点回到后颈椎点，软尺竖立围量一周。

7）手掌围：大拇指往掌内收进，沿五指底部骨突出部位，围量一周。

8）大腿围：大腿经腹股沟点，水平围量一周。

9）小腿围：经小腿中部最粗处，水平围量一周。

10）足围：经脚腕和足跟，围量一周。

围度测量如图 1-3-5 所示。

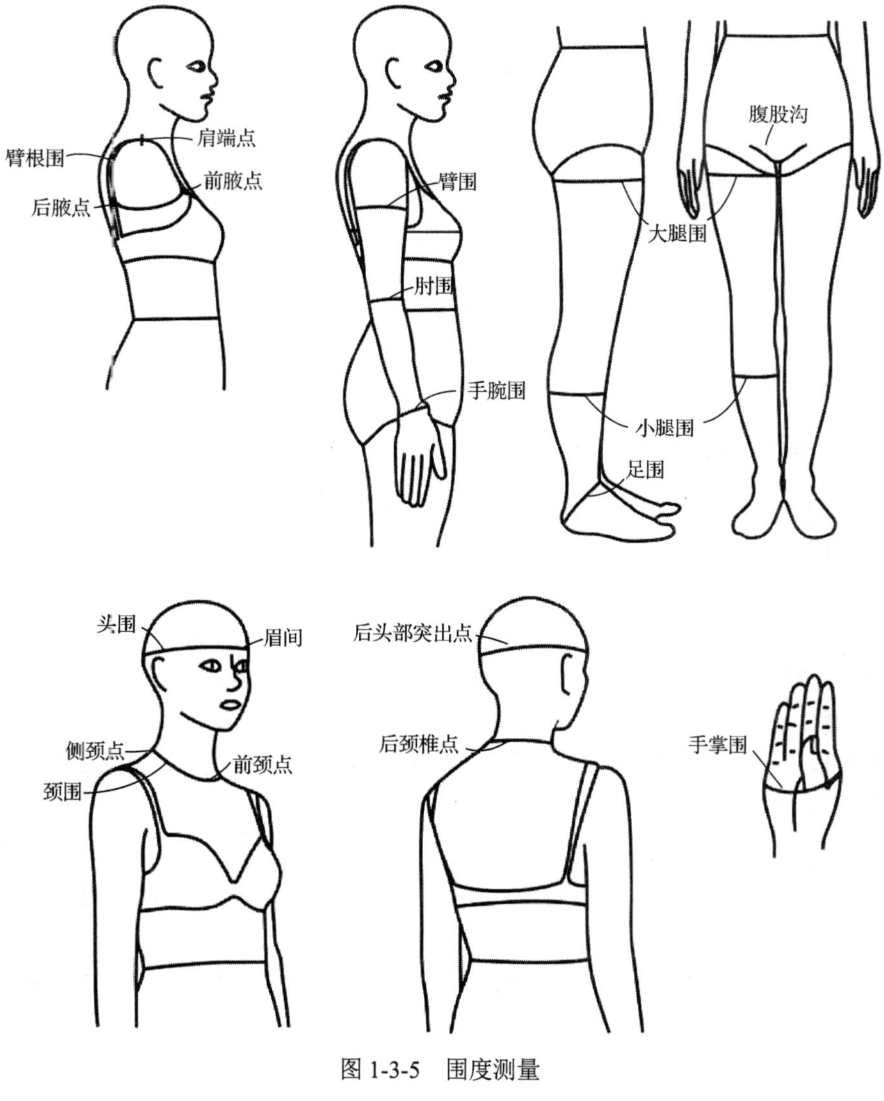

图 1-3-5　围度测量

4. 宽度测量

1）总肩宽：从后背左肩骨外端肩端点，经后颈椎点，量至右肩肩端点。

2）背宽：后左腋点量至右腋点。

3）胸宽：前左腋点量至右腋点，由于胸部隆起，有方向性倾斜，软尺在体表上呈弧线测量。

4）乳距：两乳峰点间的直线距离。

宽度测量如图 1-3-6 所示。

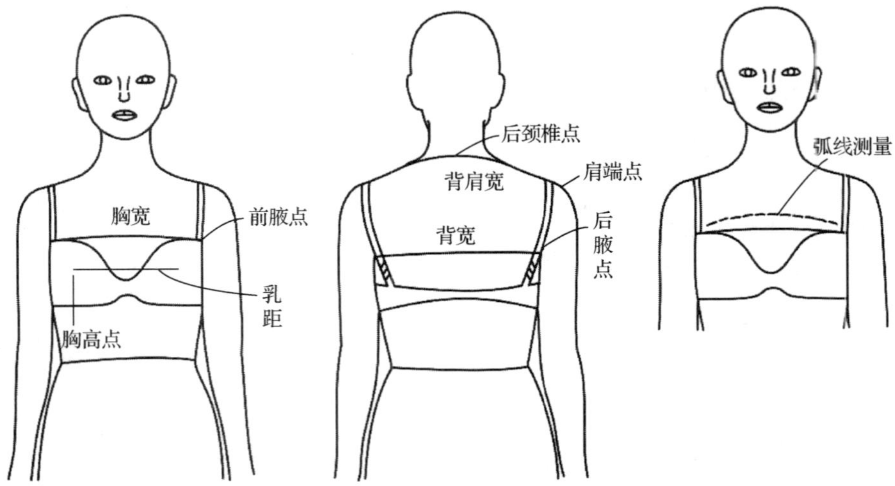

图 1-3-6　宽度测量

1.4 服装结构设计

服装结构设计又称服装构成设计，主要分为平面构成设计与立体构成设计两大类。

1.4.1　平面构成设计

平面构成设计是通过对人体与服装的立体形态的剖析，在纸上或布上绘制结构图与样板，获取服装样板的服装构成技术。

1. 平面构成设计的方法

平面构成设计有原型法、比例法、基型法、注寸法等构成法。

1）原型法：产生于日本，“原型”一词由日语翻译而来，又称母型、基型。采用此方法时对人体曲面进行立体取样，作有限分割展开平面图，并加一定松量，通过优化处理获取基础样板，在此基础上按服装款式变化进行平面结构设计。

2）比例法：我国传统的结构设计法，以人体主要部位的尺寸为基础，按一定的比例公式确定服装各局部尺寸的平面结构设计。此方法适用于常规造型服装，能快捷成型，但不适用于造型夸张、结构变化多的服装结构设计。

3）基型法：结合原型法与比例法知识，形成各类服装品种的基本样板，在此基础上按服装品种款式变化进行平面结构设计，是服装企业较常用的快捷成型的结构设计法。

4）注寸法：“量体裁衣”，以人体实际测量的尺寸为依据，结合款式要求展开平面结构设计，适用于高级时装特体服装、制服等单件服装定制。

2. 平面构成设计的优缺点

平面构成设计的优点是，主要以公式计算确定各部位规格尺寸，操作轻松、方便、快捷，且操作条件要求低、费用少；缺点是，主要利用对人体的大小、形体特征、服装款式造型及空间的抽象思维展开结构制图，较难达到很好的服装成型的立体效果。

1.4.2 立体构成设计

立体构成设计也称立体裁剪，是将布披覆在人体或人体模型上，利用大头针、剪刀等工具进行服装款式造型设计，同时取得服装样板的一种技术。采用此设计，服装比例、匀称、平衡、和谐等整体效果好。立体构成设计的优点如下。

1）直观性：立体构成设计具有造型直观、准确的特点，这是由立体构成设计方式决定的。无论服装款式造型如何，一旦将布披覆到人体模型上操作，空间形态、结构特点、服装廓型都会被直接、清楚地展现。由视觉观察人体体型与服装构成关系的处理，立体构成设计是最直接、最简便的裁剪手段。

2）实用性：立体构成设计不仅适用于结构简单的普通服装，也适用于款式多变的时装。它不需要公式，不受任何数字束缚，按人体体型、人体模型的实际需要来“调剂余缺”，达到成型效果。

3）适应性：立体构成设计不但适合初学者，也适合专业设计与技术人员。对于初学者，即使不会量体，不懂公式计算，如果掌握了立体构成设计的操作程序和基本要领，也能裁剪衣服；而专业设计与技术人员想设计、创造出好的成衣和艺术作品，更应该学习和掌握立体构成设计技术。

4）灵活性：掌握立体构成设计的基本要领，可以同时进行设计、裁剪、修改。随时观察效果，及时纠正，以达到满意效果。

5）易学性：立体构成设计是以实践为主的技术，它主要依照人体模型进行设计与操作，没有深奥的理论，更没有繁杂的计算公式，是一种简单易学、快捷有效的裁剪方法。

项目 2

服装结构制图方法

知识目标

1）厘清原型法和基型法。
2）掌握女上装原型与人体的关系。
3）了解日本文化式女上装原型整体结构图。

能力目标

1）掌握原型法，能够绘制女上装原型衣身框架图和结构图。
2）能够绘制女上装原型袖子。

素养目标

1）树立正确的学习观、价值观，不负时代、不负韶华，实现德智体美劳全面发展。
2）培养职业的认同感、责任感、使命感和荣誉感。

2.1 原型法

2.1.1 衣身原型的形成

在了解原型之前，首先确定平面展开图（以净胸围 84cm 为例），a 指人体肩胛骨和前、后腋下多出的松量（图 2-1-1）。

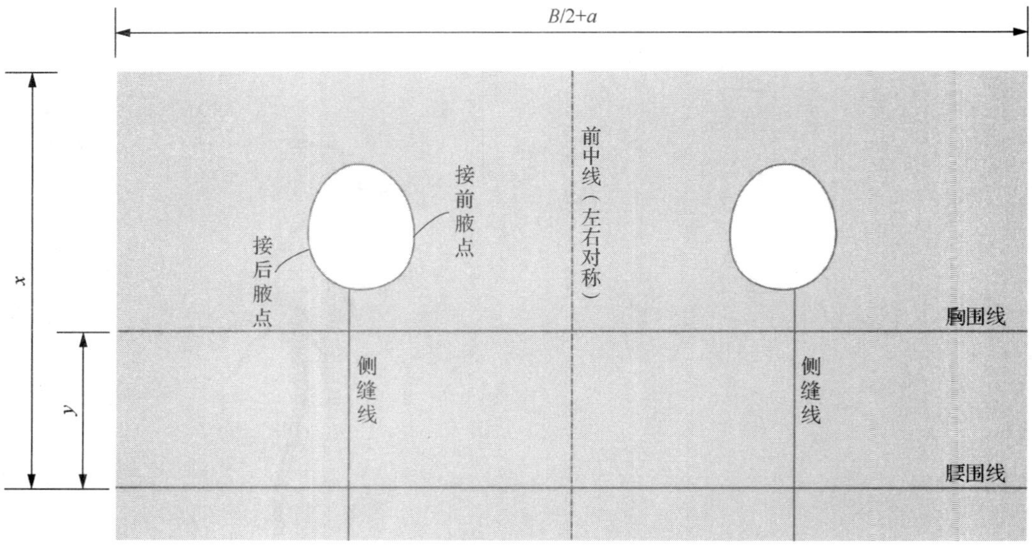

图 2-1-1　人体柱面体布料平面展开图

利用面料覆盖人体柱面，胸围线、腰围线保持水平位置，前中线保持直纱方向（图 2-1-2）。

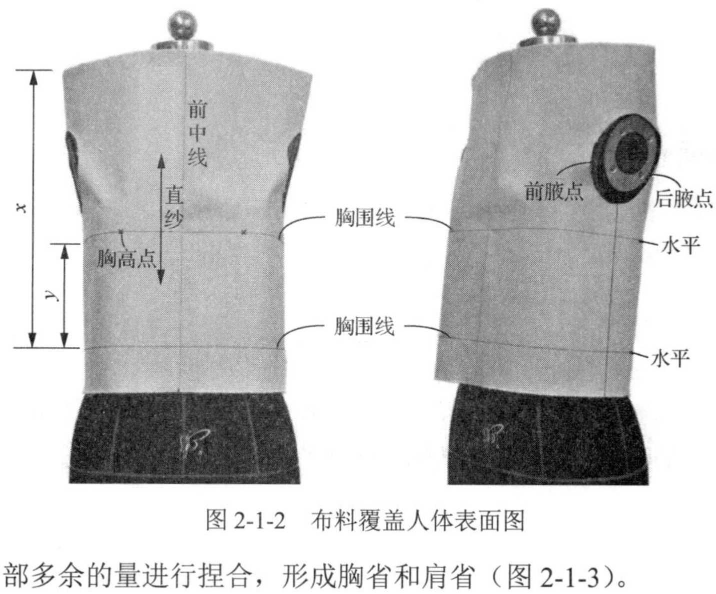

图 2-1-2　布料覆盖人体表面图

将胸部与肩部多余的量进行捏合，形成胸省和肩省（图 2-1-3）。

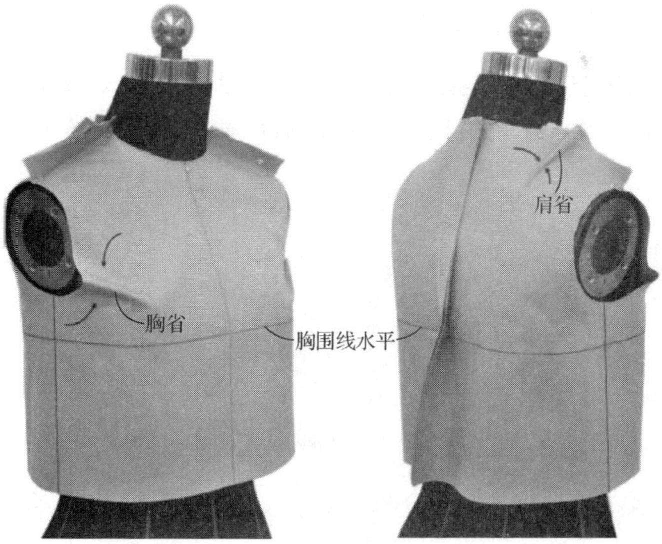

图 2-1-3　胸省、肩省形成图

将腰腹位置多余的量进行捏合，形成腰省（图 2-1-4）。

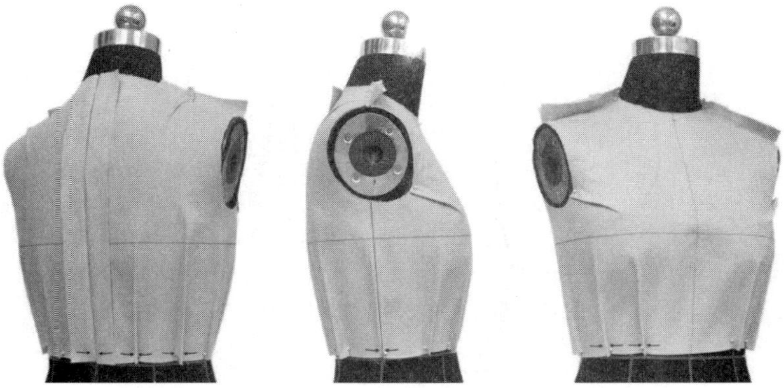

图 2-1-4　腰省形成图

将胸省、肩省和腰省等多余的量去除，形成原型平面展开图（图 2-1-5）。

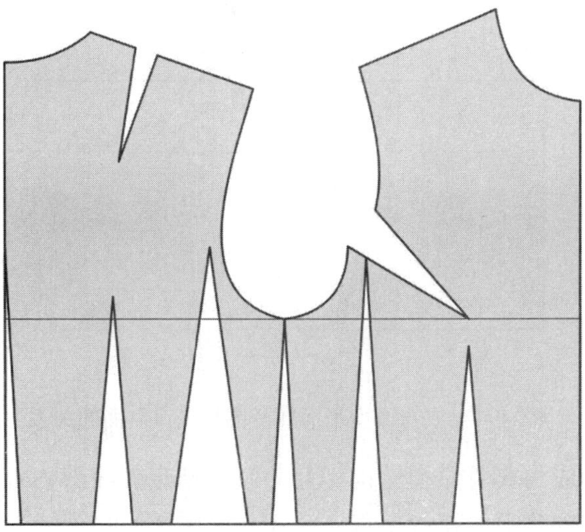

图 2-1-5　原型平面展开图

原型与人体的关系

2.1.2　女上装原型与人体的关系

把原型平面展开图对应在人体上，人体各部位与原型结构一一对应。前片受胸部的影响形成原型胸省，由于人体肩胛骨的凸出形成原型后片肩省（图 2-1-6 和图 2-1-7）。

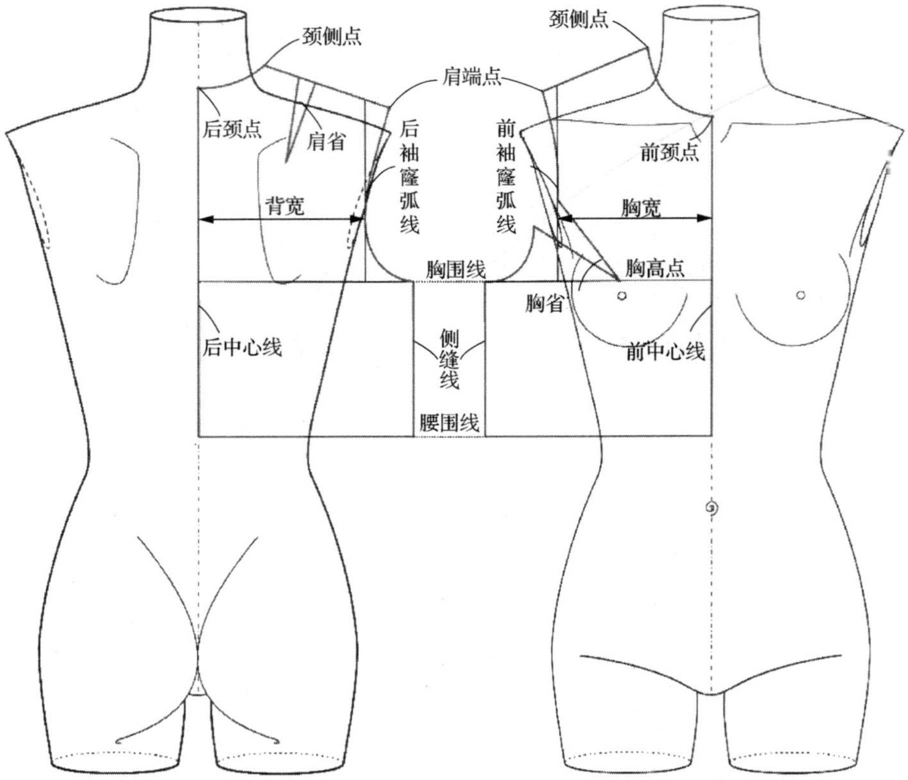

图 2-1-6　衣身原型平面展开图与人体背面与正面的关系

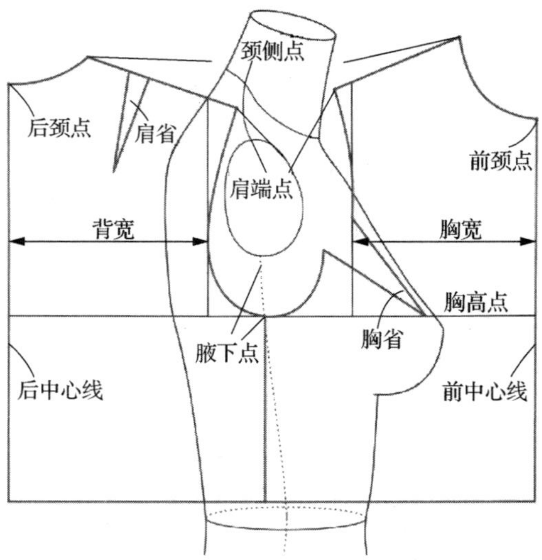

图 2-1-7　衣身原型平面展开图与人体侧面的关系

袖子原型结构的形成与衣身原型结构相互关联，袖窿弧线影响着袖山高低、袖肥大小；同时，原型袖山弧线与袖窿弧线在腋下点完全吻合（图 2-1-8）。

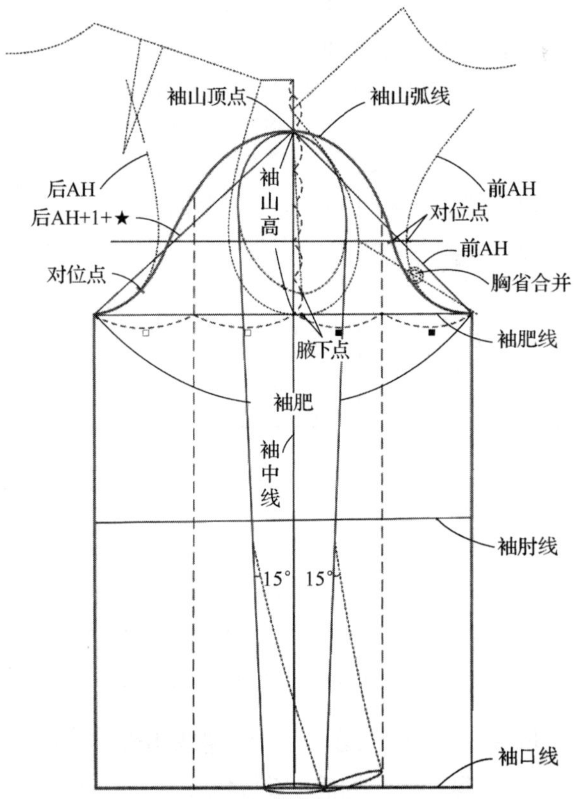

图 2-1-8　袖子原型结构与衣身原型的关系

2.1.3　女上装原型衣身框架图的绘制

以Ⓐ点为后颈点，垂直向下绘制背长线，作后中心线①。

以Ⓑ点为起点，绘制水平线为腰围线②，并确定前后身宽为 $B/2+6$（cm）。

从Ⓐ点向下取 $B/12+13.7$（cm）确定胸围线③，胸围线长度为 $B/2+6$（cm）（图 2-1-9）。

原型衣身框架图与结构图的绘制

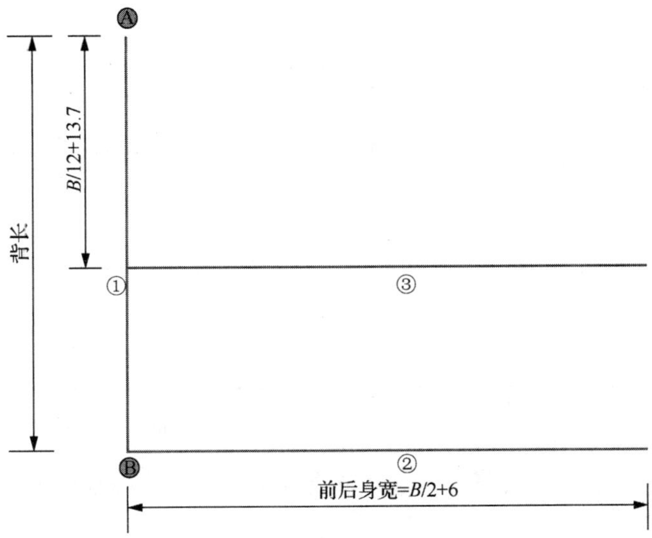

图 2-1-9　绘制示意图 1（单位：cm）

在腰围线上以Ⓒ点为起点，向上绘制垂线④，确定前中心线。

以后中心线Ⓓ点为起点，在胸围线上确定后背宽 $B/8+7.4$（cm），得到Ⓔ点。

以Ⓐ点为起点绘制水平线⑥与背宽线⑤相交（图 2-1-10）。

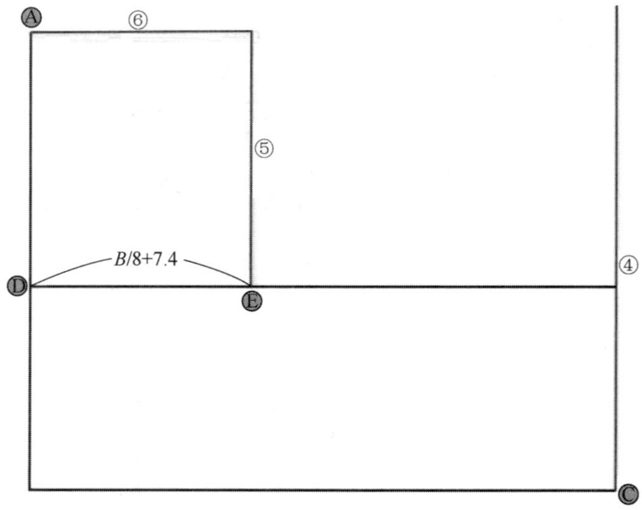

图 2-1-10　绘制示意图 2（单位：cm）

以Ⓐ点为起点向下量取 8cm 画水平线⑦，与背宽线相交于Ⓕ点。将该水平线两等分，以中点向背宽线方向取 1cm 确定Ⓖ点，作为肩省省尖点。

将Ⓔ点与Ⓕ点之间的线段两等分，以中点向胸围线方向取 0.5cm，以该点向前中线方向画水平线⑧（图 2-1-11）。

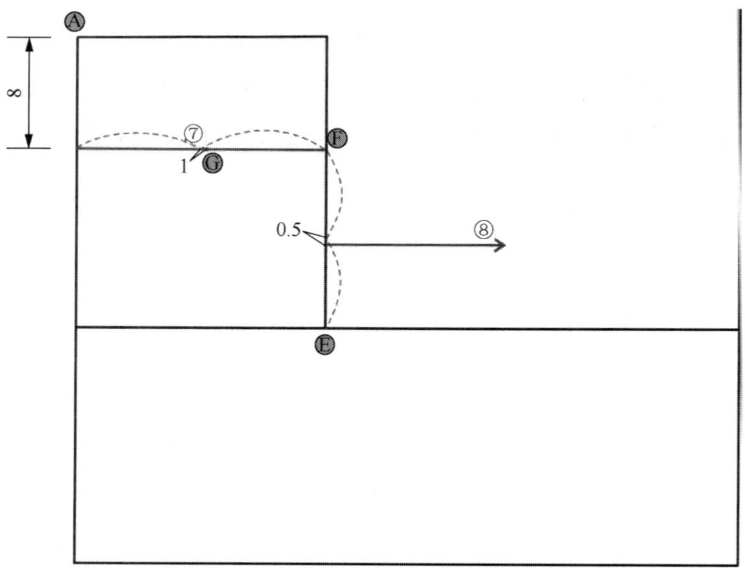

图 2-1-11　绘制示意图 3（单位：cm）

以胸围线和前中心线的交点Ⓗ点为起点向上量取 $B/5+8.3$（cm），确定Ⓘ点，以Ⓘ点为起点绘制一条水平线⑨。

以Ⓗ点为起点量取 $B/8+6.2$（cm），确定Ⓙ点，以Ⓙ点为起点向上画垂线与线段⑨相交得到⑩（图 2-1-12）。

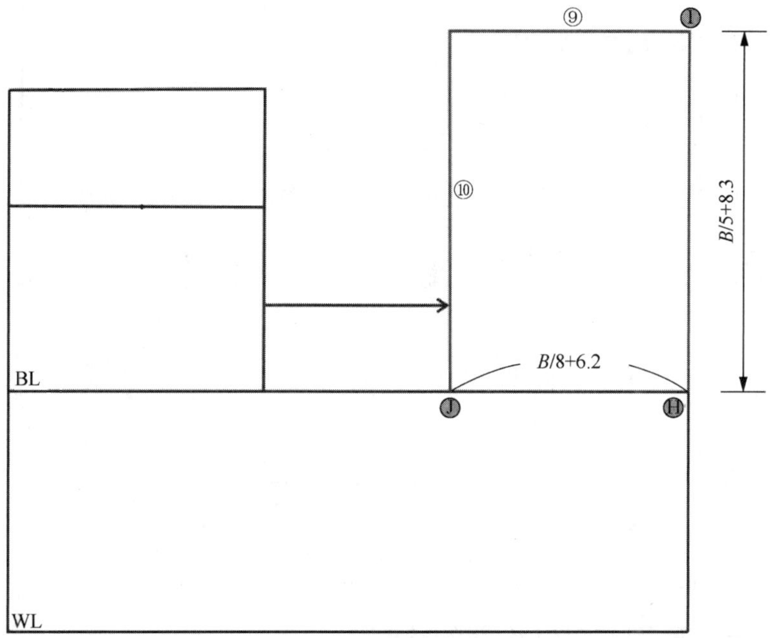

图 2-1-12　绘制示意图 4（单位：cm）

以Ⓙ点为起点向后中心线方向量取 *B*/32，确定Ⓚ点，向上作垂线与线段⑧相交得到⑪。将Ⓗ点和Ⓙ点之间的线段两等分，向中心线方向偏移 0.7cm 作为 BP。

将Ⓔ点和Ⓚ点之间的线段两等分，以中点为起点向下作垂线，与腰围线相交得到⑫（图 2-1-13）。

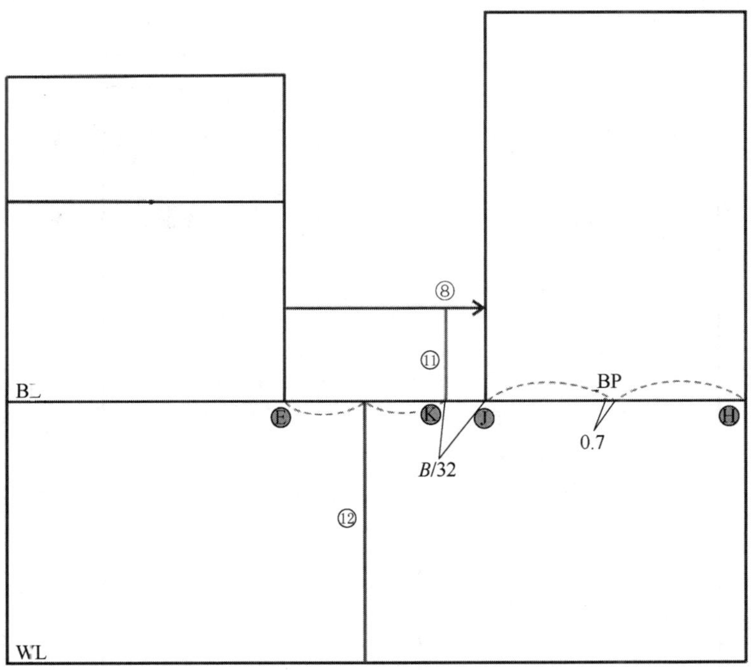

图 2-1-13　绘制示意图 5（单位：cm）

完成日本文化式女上装原型整体框架图（图 2-1-14）。

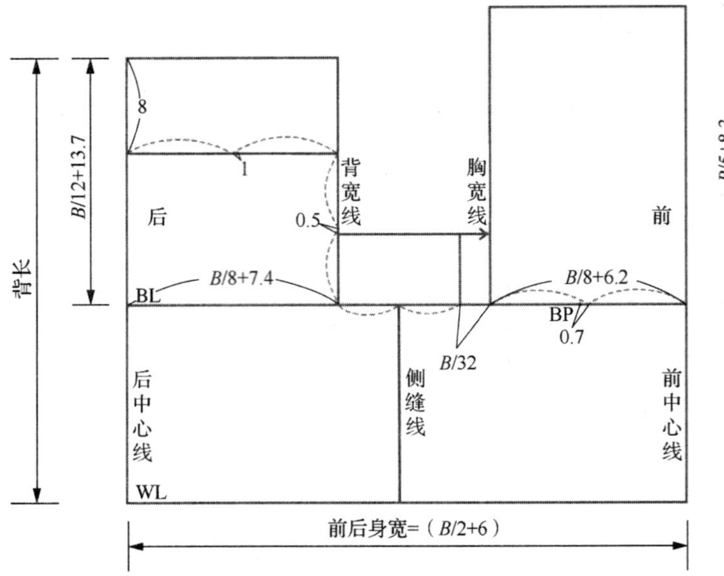

图 2-1-14　日本文化式女上装原型整体框架图（单位：cm）

2.1.4　女上装原型衣身结构图的绘制

前领口弧线：以Ⓘ点为起点，向背宽线方向取横开领宽 *B*/24+3.4（cm）=◎，得到 SNP，再以Ⓘ点为起点，向下取直开领深◎+0.5（cm），绘制领口矩形。连接矩形对角线，并将其三等分，确定Ⓛ点。将 SNP、Ⓛ和直开领深点三点画弧，得到前领口弧线。

前小肩宽：以 SNP 为角度顶点，与线段⑨形成 22° 夹角画直线与胸宽线相交，并延长 1.8cm，确定前小肩宽（图 2-1-15）。

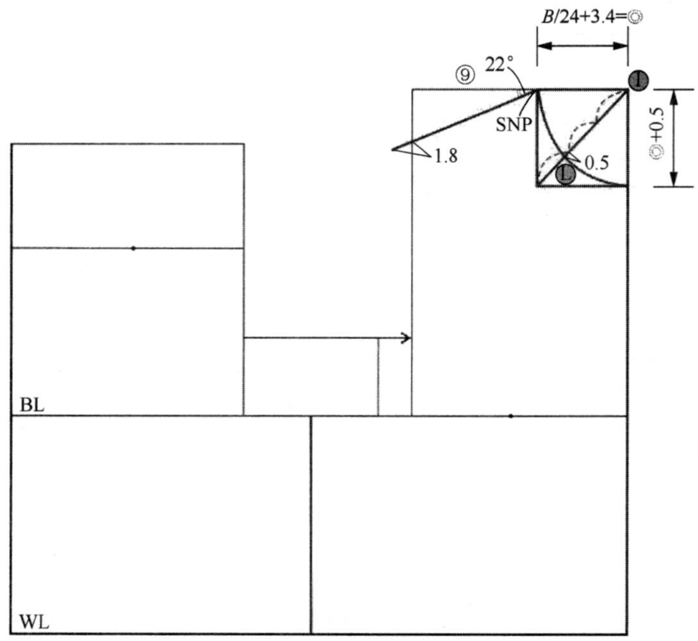

图 2-1-15　确定小肩宽（单位：cm）

后领口弧线：以Ⓐ为起点向背宽线方向量取◎+0.2（cm），确定后领宽，将其三等分，取 1/3 为后领深画垂线，确定 SNP。将Ⓐ点和 SNP 连成弧线，确定后领口弧线。

后肩线：以 SNP 为起点向前中心线方向画水平线，以 SNP 为角顶点与水平线形成 18° 夹角画直线，长度取前小肩+肩省量，确定后肩线（图 2-1-16）。

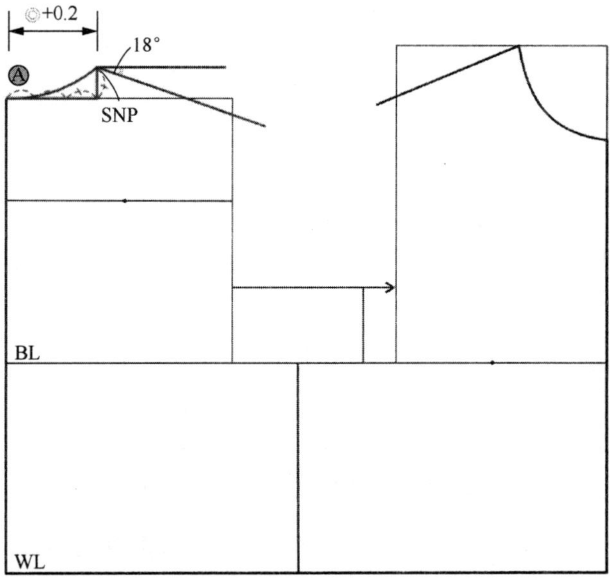

图 2-1-16　确定后肩线（单位：cm）

肩省：以Ⓖ点为起点向上作垂线相交于后肩线，自该点向肩端点偏移 1.5cm，再量取 *B*/32−0.8（cm）作为肩省量，绘制出肩省。

后袖窿弧线：将袖窿宽ⒺⓀ六等分，取 1/6 为▲。以Ⓔ点为起点往袖窿方向绘制角平分线，长度为▲+0.8（cm）；以Ⓚ点为起点往袖窿方向绘制角平分线，长度为▲+0.5（cm）。自肩端点经背宽至 BL 画出后袖窿弧线，顺势画出前腋下弧线（图 2-1-17）。

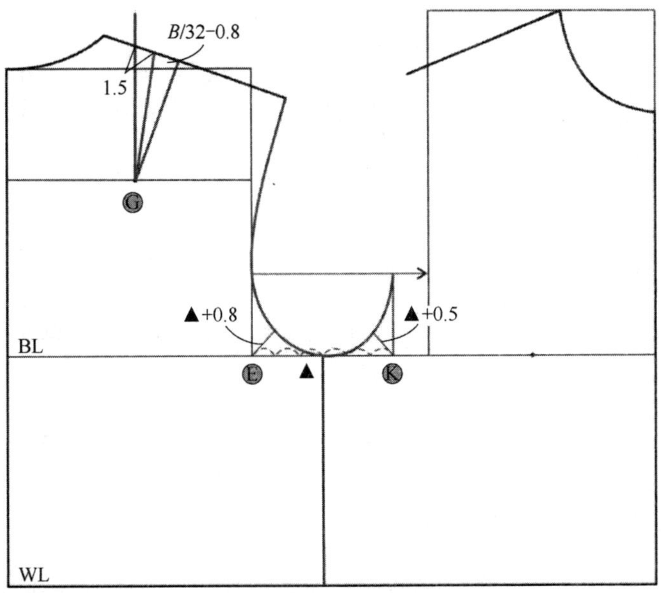

图 2-1-17　画出前腋下弧线（单位：cm）

胸省：将 BP 与前腋下弧线连接，确定胸省一条边线。以 BP 为角顶点，绘制夹角为（*B*/4−2.5）° 的胸省，画顺袖窿弧线与前胸宽相切（图 2-1-18）。

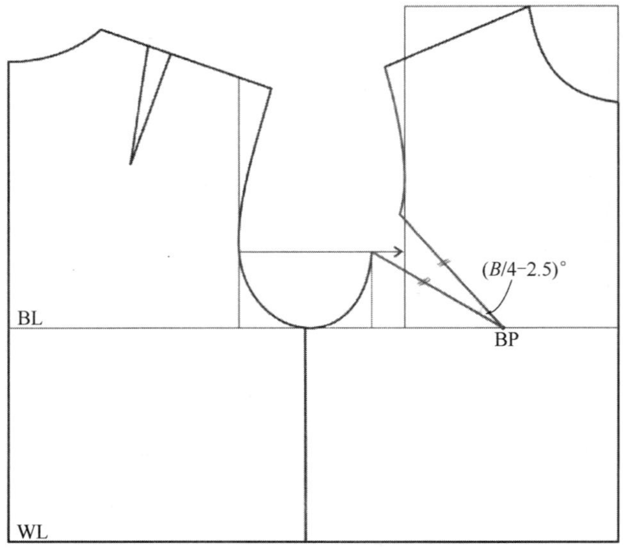

图 2-1-18　与前胸宽相切（单位：cm）

腰省：腰围留 6cm 余量，其余胸腰差按人体胸腰造型垂直收腰省，胸腰差量的计算公式及腰省的分配如图 2-1-19 所示。腰省分配量主要针对原型造型，在应用原型时，可选择相关省量，不必每个省量一一列出。

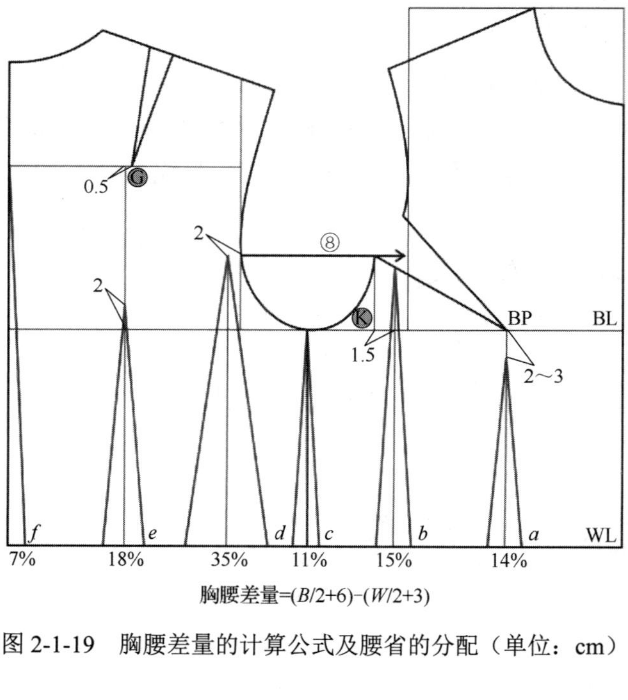

图 2-1-19　胸腰差量的计算公式及腰省的分配（单位：cm）

2.1.5　女上装原型袖子的绘制

采用衣身原型的前后袖窿弧线，并将前片袖窿省合并，画顺袖窿弧线。

向上延长侧缝线，自前后肩端点向侧缝延长线画水平线，将两交点间的距离平分，量取中点至 BL 之间的距离，自下往上取 5/6 作为袖山高（图 2-1-20）。

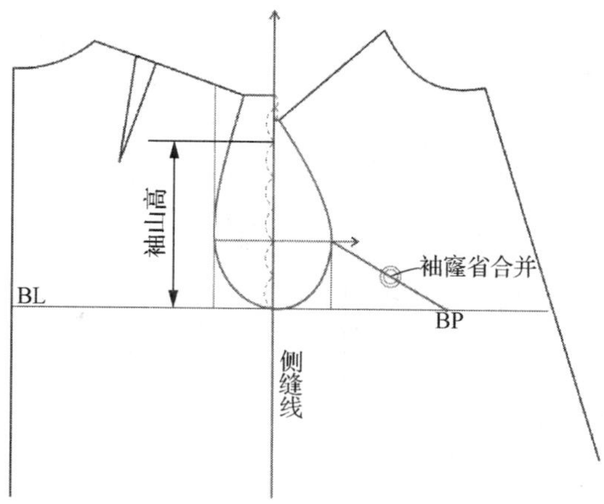

图 2-1-20　袖山高

以袖山顶点为起点，向前片的 BL 取斜线长前 AH，与 BL 相交于Ⓐ点；向后片的 BL 取斜线长后 AH+1cm+★，与 BL 相交于Ⓑ点。

以袖山顶点为起点，向下量取袖长画水平线确定袖长线，向下量取袖长/2+2.5（cm）画水平线确定 EL。自前后袖山斜线与 BL 的交点处向下作垂线，与 EL、袖长线相交（图 2-1-21）。

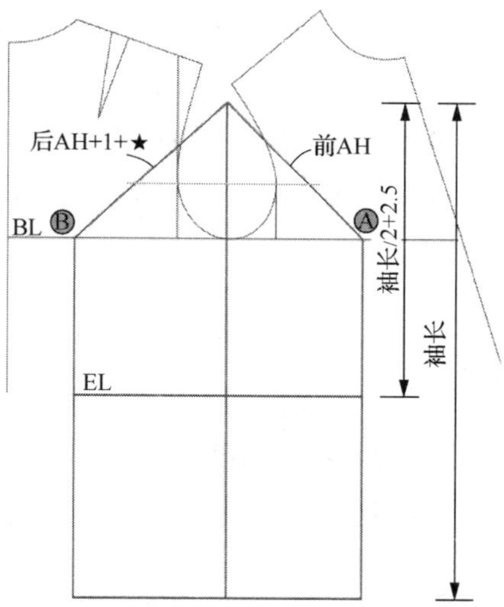

图 2-1-21　所作垂线与 EL、袖长线相交（单位：cm）

将衣身袖窿弧线上●和○之间的距离复制至原型袖子框架上，确定袖山弧线底部辅助点Ⓒ、Ⓓ。

在前袖山斜线与袖窿省水平线的交点处往上量取 1cm 确定Ⓔ点，在后袖山斜线与袖窿省水平线的交点处往下量取 1cm 确定Ⓕ点。

以袖山顶点为起点，量取前袖山斜线的 1/4，自 1/4 的点作前袖山斜线的垂线，长度为 1.8～1.9cm，确定袖山弧线顶部辅助点Ⓖ。经 1/4 的点再作水平线与后袖山斜线相交，自交点作后袖山斜线的垂线，垂线长度为 1.9～2cm，确定袖山弧线顶部辅助点Ⓗ（图 2-1-22）。

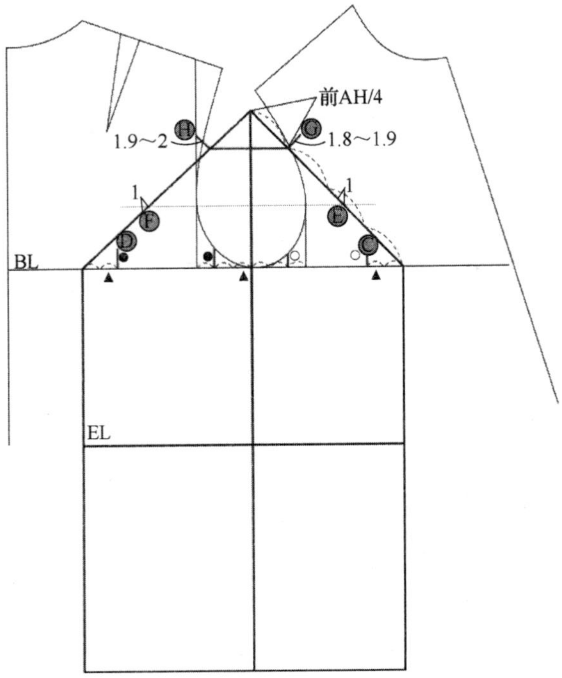

图 2-1-22　确定袖山弧线顶部辅助点（单位：cm）

将Ⓐ、Ⓒ、Ⓔ、Ⓖ、袖山顶点、Ⓗ、Ⓕ、Ⓓ、Ⓑ九个点依次连接画顺，确定袖山弧线。

量取腋下点至前袖窿弧线与袖窿省水平线交点的长度，同时以Ⓐ点为起点在袖山弧线上量取相同的长度确定前袖窿与前袖山的对位点。后袖窿与后袖山以●与后袖窿、后袖山的交点为对位点（图 2-1-23）。

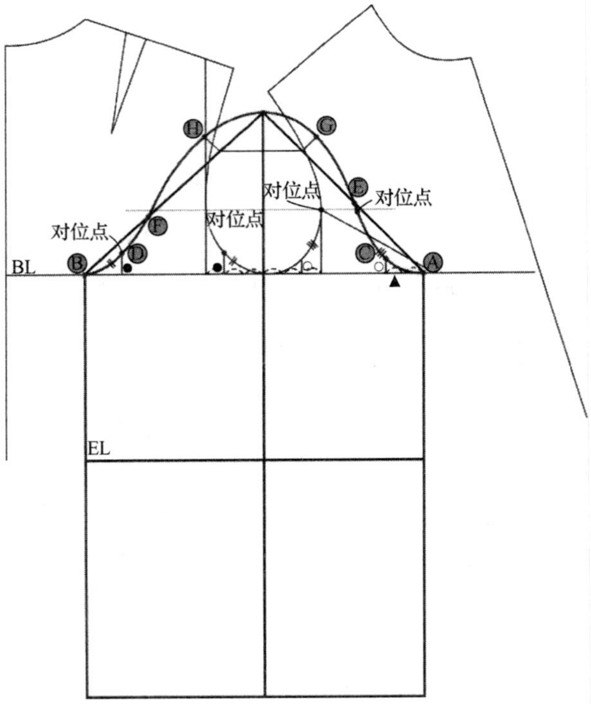

图 2-1-23　确定对位点

2.1.6　日本文化式女上装原型整体结构图绘制效果

最终绘制成的日本文化式女上装原型整体结构图如图 2-1-24 和图 2-1-25 所示。

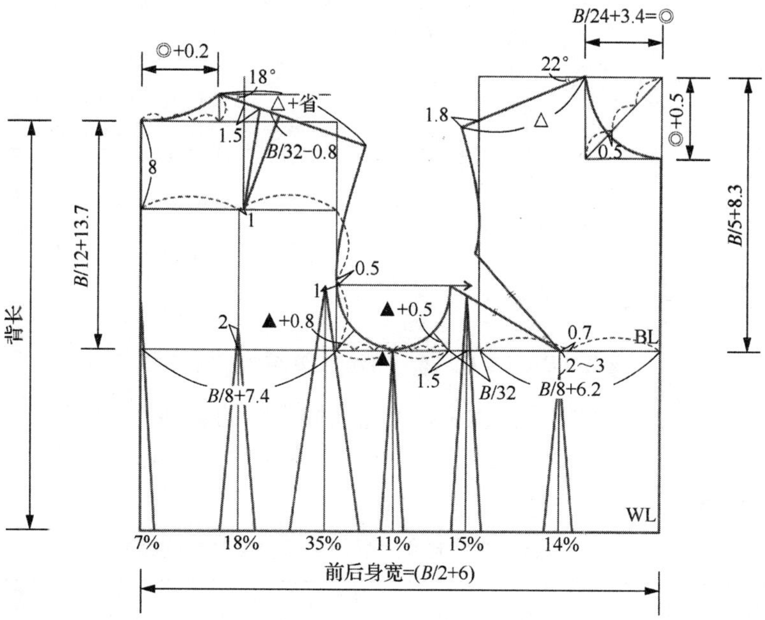

图 2-1-24　日本文化式女上装原型整体结构图 1（单位：cm）

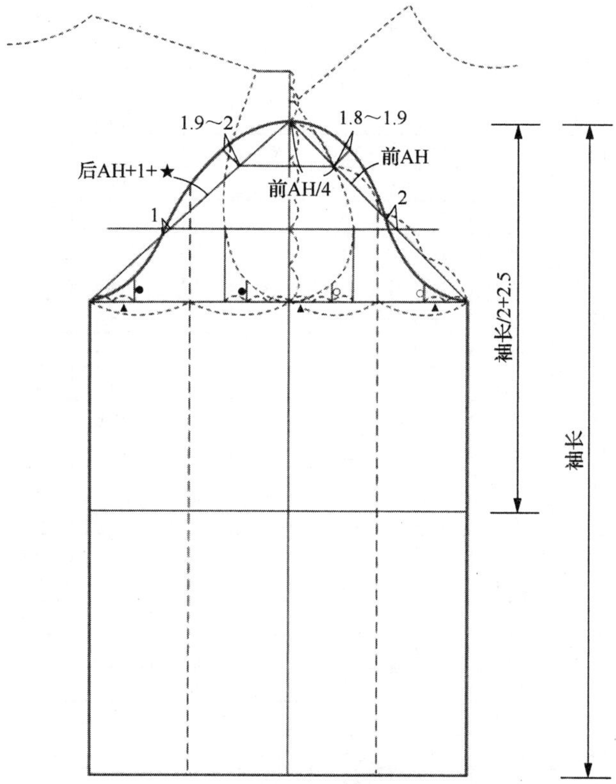

图 2-1-25　日本文化式女上装原型整体结构图 2（单位：cm）

衣身原型各部位主要结构线的名称如图 2-1-26 所示。

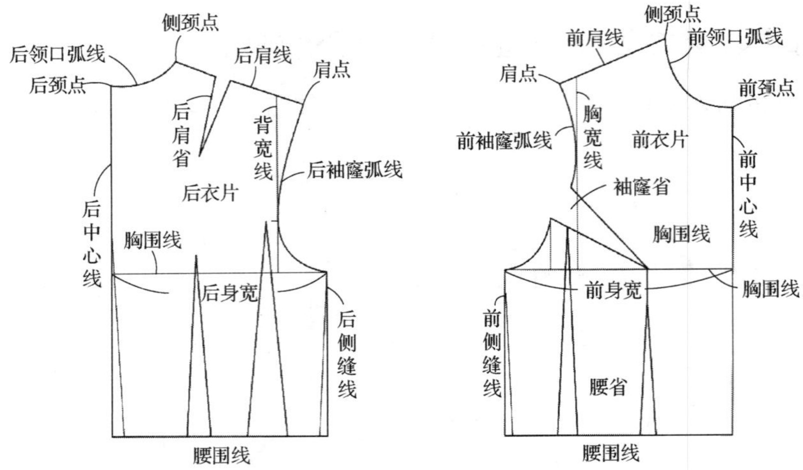

图 2-1-26　衣身原型各部位主要结构线的名称

日本文化式女上装原型的制图公式是在大量实验数据的基础上归纳形成的。成人女上装原型利用胸围和背长进行制图，同时以右半身状态为参考。日本文化式女上装原型各部位尺寸如表 2-1-1 所示。

表 2-1-1　日本文化式女上装原型各部位尺寸明细表

胸围	前后身宽/cm	Ⓐ～BL/cm	背宽/cm	Ⓑ～BL/cm	胸宽/cm	B/32/cm	前领口宽/cm	前领口深/cm	胸省		后领口宽/cm	后肩省/cm	★/cm
	B/2+6	B/12+13.7	B/8+7.4	B/5+8.3	B/8+6.2	B/32	B/24+3.4=○	○+0.5	夹角/(°) (B/4−2.5)	cm B/12−3.3	○+0.5	B/32−0.8	★
74	43.0	19.9	16.7	23.1	15.5	2.3	6.5	7.0	16.0	2.9	6.7	1.5	0.0
75	43.5	20.0	16.8	23.3	15.6	2.3	6.5	7.0	16.3	3.0	6.7	1.5	0.0
76	44.0	20.0	16.9	23.5	15.7	2.4	6.6	7.1	16.5	3.0	6.8	1.5	0.0
77	44.5	20.1	17.0	23.7	15.8	2.4	6.6	7.1	16.8	3.1	6.8	1.5	0.0
78	45.0	20.2	17.2	23.9	16.0	2.4	6.7	7.2	17.0	3.2	6.9	1.5	0.0
79	45.5	20.3	17.3	24.1	16.1	2.5	6.7	7.2	17.3	3.3	6.9	1.7	0.0
80	46.0	20.4	17.4	24.3	16.2	2.5	6.7	7.2	17.5	3.4	6.9	1.7	0.0
81	46.5	20.5	17.5	24.5	16.3	2.5	6.8	7.3	17.8	3.5	7.0	1.7	0.0
82	47.0	20.5	17.7	24.7	16.5	2.6	6.8	7.3	18.0	3.5	7.0	1.8	0.0
83	47.5	20.6	17.8	24.9	16.6	2.6	6.9	7.4	18.3	3.6	7.1	1.8	0.0
84	48.0	20.7	17.9	25.1	16.7	2.6	6.9	7.4	18.5	3.7	7.1	1.8	0.0
85	48.5	20.8	18.0	25.3	16.8	2.7	6.9	7.4	18.8	3.8	7.1	1.9	0.1
86	49.0	20.9	18.2	25.5	17.0	2.7	7.0	7.5	19.0	3.9	7.2	1.9	0.1
87	49.5	21.0	18.3	25.7	17.1	2.7	7.0	7.5	19.3	4.0	7.2	1.9	0.1
88	50.0	21.0	18.4	25.9	17.2	2.8	7.1	7.6	19.5	4.0	7.3	2.0	0.1
89	50.5	21.1	18.5	26.1	17.3	2.8	7.1	7.6	19.8	4.1	7.3	2.0	0.1
90	51.0	21.2	18.6	26.3	17.5	2.8	7.2	7.7	20.0	4.2	7.4	2.0	0.2
91	51.5	21.3	18.8	26.5	17.6	2.8	7.2	7.7	20.3	4.3	7.4	2.0	0.2
92	52.0	21.4	18.9	26.7	17.7	2.9	7.2	7.7	20.5	4.4	7.4	2.1	0.2
93	52.5	21.5	19.0	26.9	17.8	2.9	7.3	7.8	20.8	4.5	7.5	2.1	0.2
94	53.0	21.5	19.2	27.1	18.0	2.9	7.3	7.8	21.0	4.5	7.5	2.1	0.2
95	53.5	21.6	19.3	27.3	18.1	3.0	7.4	7.9	21.3	4.6	7.6	2.2	0.3
96	54.0	21.7	19.4	27.5	18.2	3.0	7.4	7.9	21.5	4.7	7.6	2.2	0.3
97	54.5	21.8	19.5	27.7	18.3	3.0	7.4	7.9	21.8	4.8	7.6	2.2	0.3
98	55.0	21.9	19.7	27.9	18.5	3.1	7.5	8.0	22.0	4.9	7.7	2.3	0.3
99	55.5	22.0	19.8	28.1	18.6	3.1	7.5	8.0	22.3	5.0	7.7	2.3	0.3
100	56.0	22.0	19.9	28.3	18.7	3.1	7.5	8.1	22.5	5.0	7.8	2.3	0.4

注：表中的★表示吃势量。

2.2 基型法

采用基型法绘制的纸样如图 2-2-1 所示。

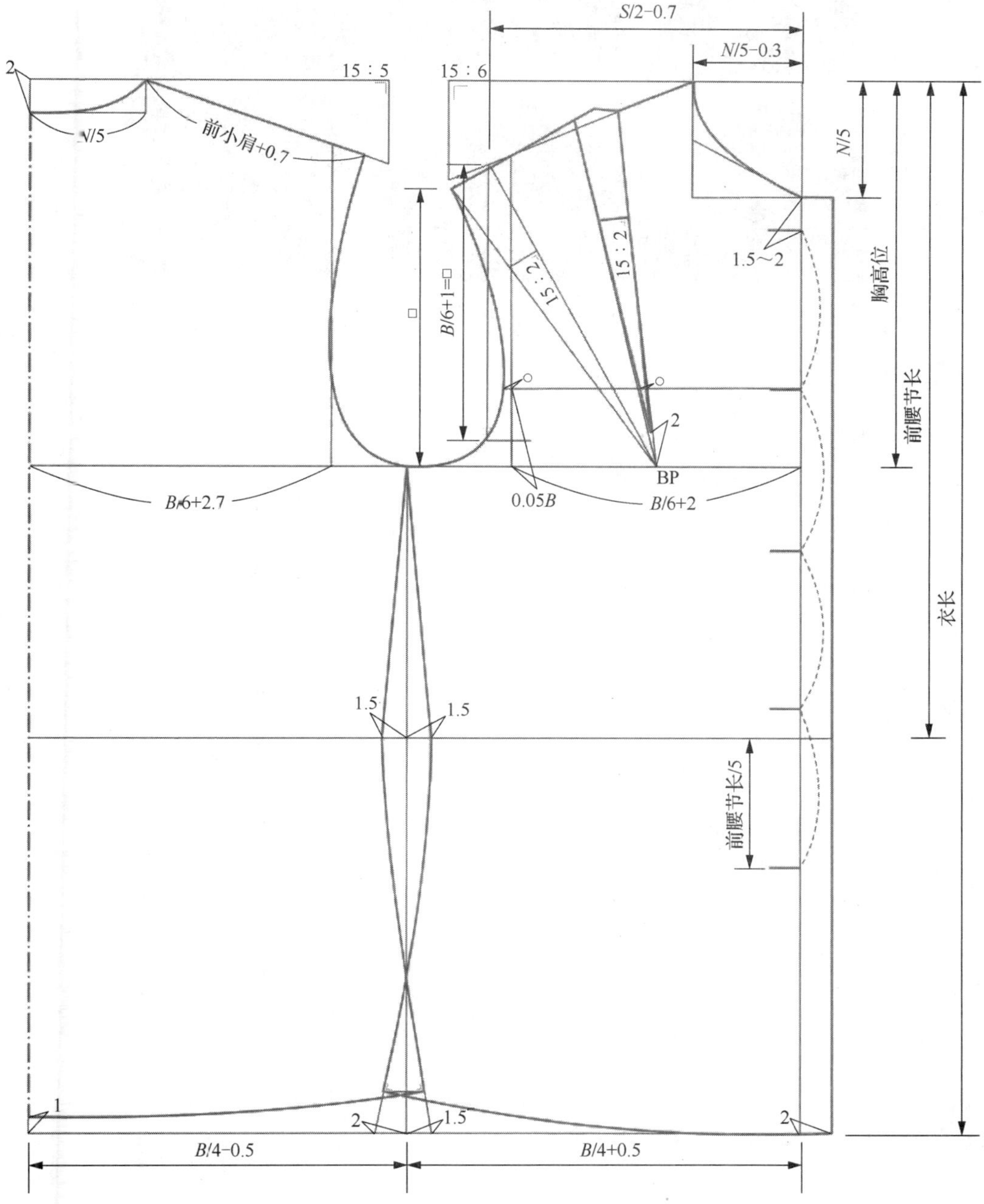

图 2-2-1　采用基型法绘制的纸样（单位：cm）

量取各部位尺寸如图 2-2-2 所示。

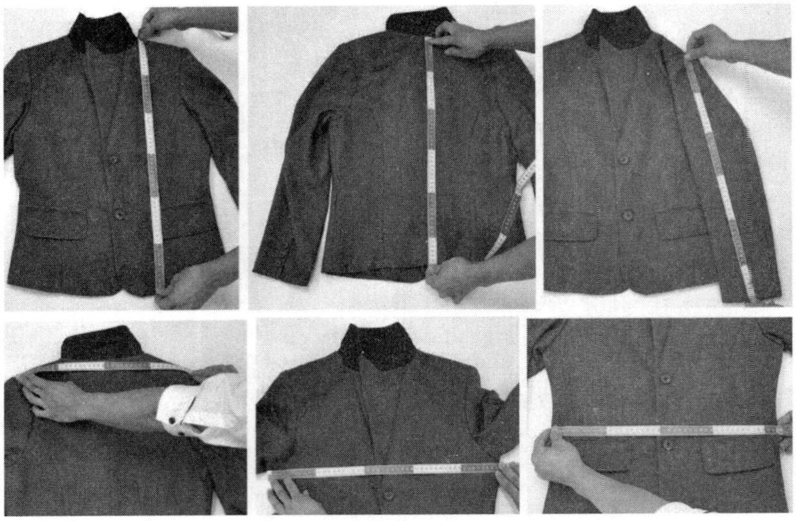

图 2-2-2　量取各部位尺寸

模块 2 服装基础款式结构制图

通过学习本模块，熟悉裙装、裤装、上装的基本结构原理与设计方法，为后期服装变化款式的结构设计打好基础。

项目3 裙装结构制图

知识目标

1）了解裙子的种类。

2）掌握合并省展开法、扇形展开法、梯形展开法与平行展开法。

3）掌握纵向分割设计、横向分割设计、交叉分割设计的方法。

4）了解西服裙、A字裙、斜裙的款式特点。

能力目标

1）能够使用相关方法进行裙片腰省合并转移与切展、裙片分割、裙子褶裥的结构设计。

2）能够根据尺寸规格绘制西服裙、A字裙、斜裙的原型结构图。

3）能够根据西服裙、A字裙、斜裙的款式特征进行结构设计。

素养目标

1）坚定道路自信、文化自信，提升审美情趣，增强民族自豪感。

2）树立质量意识，培养专注、细致、严谨、负责的工作态度。

3.1 裙子概述

裙子是一种围于下体的服装，也是下装的基本形式之一。裙子结构是服装中最简单的结构设计，主要解决臀腰间的余缺量。裙子款式变化多样，最能体现女性魅力，深受女性青睐。

裙子的种类繁多，根据不同的款式特点，对裙子进行如下几种分类。

1. 按裙子的长度分类

按裙子的长度分类，如图 3-1-1 所示。

1）超短裙：也称迷你裙，裙长在臀部以下至大腿上部。

2）短裙：裙长在大腿中部或偏下。

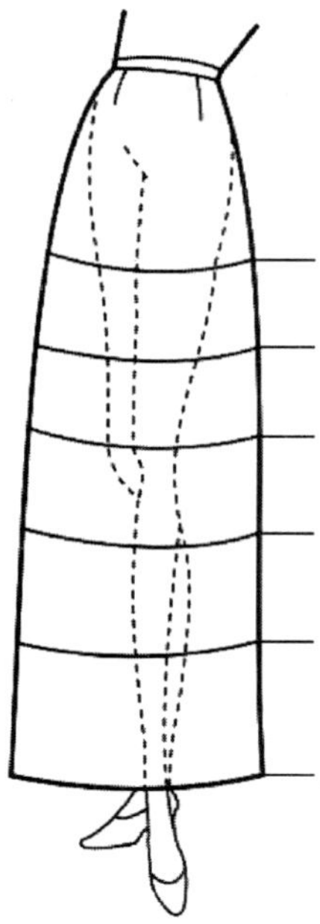

图 3-1-1　裙长分类图

3）及膝裙：裙长在膝盖位置。

4）中裙：也称中庸裙，裙长在膝盖以下至小腿肚以上。

及膝裙和中裙的裙长均有不长不短之感。

5）长裙：裙长在小腿肚以下至踝骨以上，具有飘逸潇洒之感。

6）曳地长裙：裙长至地面，常见于舞台裙、晚礼服。

2. 按裙子的廓型分类

1）紧身裙：从腰部到臀部的松量小，比较贴体，从臀围至下摆为直线型，称为基本裙；从臀围至下摆逐渐变窄，称为窄裙；为方便行走下摆加入裥或开衩，称为西装裙。

2）半紧身裙：呈 A 形，也称 A 字裙。腰部合体，臀部有一定的松量，下摆稍微扩展，行走方便。

3）斜裙：腰部紧身合体，臀部和下摆顺势放大，下摆微有波浪褶。

4）圆裙：从腰部至下摆放大，垂挂形成波浪褶，下摆展开为圆形，称为圆摆裙；下摆展开为半圆形，称为半圆摆裙；整体造型像牵牛花开放的形状，称为喇叭裙。

3. 按裙子的腰位分类

按裙子的腰位分类，如图 3-1-2 所示。

1）低腰裙：腰位落在正常腰围以下，采用腰贴或滚边工艺。

2）无腰裙：正常腰位，但是没有装腰头，采用腰贴或滚边工艺。

3）装腰裙：裙子的腰头位于人体腰围线上。

4）高腰裙：结构与连腰裙类似，腰位抬高至胸下部位。

5）连腰裙：正常腰位，腰头与裙片连裁，常采用腰贴工艺。

6）连衣裙：裙子与上衣直接连在一起。

图 3-1-2 按裙子的腰位分类

3.2 裙子的结构原理与设计

通过不同创造手法，可将裙子变换出不同款式。在裙子的结构制图中，通常通过省移、分割和褶裥的形式来实现不同样式裙子的结构变化设计。

裙子的结构原理与设计

3.2.1 裙片腰省合并转移与切展结构设计

1．合并省展开法

通过对裙装中腰省的合并转移法，展现裙子款式的变化，以裙腰省合并下摆展开的形式将省量转移至下摆，根据实际款式的需求可以选择省量转移的多少，如图 3-2-1 和图 3-2-2 所示。

图 3-2-1 腰省完全转移至下摆

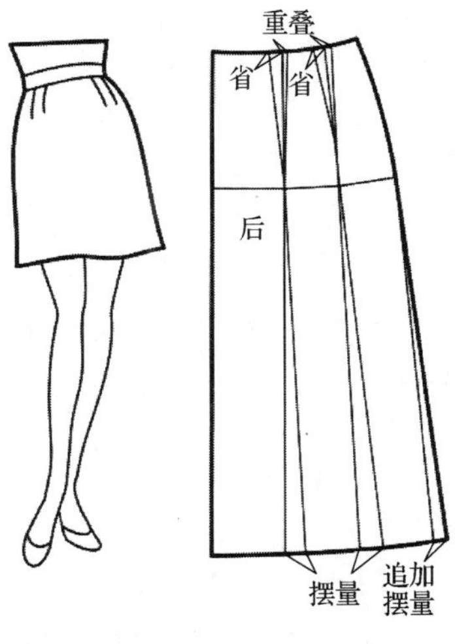

图 3-2-2 腰省部分转移至下摆

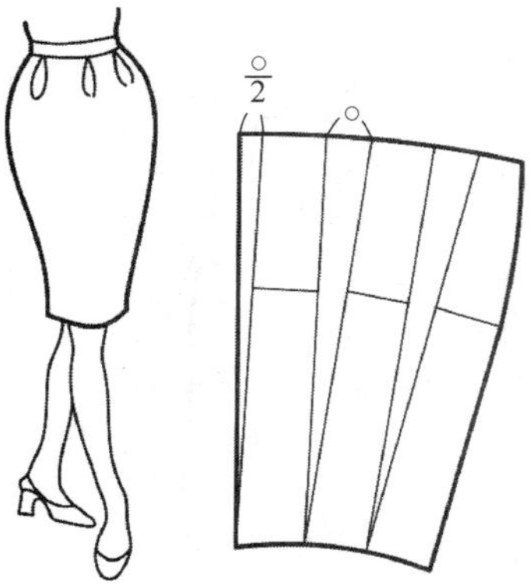

图 3-2-3　扇形展开

2. 扇形展开法

于裙片中平均划分切展线，展开其中所需要的一端进行拉伸，另一端则保证原有的长度不变，这种展开方式称为扇形展开法（图 3-2-3）。

3. 梯形展开法与平行展开法

于裙片中平均划分切展线，同时将线的两端展开。其中，当线的两端展开量相等时，称为平行展开（图 3-2-4）；当线的两端展开量不相等（即一端展开量多，另一端展开量少）时，称为梯形展开（图 3-2-5）。

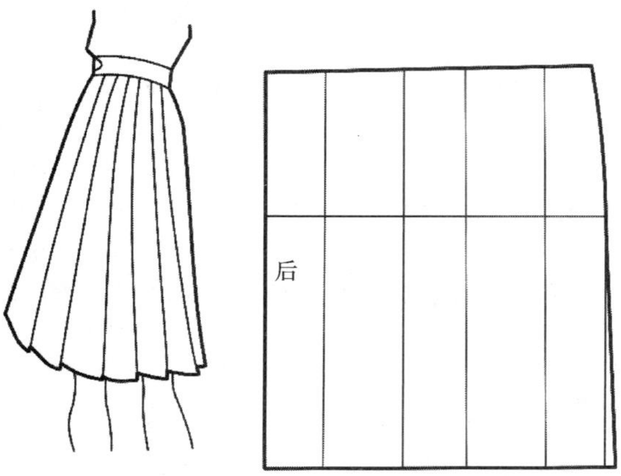

图 3-2-4　平行展开

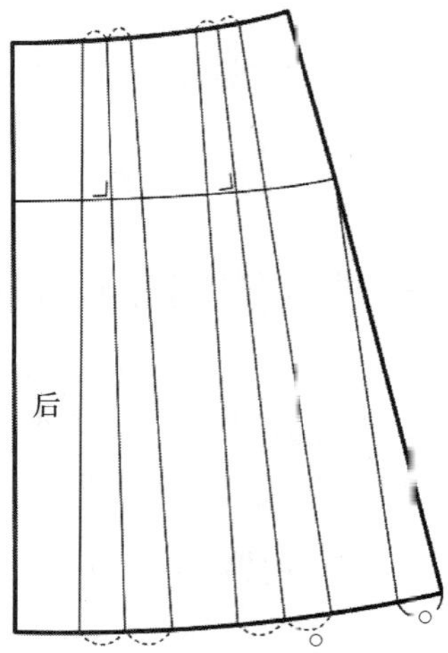

图 3-2-5　梯形展开

3.2.2　裙片分割结构设计

于裙片中设置各种分割线，可使裙子更加美观，增强装饰性。在裙子款式设计中，常见的分割线设计一般多表现为纵向分割、横向分割和交叉分割。

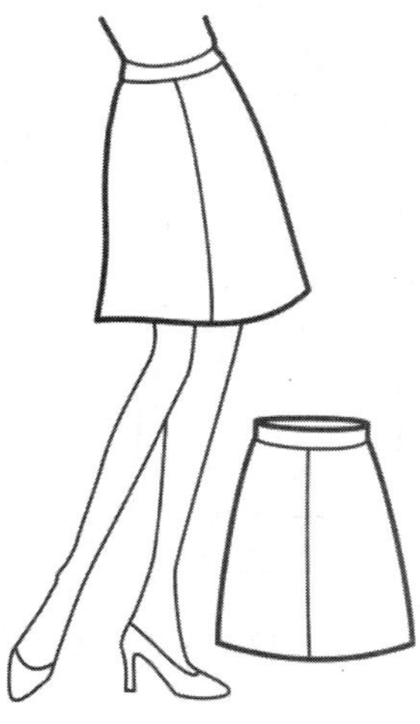

图 3-2-6　四片裙款式

1. 纵向分割设计

纵向分割设计就是将裙子本身纵向分割成若干片，即所谓的多片裙，有偶数片分割和奇数片分割之分，如四片裙、六片裙、八片裙和三片裙、五片裙、七片裙等。进行纵向分割时应主要处理好省道和裙摆大小的关系。

例 3-1　四片裙

四片裙款式如图 3-2-6 所示。将裙子原型中的一个腰省道合并，将省量转移至下摆，另一个腰省则在侧缝线和前后中心线中收去，如图 3-2-7 所示。

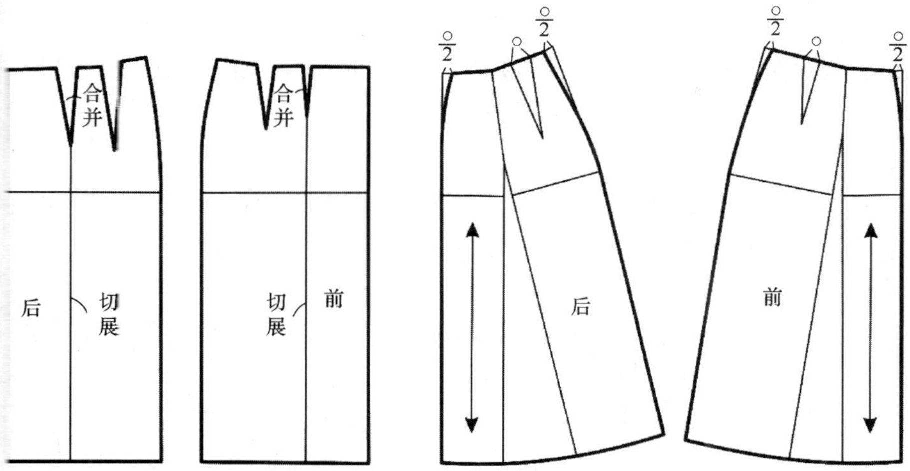

图 3-2-7　四片裙结构设计

例 3-2　六片裙

六片裙款式如图 3-2-8 所示。靠近前后中心线的腰省将省尖反向延长垂直于下摆线，下摆斜出 2～3cm，将另一个腰省合并，把省量全部转移到下摆，如图 3-2-9 所示。

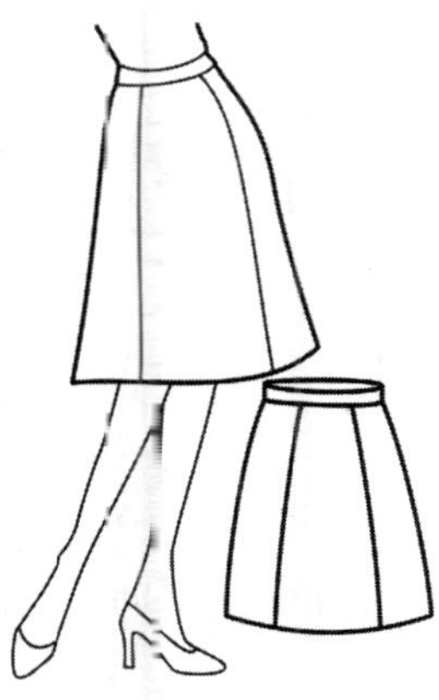

图 3-2-8　六片裙款式

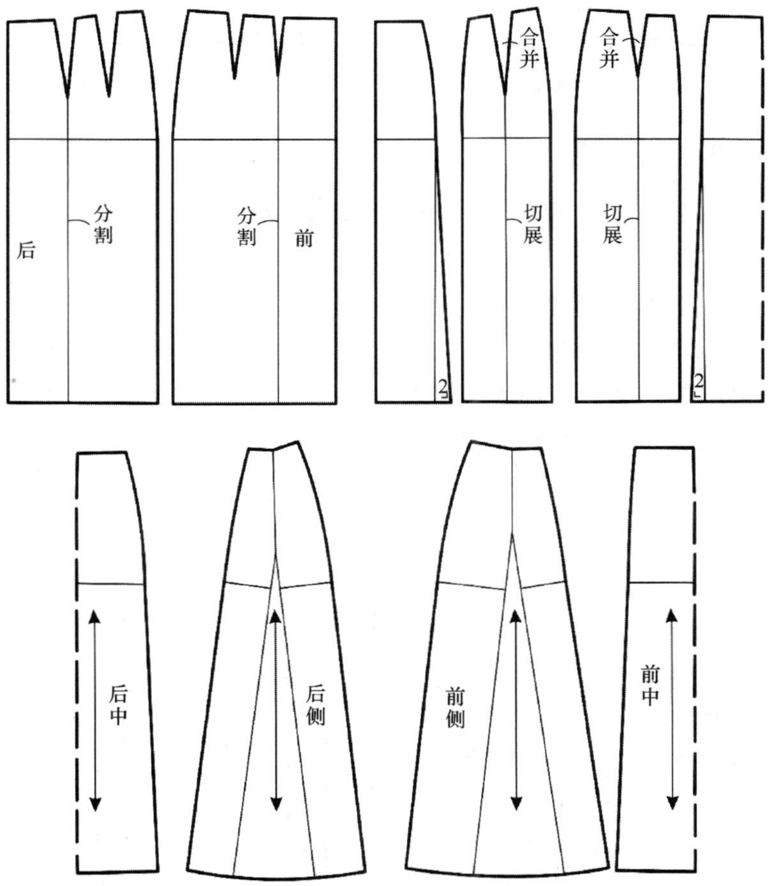

图 3-2-9　六片裙结构设计

2. 横向分割设计

横向分割设计是指将裙片进行水平横向切割。通常人们使用的分割线位于腰部和臀部之间，这种分割设计称为育克分割或约克分割。

例 3-3 育克筒裙

育克筒裙款式如图 3-2-10 所示。该款式在腰省省尖附近设置横向分割线，并将省道合并形成腰部育克裙片，将其余未进行分割的省量在两边侧缝线中省去，如图 3-2-11 所示。

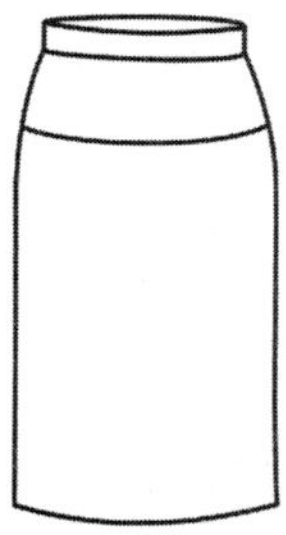

图 3-2-10 育克筒裙款式

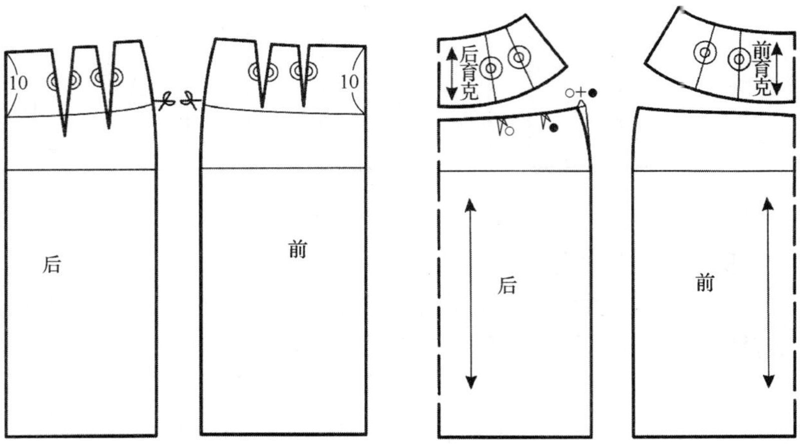

图 3-2-11 育克筒裙结构设计（单位：cm）

3. 交叉分割设计

交叉分割设计将横向分割设计与纵向分割设计组合运用在裙子设计中，从而设计出更多不同的款式。

例 3-4 六片育克裙

六片育克裙款式如图 3-2-12 所示。将接近前后中心线的腰省进行垂直纵向分割设计，并在裙片左右两边下摆处斜出 2～3cm，将分割线顺滑连接；另一腰省则与侧缝线进行横向分割设计，合并腰省作为裙子的育克片，并把部分未转移的省尖量在裙身的两边省去，如图 3-2-13 所示。

图 3-2-12 六片育克裙款式

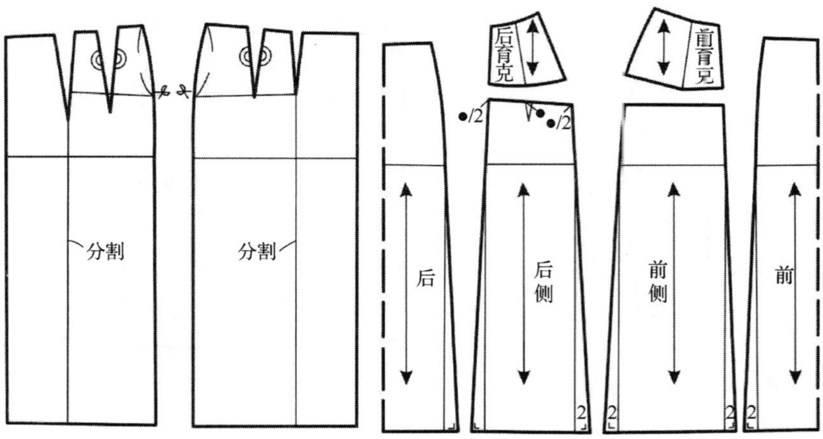

图 3-2-13 六片育克裙结构设计（单位：cm）

3.2.3　裙子褶裥结构设计

褶裥设计是服装结构设计中的一种常用的设计方法，特别是在裙子设计中得到广泛运用。各种褶裥设计使裙子更加富有动感和层次感，达到立体的效果，且具有极强的视觉冲击力。在裙子的款式设计中，常见的褶裥可按如下方法分类。

1）按褶裥的线型分类：褶裥可分为直线褶裥、斜线褶裥和曲线褶裥三种类型（图 3-2-14）。

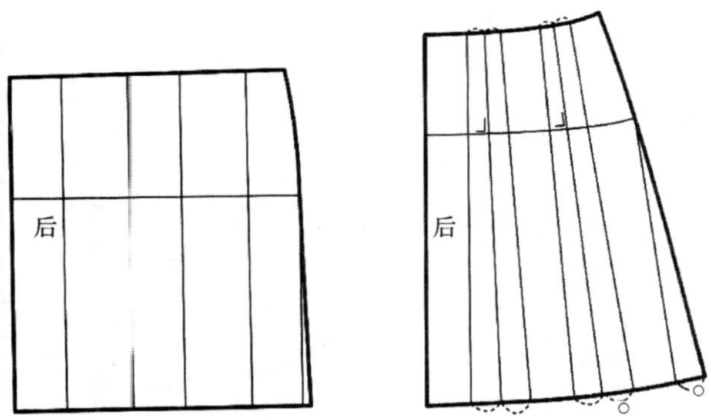

图 3-2-14　按褶裥的线型分类

2）按褶裥的形态分类：褶裥可分为顺褶（倒褶）、对褶和碎褶三种类型（图 3-2-15）。

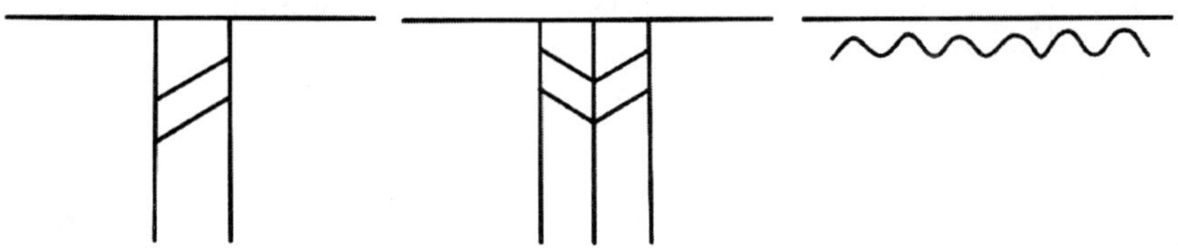

图 3-2-15　按褶裥的形态分类

3）按褶裥的方式分类：褶裥可分为自然褶和规律褶两大类。其中，自然褶是由自然皱缩而形成的褶裥，有波形褶和碎褶两种（图 3-2-16 和图 3-2-17），其褶裥的位置和大小具有不确定性；规律褶则相反，其褶裥的位置和大小可以根据实际需求具体确定（图 3-2-18）。

图 3-2-16　波形褶

图 3-2-17　碎褶

图 3-2-18　规律褶

例 3-5　鱼尾裙

鱼尾裙款式如图 3-2-19 所示。该款式将两侧的裙摆进行分割，再将其进行纵向分割并做扇形展开形成所需要的鱼尾形波形裙摆（图 3-2-20）。

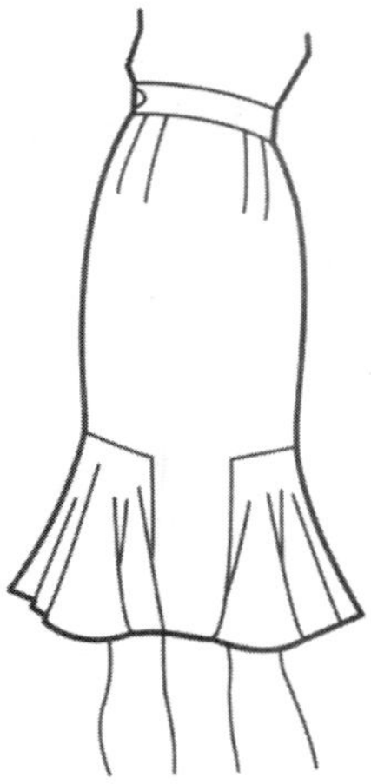

图 3-2-19　鱼尾裙款式

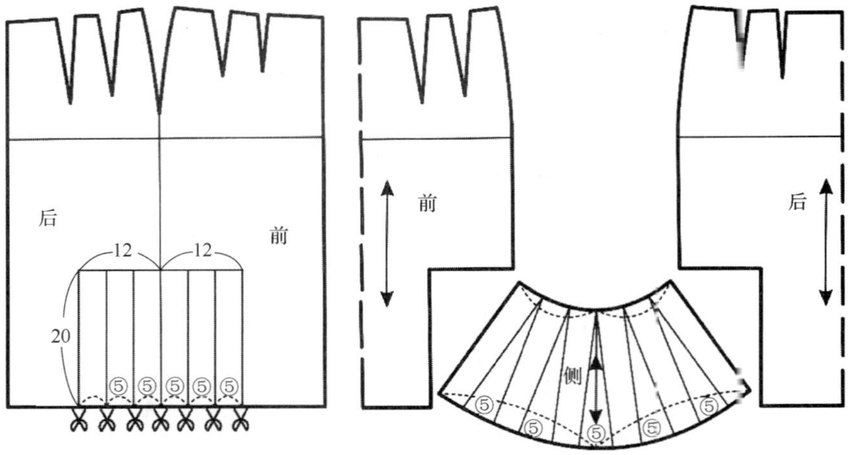

图 3-2-20　鱼尾裙结构设计（单位：cm）

例 3-6　宝剑分割喇叭裙

宝剑分割喇叭裙款式如图 3-2-21 所示。首先将裙子原型中靠侧缝线的腰省合并转移至下摆，其次在臀围线往上 3cm 左右的位置做斜线分割并顺滑连接结构线，形成裙子的宝剑头育克，然后将下摆部分进行扇形展开即得到喇叭形裙摆（图 3-2-22）。

图 3-2-21　宝剑分割喇叭裙款式

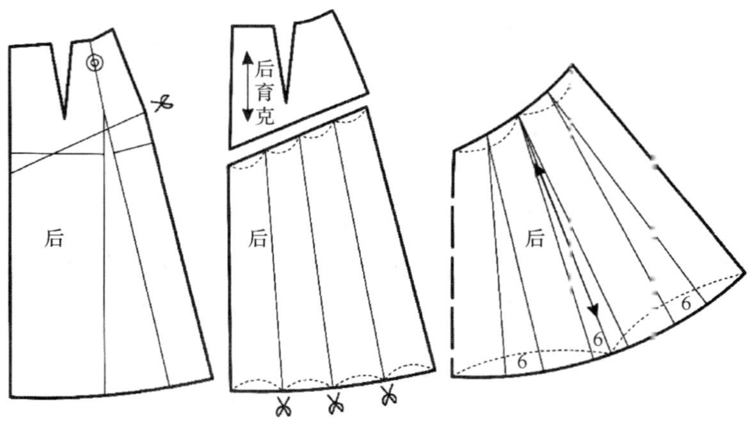

图 3-2-22　宝剑分割喇叭裙结构设计（单位：cm）

例 3-7　育克碎褶裙

育克碎褶裙款式如图 3-2-23 所示。该裙子的款式前片裙身做育克和碎褶设计，后片为常规的省道加育克设计。首先将前裙片做育克分割合并腰省，沿着省尖作垂线剪开，并平行拉伸 2.5cm 的褶量；后裙片则在靠近后中线的腰省省尖位置作垂线至下摆，将部分腰省合并转移至摆量（下摆展开量为 5cm），在侧缝线腰下 7.5cm 的位置做分割至另一个腰省，合并腰省完成后育克群片（图 3-2-24）。

图 3-2-23　育克碎褶裙款式

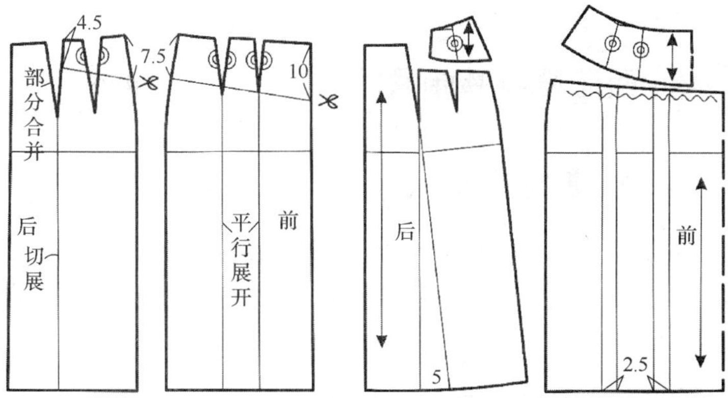

图 3-2-24　育克碎褶裙结构设计（单位：cm）

例 3-8　育克对褶裙

育克对褶裙款式如图 3-2-25 所示。将原型腰省通过横向分割合并成裙子育克，根据款式特点，裙身在臀围线等分处绘制垂线，剪开线条进行平行展开对褶量，并将省道剩余的省量分摊至对褶边线（图 3-2-26）。

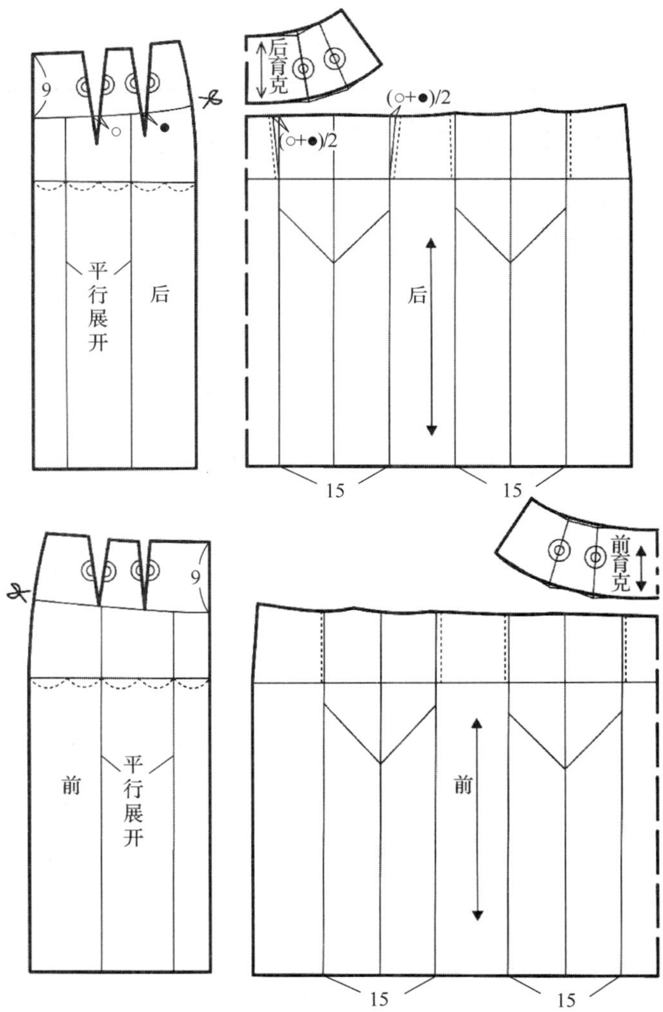

图 3-2-25　育克对褶裙款式

图 3-2-26　育克对褶裙结构设计（单位：cm）

3.3 西服裙结构制图

西服裙结构制图

3.3.1 款式分析

西服裙属于紧身裙，其外形特点是自腰围至臀围顺沿身体曲线，因而线条流畅、穿着简洁大方，通常在正式的公共场合穿着（图 3-3-1）。

图 3-3-1 西服裙款式

3.3.2 规格设计

西服裙尺寸规格如表 3-3-1 所示。

表 3-3-1 西服裙尺寸规格 单位：cm

尺寸名称	裙长	腰围	臀围	臀长	腰头宽
净体尺寸	60	66	90	18	3
成品尺寸	60	68	92	18	3

3.3.3 结构制图

1）绘制基础线：纵向画裙长（裙长-腰头），在腰节线往下 18～22cm 的位置确定臀围线，横向绘制臀围线（尺寸为 $H/2$+基本松量），前片 $H/4+1$（前后差）、后片 $H/4-1$（前后差），如图 3-3-2 所示。

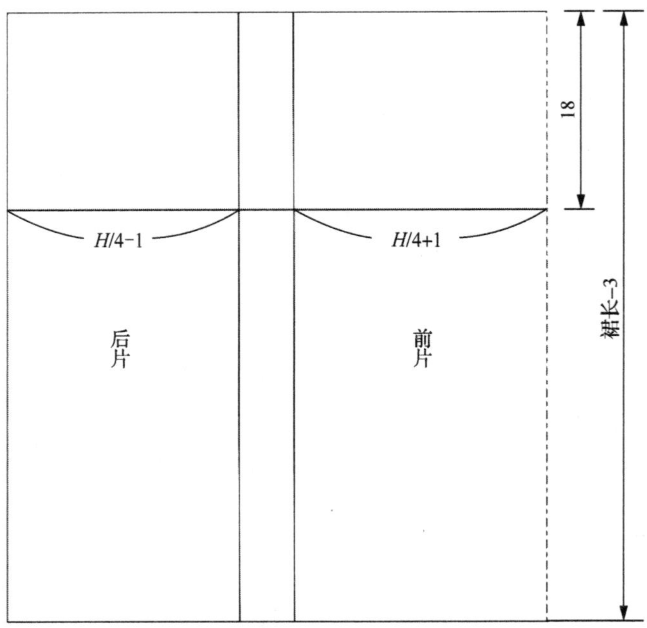

图 3-3-2 西服裙结构基础线（单位：cm）

2）绘制侧缝线：由于人体属于椭圆柱体型，在穿着时两边伸张会略高于中间，为更加适应腰部伸张时的动作，将前后两边的侧缝线向上起翘 1～1.5cm，而后片腰围线向下低落

0.5～1cm（图 3-3-3）。

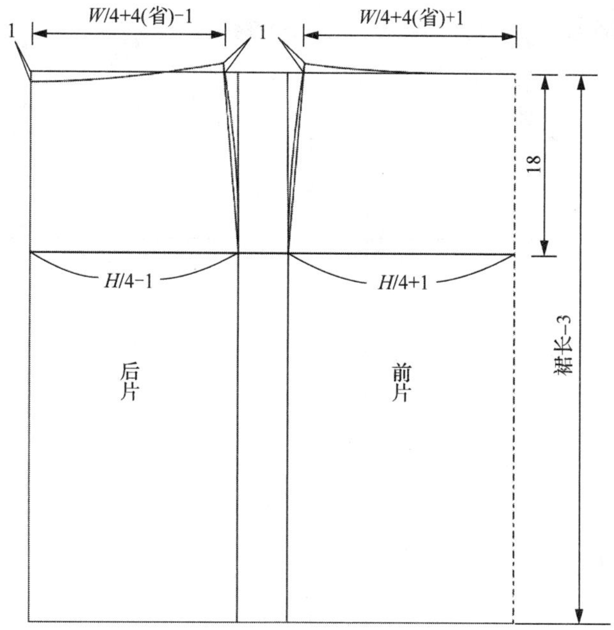

图 3-3-3 西服裙侧缝结构图（单位：cm）

3）确定省道位置：为了更好地贴合人体各部位，使裙子更加合体，必须合理分配省量。在解决臀腰差量的过程中，前片腰部与腹部的差量较小，省的长度就较小，一般为臀长的 1/2；由于臀部与腰部的差值较大，在确定后片省长时，一般在臀围线上向上提高 5～6cm。确定了省长便可画出省道线。确定西服裙省道如图 3-3-4 所示。

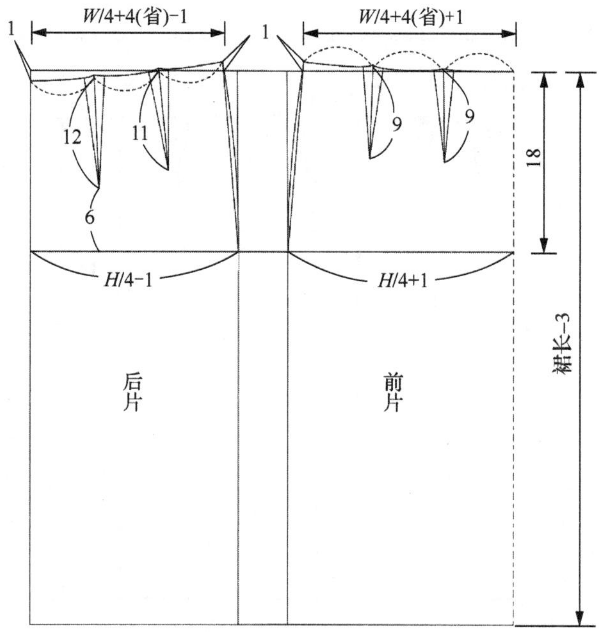

图 3-3-4 确定西服裙省道（单位：cm）

4）确定开衩长度：开衩的长度根据裙子的不同款式而定，而基本款式的裙子一般开衩的长度应在膝关节向上 18～20cm 的位置（图 3-3-5）。

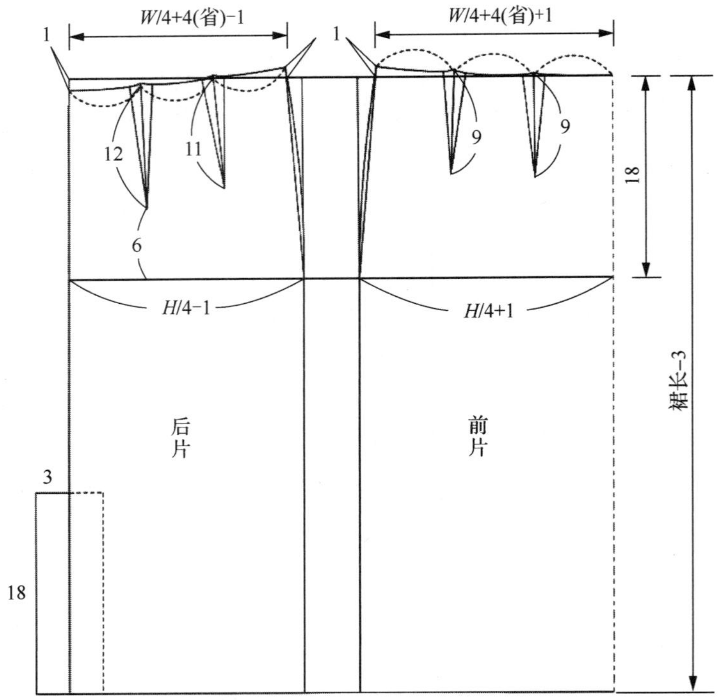

图 3-3-5　西服裙后中开衩结构图（单位：cm）

5）绘制结构线：完成整个结构图的绘制后，应在结构轮廓线上加深轮廓，并标注名称及尺寸，绘制布纹线（图 3-3-6）。

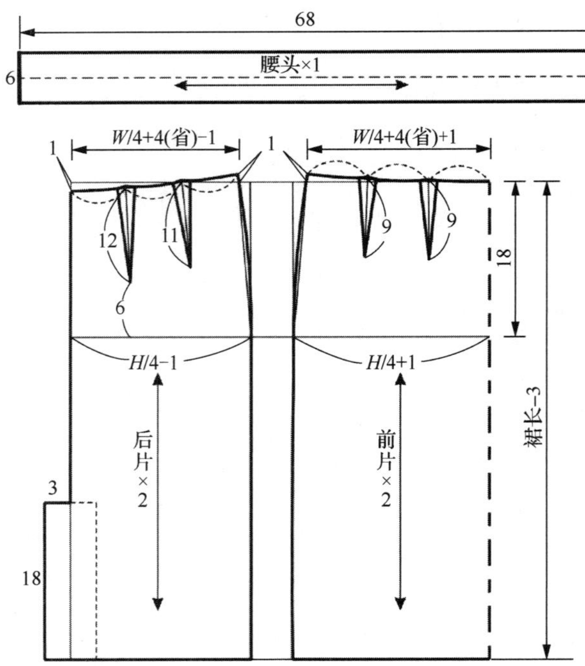

图 3-3-6　西服裙的结构制图

3.4 A字裙结构制图

3.4.1 款式分析

A 字裙也称半紧身裙，由于裙身从腰部到中臀附近位置比较贴体，裙摆顺势稍大，呈 A 形，裙长一般覆盖至膝盖上下。此款裙子装腰头，前后裙片左右各设置一个腰省，在侧缝线位置装隐形拉链（图 3-4-1）。

A 字裙结构制图

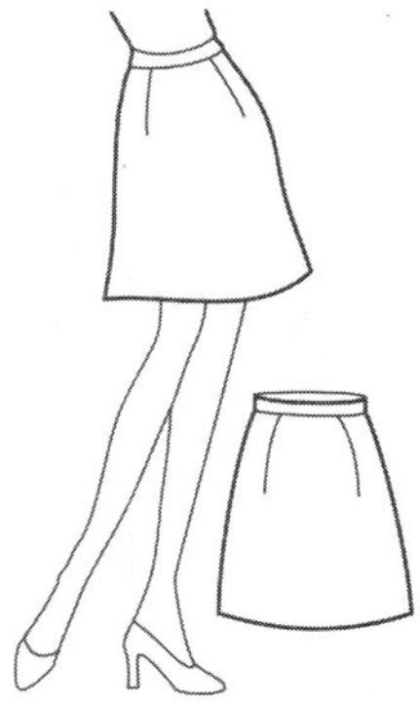

图 3-4-1 半紧身裙款式

3.4.2 规格设计

半紧身裙尺寸规格如表 3-4-1 所示。

表 3-4-1 半紧身裙尺寸规格 单位：cm

尺寸名称	裙长	腰围	臀围	臀长	腰头宽
净体尺寸	—	66	90	18	—
成品尺寸	48	68	94	18	3

3.4.3 结构制图

1）绘制基本框架线：长度=裙长−腰头宽，宽度从臀长线的位置开始，前臀围线=$H^*/4+1$（松量）+1，后臀围线=$H^*/4+1-1$，绘制出裙装的基本框架图（图 3-4-2）。

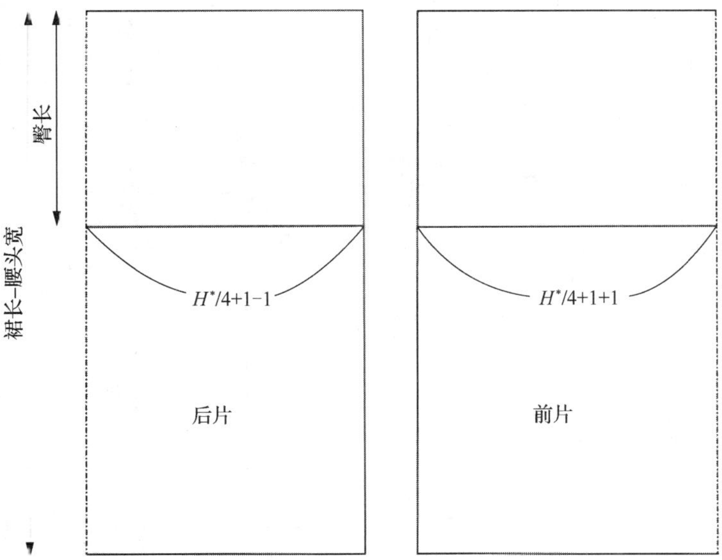

图 3-4-2 半紧身裙结构框架图（单位：cm）

2）确定侧缝线倾斜度：确定裙子侧缝线的倾斜度为 10∶1.5，并在前后片臀围线处绘制直角三角形（图 3-4-3）。

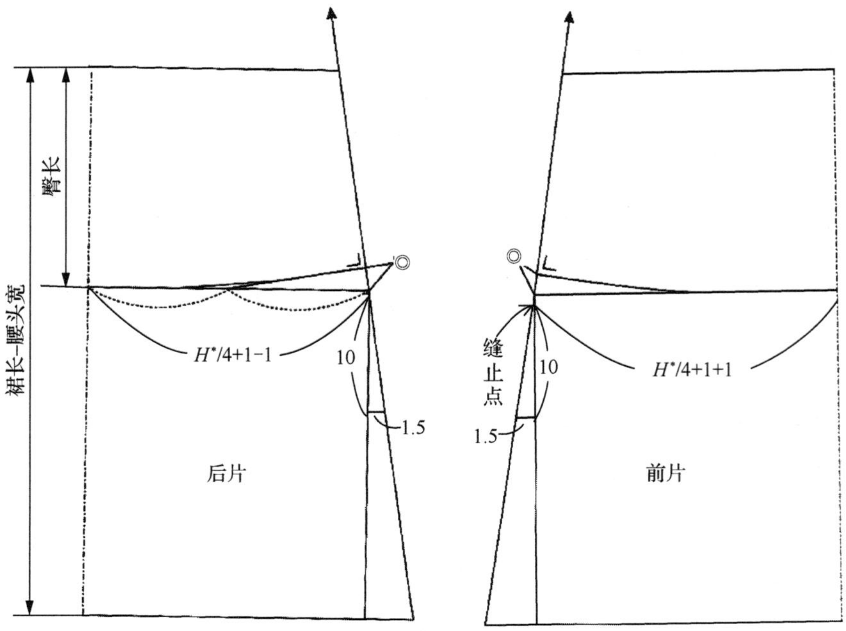

图 3-4-3　确定侧缝线倾斜度（单位：cm）

3）确定省道：根据款式结构将前后侧缝线抬升 2cm，后中线下落 0.5cm，根据款式将省道平均分布在腰围线上，按实际臀腰差计算确定省道大小，顺滑连接腰围线（图 3-4-4）。

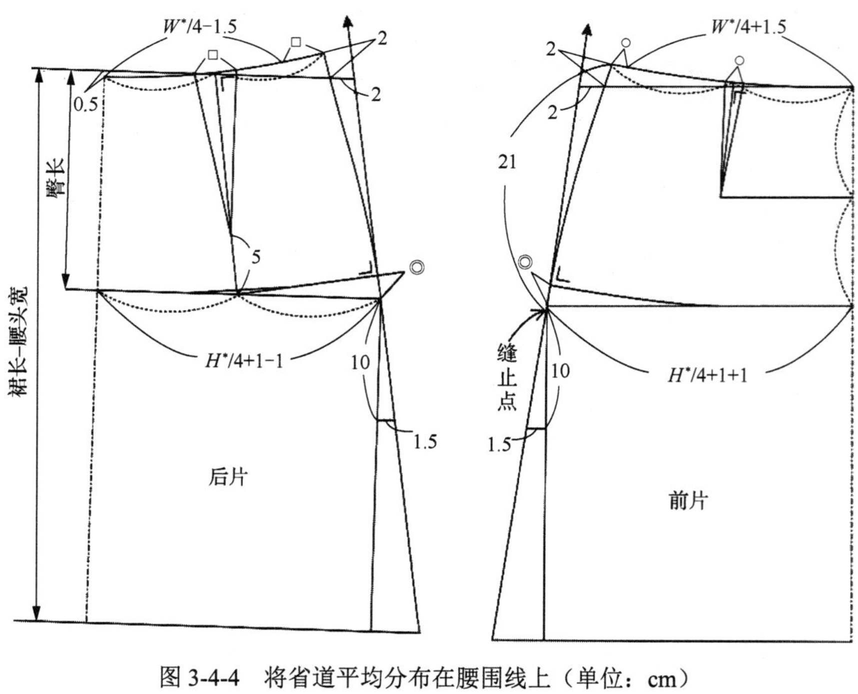

图 3-4-4　将省道平均分布在腰围线上（单位：cm）

4）绘制裙摆：将裙摆三等分，在 1/3 处向侧缝线作垂线，确定前后裙摆起翘量，绘制裙摆（图 3-4-5）。

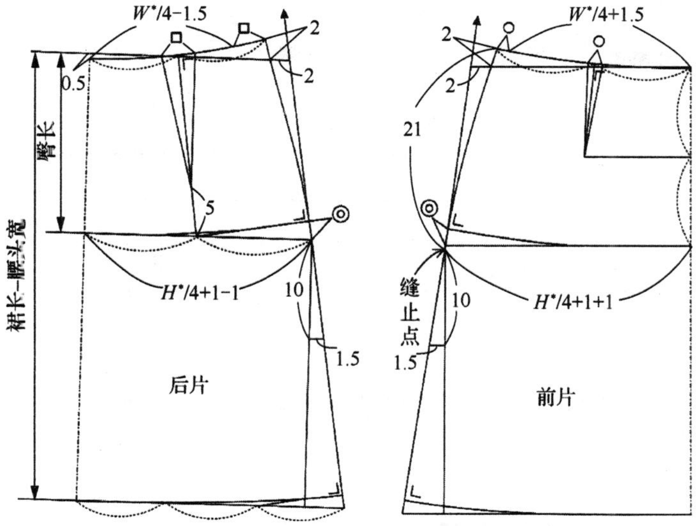

图 3-4-5　绘制裙摆（单位：cm）

5）绘制结构线：完成整个结构图（图 3-4-6）的绘制后，应在结构轮廓线上加深轮廓，并标注名称及尺寸，绘制布纹线。

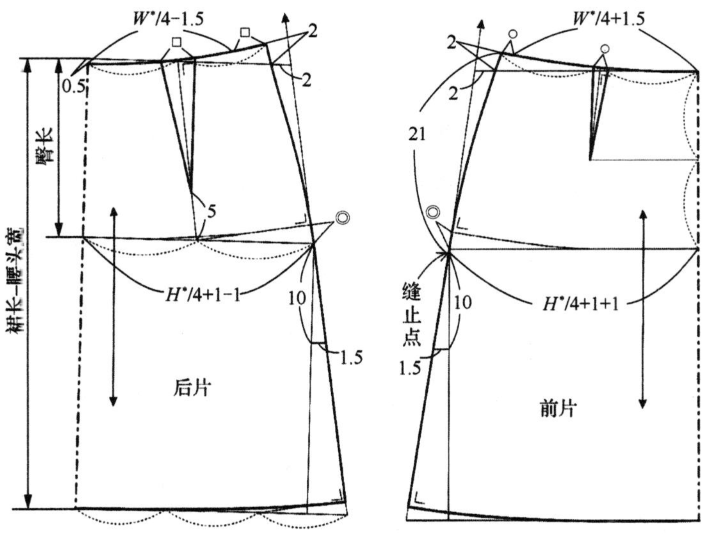

图 3-4-6　半紧身裙结构图（单位：cm）

3.5　斜裙结构制图

3.5.1　款式分析

图 3-5-1　斜裙款式

斜裙的特点是装腰且腰部无省、无褶、无裥、腰窄、摆大，腰部以下呈自然波浪，裙片分为前、后两片，右侧缝装拉链。斜裙具有动感（波浪）、便捷、柔美的特点。它在裁剪时是按圆径 90° 制图的，腰口小、下摆大呈喇叭形，并且裙片完全由斜丝绺构成，故而得名（图 3-5-1）。

3.5.2 规格设计

斜裙尺寸规格如表 3-5-1 所示。

表 3-5-1 斜裙尺寸规格　　单位：cm

尺寸名称	裙长	腰围	臀围
净体尺寸	60	66	92
成品尺寸	60	68	—

3.5.3 结构制图

1）进行两等分：根据圆周率算法，利用腰围实际尺寸计算出圆的半径，绘制 1/4 圆，然后进行两等分（图 3-5-2）。

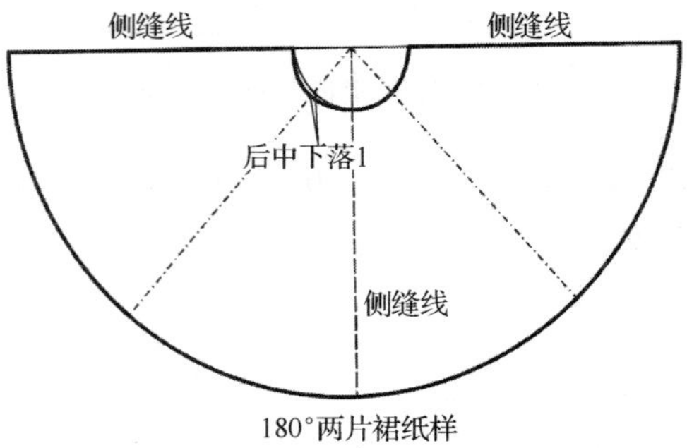

图 3-5-2 斜裙平面展开原理图（单位：cm）

2）绘制基本线：按照圆周率绘制斜裙的基本线，确定裙长，并将裙摆顺滑连接（图 3-5-3 和图 3-5-4）。

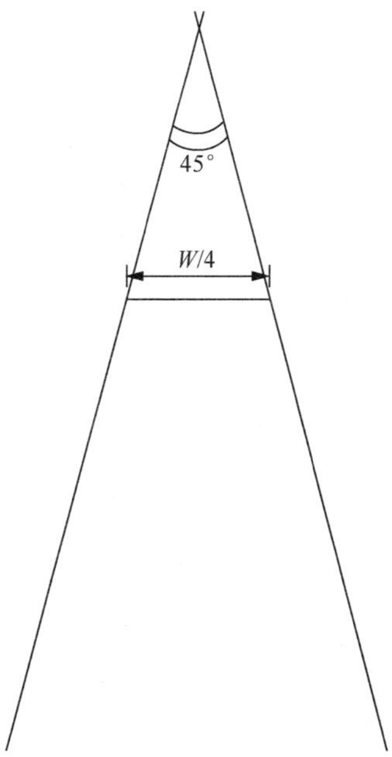

图 3-5-3 斜裙角度

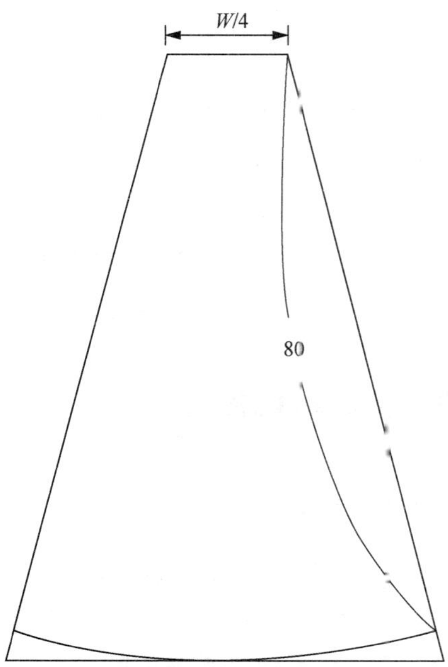

图 3-5-4 斜裙框架结构图（单位：cm）

以 $W/4$ 的尺寸绘制前后腰围线，后中应适当下落 0.5～1cm（图 3-5-5）。

3）绘制结构线：完成整个结构图（图 3-5-6）的绘制后，应在结构轮廓线上加深轮廓，并标注名称及尺寸，绘制布纹线。

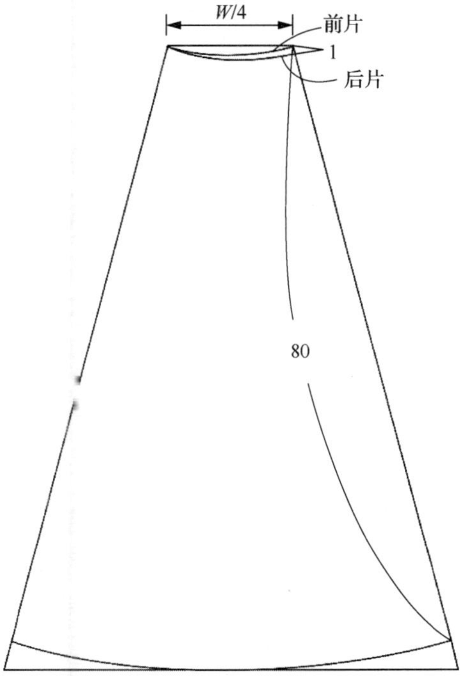

图 3-5-5　绘制前后腰围线（单位：cm）

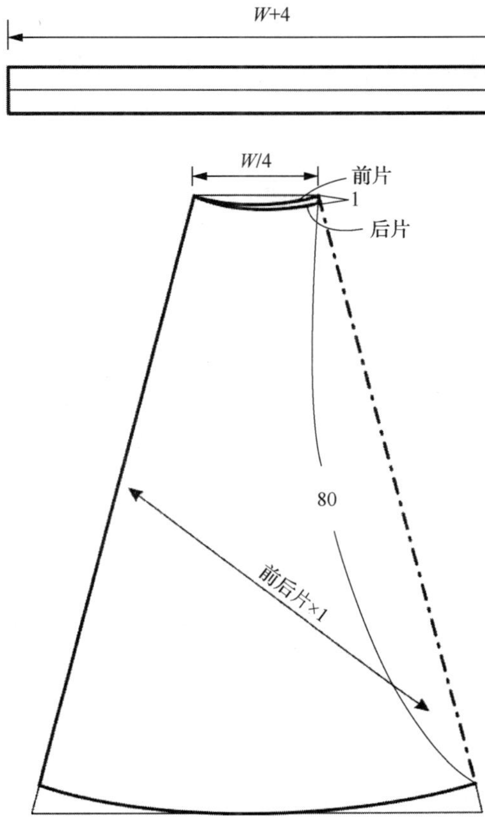

图 3-5-6　斜裙结构图（单位：cm）

项目 4

裤装结构制图

知识目标

1）了解裤子的种类。
2）了解女西裤、男西裤、牛仔裤的款式特点。
3）掌握裤子的结构名称、作用及专业术语。
4）掌握裤子结构与下体静态、动态特征的关系。

能力目标

1）能够根据相应尺寸规格绘制西裤、男西裤、牛仔裤的原型结构图。
2）能够根据西裤、男西裤、牛仔裤的款式特征对其进行结构设计。

素养目标

1）了解我国传统服饰的创新发展，培养爱国情怀，提升审美水平。
2）培养专注、耐心、精益求精的工匠精神和良好的职业素养。

4.1 裤子概述

裤子是包围人体腰腹以下且裆部往下分开包裹双腿的下装。裤子的功能性好且方便下肢运动。裤子最初是男性的主要下装，女裤出现的时间始于 19 世纪末 20 世纪初。随着时代的变迁和社会的不断发展，裤子的款式也在不断变化。根据裤装的造型、款式，以及裤长及使用的材料和用途，裤子有不同的名称，如西裤、灯笼裤、马裤、牛仔裤、短裤等。

裤子的种类

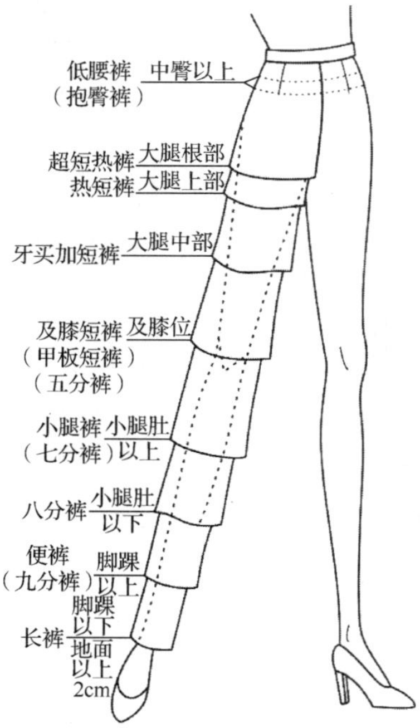

图 4-1-1 按裤子长度分类

裤子的种类繁多，一般按以下几种方式进行分类。

1. 按裤子长度分类

按裤子长度分类如图 4-1-1 所示。

2. 按裤子腰位高低分类

按裤子腰位高低分类如图 4-1-2 所示。

1）束腰裤：正常腰位装腰带，是最基本的裤装。

2）无腰裤：正常腰位，不装腰带，装腰贴。

3）连腰裤：裤身片与腰位部分连接在一起为同一裁片形成的裤装。

4）低腰裤：腰位低于 3cm、露出肚脐的裤装。

5）高腰裤：结构类似连腰裤，只是腰位提高至胸下部位。

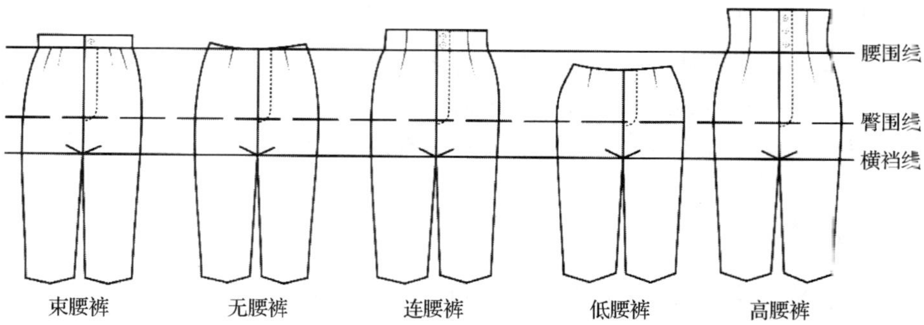

图 4-1-2 按裤子腰位高低分类

3. 按裤子宽松程度分类

按裤子宽松程度分类如图 4-1-3 所示。

1）紧身裤（贴体裤）：腰部无褶无省，臀部松量较少或没有松量。

2）合体裤（基本裤型、西裤）：腰部前片设一省道，臀部加放适宜的松量。

3）较宽松裤：腰部前片设置两个褶裥，臀部放松量适当增多。

4）宽松裤：腰部前片设置两个或两个以上褶裥，臀部放松量多为宽松型。

图 4-1-3　按裤子宽松程度分类

4. 按裤子的外轮廓形状分类

（1）直线型裤

直线型裤整体外轮廓从上至下呈笔直的直线形状，每个款式的松量和长度不尽相同，形成不同款式，如图 4-1-4 所示。

1）卷烟裤：紧身贴体型款式，没有烫迹线，面料一般略有弹性，体现女性身材的曲线美。

2）直筒裤：又称基本款西裤，裤子笔直顺畅，穿着方便，适合在正式场合穿着。

3）宽松筒裤：又称面袋裤，裤子宽松，直裆下落，松量从臀部直至裤口，穿着舒适轻松。

4）翻边裤：裤子前片腰围设两个褶裥，脚口向外折边，前后片烫迹线清晰。

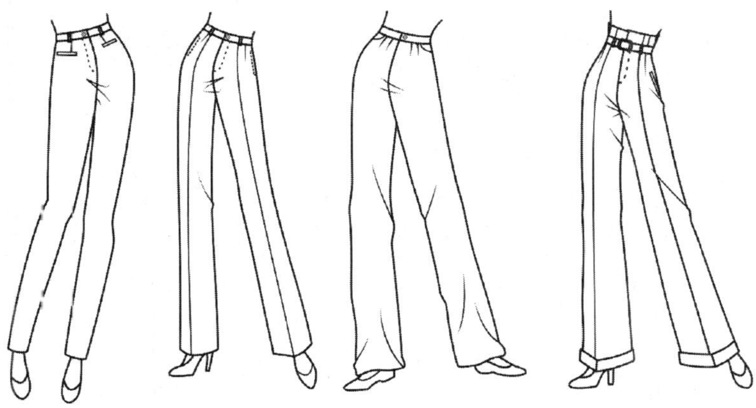

图 4-1-4　直线型裤

（2）倒梯型裤

倒梯型裤呈上大下小的形状，臀部松量较多，廓型较大，往裤口的方向逐渐收缩，如图 4-1-5 所示。

1）锥形裤（铅笔裤）：在臀围的位置加入适当的松量，同时在腰部插入褶裥，从上至下逐渐变细。

2）陀螺裤：造型像陀螺，强调腰部造型插入碎褶，臀部膨胀，从大腿根部逐渐向裤口变细。

（3）喇叭型裤

喇叭型裤一般是指上裆部位合体，向下至裤口位置逐渐变大的裤型，如图 4-1-6 所示。

1）大喇叭裤：腰臀部合体，从大腿根部开始逐渐向脚口变大。

2）吊钟裤：腰臀至大腿呈合体形态，从膝位以上位置逐渐向脚口变大。

3）牧童裤：腰臀部呈合体形态，脚口宽松肥大，裤长至膝盖以下的裤款，类似裙裤。

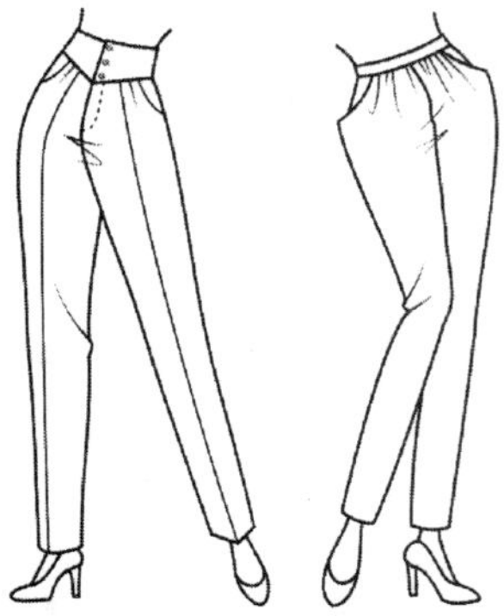

图 4-1-5　倒梯型裤

图 4-1-6　喇叭型裤

（4）纺锤型裤

纺锤型裤是指裤口通过褶裥收紧，腿部造型宽松的裤款，如图 4-1-7 所示。

1）无带裤：装腰，前腰位置左右两边各收两个省，脚口在脚踝处做褶裥。

2）后妃裤：腰部做碎褶，裤子整体松胀，裤脚在脚踝处收缩。

3）灯笼裤：整体宽松，分别在腰部和脚口收缩，呈灯笼造型。

4）马裤：为方便骑马而设计，该款式从膝盖往上部分为宽松膨胀，膝盖往下为合体设计，为了能够正常穿着，一般在合体处安装纽扣或拉链。

图 4-1-7　纺锤型裤

（5）贴体型裤

贴体型裤整体放松量较少，属于比较合体的裤款，如图 4-1-8 所示。

1）细裤：也称脚裤，臀部适当放松量，逐渐向裤口变窄。

2）斗牛士裤：模仿西班牙斗牛士裤，裤长至小腿肚。

3）骑车裤：裤长至膝盖和小腿，脚口侧缝开衩。

4）脚蹬裤：有良好的弹性，脚口踩在脚底位置。

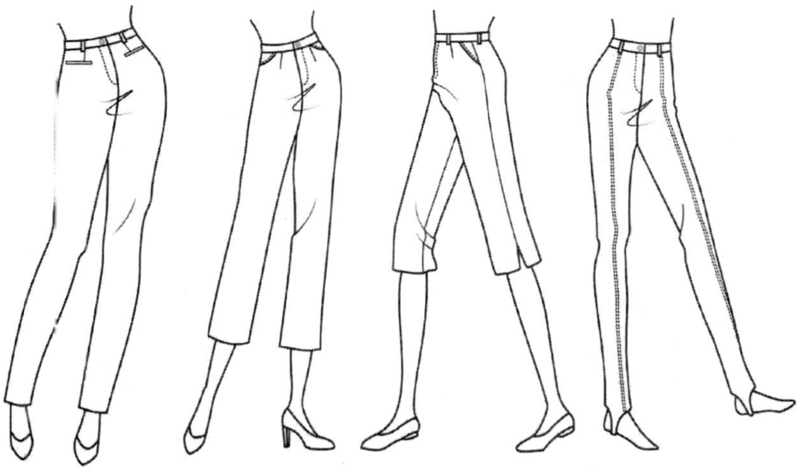

细裤　斗牛士裤　骑车裤　脚蹬裤

图 4-1-8　贴体型裤

（6）其他造型裤

其他造型裤如图 4-1-9 所示。

1）褶裤：裤腰褶裥，非常宽松，裆部宽松肥大，脚口收紧。

2）松腰裤：腰头为松紧带的宽松造型，裤身类似宽松直筒裤。

3）牛仔裤：采用紧密结实的斜纹棉布（牛仔布）制作而成。

4）工装裤：在普通裤装上加肚兜及背带的工作服装。

褶裤　松腰裤　牛仔裤　工装裤

图 4-1-9　其他造型裤

4.2 裤子的结构原理与设计

4.2.1 裤子的主要结构名称、作用及专业术语

裤子的结构名称、作用及专业术语

1. 裤子的主要结构名称、作用

裤子的主要结构名称如图 4-2-1 所示。

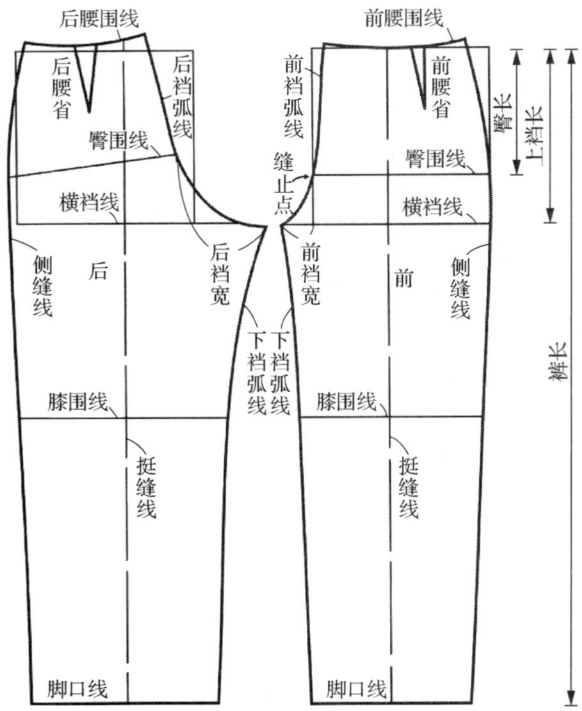

图 4-2-1 裤子的主要结构名称

1）前腰围线（front waist line，FWL）、后腰围线（back waist line，BWL）：人体腰部位置最细处的命名。人体在深蹲时，臀部和膝部的伸展会有明显的变化，尤其在后中心线的位置，纵向伸展最大，从而形成了前片腰位略低、后片腰位略高的结构特点。

2）臀围线：臀部最突出丰满并与腰围线平行的水平线。臀围既确定臀围位置，又控制臀围放松量的大小，具有决定裆宽的作用。

3）横裆线：上裆长度位置的水平线。横裆线的确定直接关系裤子的舒适性和功能性。

4）前后中裆线：位于膝盖位置，又称膝围线。根据裤管造型设计的不同变化，膝围线可上下移动。

5）前后脚口线：前后脚口宽度的结构线，是以裤子长度的水平取值的线。后片的脚口宽度大于前片的脚口宽度。

6）前后烫迹线：在裤子前后裤片居中位置的垂线，也称挺缝线。烫迹线必须与面料的纱向保持一致，同时也是产品质量和设计造型的重要依据。

7）前后裆弧线：前裆弧线指由腹部往裆底的一段凹弧结构线，也称前窿门线；后裆弧线指由臀沟部往裆底的一段凹弧结构线，也称后窿门线。由于人体前后的不同构造，前裆弧线略平，后裆弧线较陡。

8）前后内缝线：位于腿部内侧的结构线，也称下裆弧线。后内缝线的曲线弧度略大于前内缝线，因此，在缝制工艺时需采用吃势、拉伸、归拔的工艺，使前后片的内缝线的长度一致。

9）前后侧缝线：位于胯部和腿部外侧的结构线。后侧缝线的曲线弧度略大于前侧缝线，在缝制工艺时需采用吃势、拉伸、归拔的工艺，使前后片的内缝线的长度一致。

2. 与裤子相关的专业术语

与裤子相关的专业术语如图 4-2-2 所示。

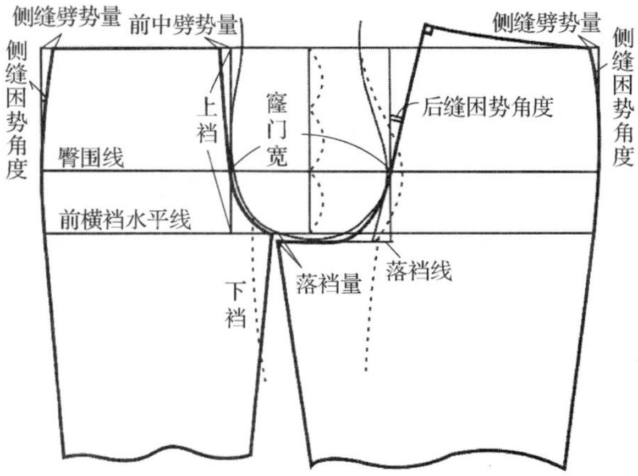

图 4-2-2　与裤子相关的专业术语

1）划顺：弧线与弧线和直线与弧线的连接。

2）劈势：在垂线上向里偏进需去掉的量，如裤装前中心线、侧缝线。

3）翘势：水平线上抬高的量，如裤装后腰口起翘量。

4）凹势：轮廓线内凹的曲线弧度量，为划顺窿门线、内缝线等弧线标注尺寸。

5）胖势：轮廓线外凸的曲线弧度量，如裤装腰部到臀部的侧缝线。

6）困势：后裤片比前裤片偏移的倾斜度数，有侧缝困势和后裆缝困势。

7）落裆量：前后裤片上裆深度差。

8）上裆：裤装横裆线以上的位置长度，又称直裆、立裆。

9）下裆：裤装横裆线以下至脚口的位置长度。

10）窿门宽：裤装前后裆宽之间的距离，根据人体的腹臀厚度而定。

4.2.2　裤子结构关系与下体静态、动态特征解析

人体下体的静态、动态特征和裤子的合体性、舒适性直接影响裤子结构设计。如果结构设计不合理，则会直接影响消费者的舒适度。下面对人体下体特征及人体运动功能进行分析。

裤子结构关系与下体静态、动态特征解析

1. 人体下体静态特征和裤子结构关系分析

（1）人体下体体表功能分布

腰臀间由于裤子的腰省、腰褶的分布而形成贴合区（图 4-2-3）；臀沟至臀底（CR）是直接实现裤子运动功能的作用区；CR 以下至大腿根是对 CR 剧烈偏移调整用的空间，称为自由区；下肢为裤管造型的设计区；贴合区和作用区是裤子结构设计的重点及难点。

（2）腰臀形态差

在对裤子结构进行设计时，首先要了解人体体型的厚度、宽度，而学习人体的水平与垂直断面形状能够为其提供重要的方法保障。将各部位的水平断面进行比较，可以得到人体各部位的突出程度、厚度、宽度等数据，从而在裤子结构设计中更加准确地确定腰省和褶裥的量（图 4-2-4）。

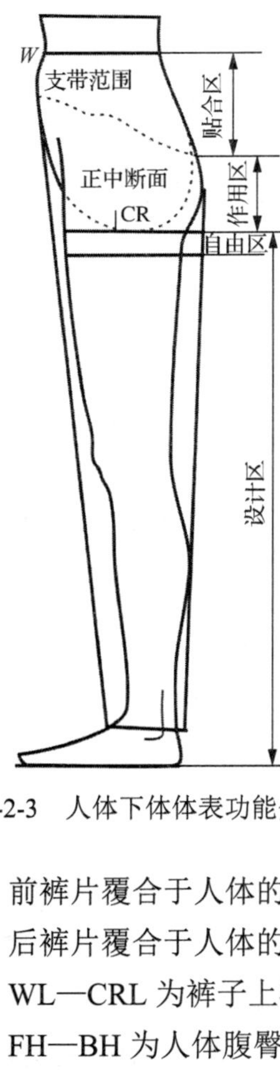

图 4-2-3　人体下体体表功能分布图

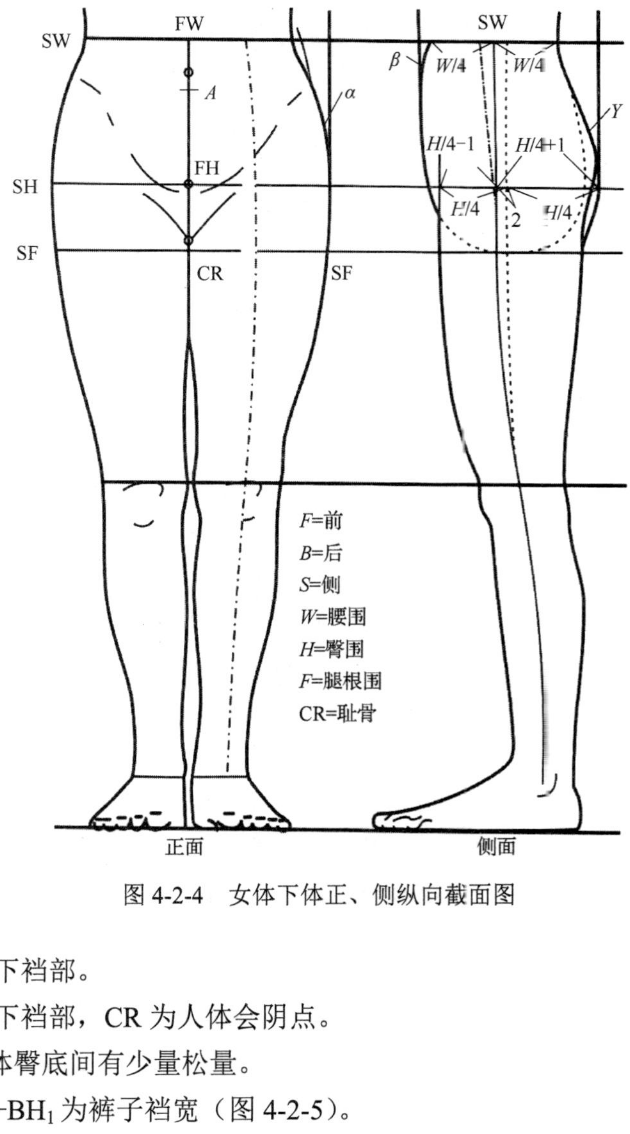

图 4-2-4　女体下体正、侧纵向截面图

1）前裤片覆合于人体的腹部、前下裆部。

2）后裤片覆合于人体的臀部、后下裆部，CR 为人体会阴点。

3）WL—CRL 为裤子上裆，与人体臀底间有少量松量。

4）FH—BH 为人体腹臀宽，FH_1—BH_1 为裤子裆宽（图 4-2-5）。

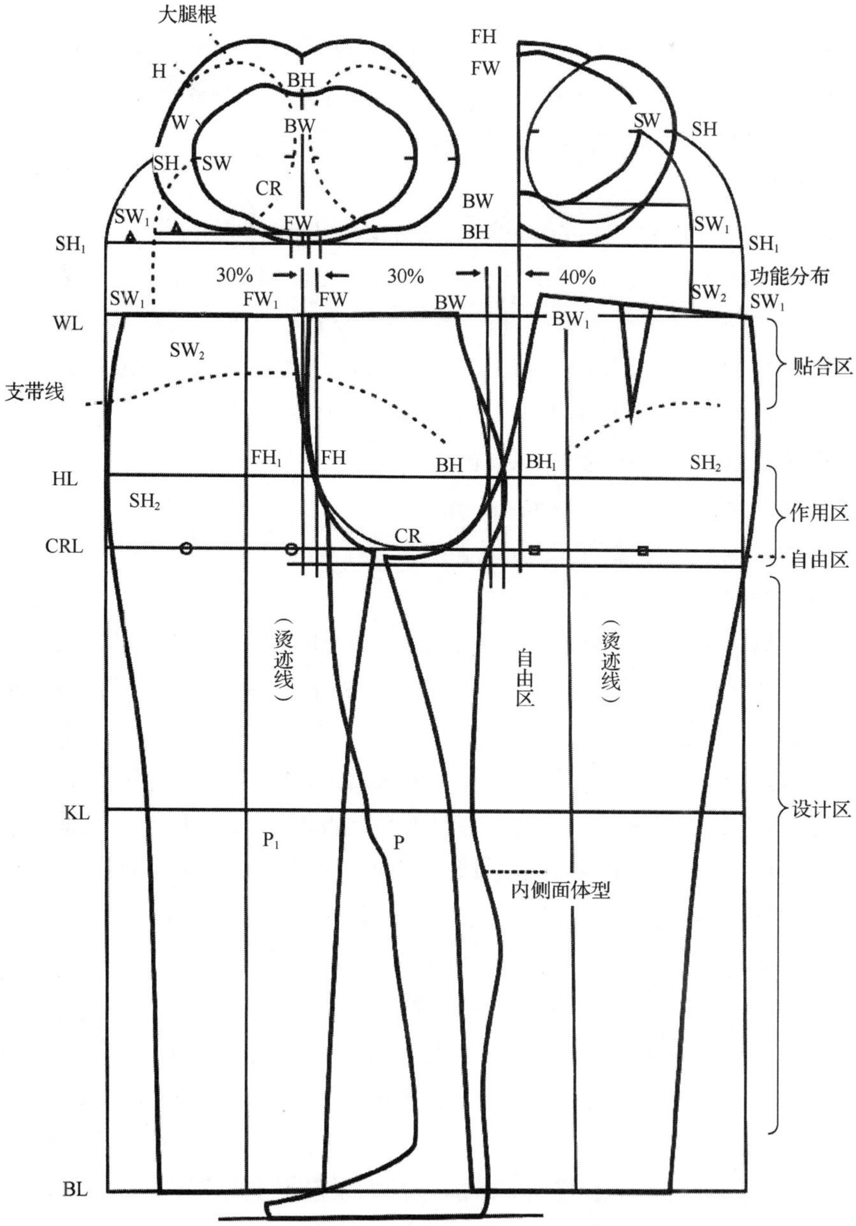

图 4-2-5 下体横向截面形状与裤子结构图

2. 人体下体动态特征和裤子结构关系分析

在进行裤子结构设计时，不但要考虑裤子本身的合体美观，还要考虑穿着者在运动过程中的舒适性，同时一定要考虑腰腹部和臀部之间的舒适量，以及对下肢的行走、蹲坐等活动的要求。

（1）腰围舒适量

1）人在席地而坐进行 90° 前屈时，腰围增量为 2.5～3cm。

2）人在呼吸、进餐时，腰围增量为 1.5～2cm，腰围一般舒适量为 2cm。

3）由于腰围可塑性强，2～3cm 的压迫不会使人体腰部产生不适感，因此，腰围松量为 0～2cm，通常取净腰围不加松量。

（2）臀围舒适量

1）人在席地而坐进行 90° 前屈时，臀围将会增量 4cm。

2）由于人在呼吸、进餐时，臀围将会增量 3cm，因此臀围最小舒适量为 4cm。

3）裤装根据宽松程度可分为紧身裤、合体裤、较宽松裤和宽松裤等形态。

① 紧身裤的臀围加放松量为 0～4cm（满足人体运动臀围的基本增量）；紧身裤采用伸长的弹力面料，臀围松量设计为小于等于 4cm 减去面料弹性伸长量。

② 合体裤的臀围加放松量为 4～8cm。

③ 较宽松裤的臀围加放松量为 8～12cm。

④ 宽松裤的臀围加放松量为 12cm 以上。

（3）前后臀围松量分配

1）长裤的前后臀围松量分配。在长裤的结构设计中，臀围松量被较平均地分配在前身、裤窿门、后身。人体下肢在运动的过程中会使臀部和膝部的横向与纵向的皮肤伸展变化较大，尤其是后中心线、大腿内侧附近的纵向伸展率最大，所以在后裤片结构中后片需起翘。

人体前身在运动时，腹部、臀部、膝部主要表现为横向伸展，其余部位的皮肤大多呈缩折状态。通常人体下肢主要做前屈运动，前身的横向伸展率大。在腿部、膝部的松量应在前臀围处加入，特别是宽松裤应把多数松量放在前身，在腰部做褶裥处理。

人体后身仅在臀部处有适量的横向伸展，伸展率小于前身。在裤子的围度松量分配上，一般后臀围为 1～4cm，使臀部达到合体舒适即可，处理松量的方式为腰省。如果后臀围松量过多，则会使裤子的穿着效果不美观、不服帖。

2）短裤的前后臀围松量分配。短裤结构设计由于没有腿、膝以下的结构，在伸展量上可考虑臀沟、大腿内侧部位的纵向伸展和臀部横向伸展，在臀围放松量的分配为前片小于后片或将放适量平均分配。

3）侧缝线位置的确定。由于臀凸大于腹凸，如果前臀围等于后臀围，则会使侧缝偏后，显得不美观，因此前后臀围必须存有差值。一般前臀围=H/4−1～2（cm），后臀围=H/4+1～2（cm），前后差控制在 2～4（cm），在视觉上达到美观效果。前后腰围结构处理与臀围的处理方法相同，前腰围=W/4−1（cm），后腰围=W/4+1（cm）。

（4）腰省（腰褶）结构处理

在裤子的结构设计中，由于人体腰腹与腰臀的形态各异和裤子的风格、款式不同，腰腹与腰臀间的贴合程度也不相同。裤子前片除了前中心线和侧缝劈势解决腰腹差，还可以设置腰省或腰褶，而后裤身只能设置腰省和后裆斜解决腰臀差，以立体塑造腰腹与腰臀间的贴合。根据人体不同位置的形态特征，前裤身一般设置凹形省或凹形褶裥。由于后裤身臀腰差相差较大，一般采用胖省，并根据后腰臀差量平均分配后裤身腰省量，如图 4-2-6 和图 4-2-7 所示。

如图 4-2-6 所示，紧身裤的臀围松量为 0～2cm，前后臀围差 3～4cm，前腰腹差少，以侧缝和前中心的劈势处理即可，前腰省较少，一般为 0～1cm；后腰臀除侧缝、后中斜的劈势外，需在后腰口线 2 处设一个胖省，省量一般以 2～3cm 为宜，省尖稍过中臀线。

如图 4-2-7 所示，合体裤臀围松量为 4cm 左右，前腰腹差除侧缝、前中心的劈势外，因烫迹线处的腹部曲率稍大，在烫迹线处设凹形省，省量在 1.5～2.5cm，省长居中，后腰臀结构类似紧身裤。

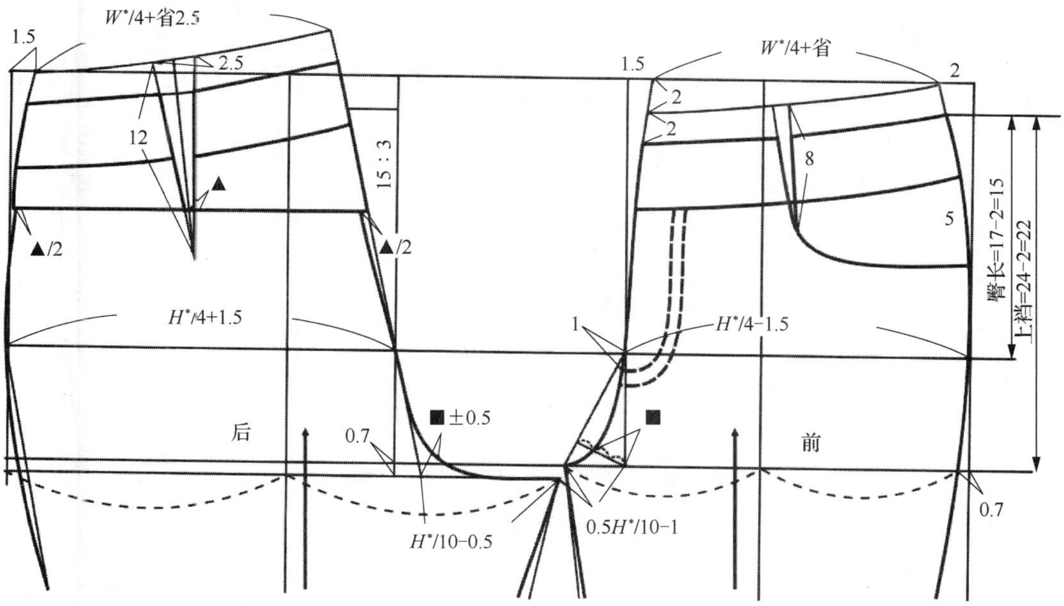

图 4-2-6　紧身裤的腰臀结构处理（单位：cm）

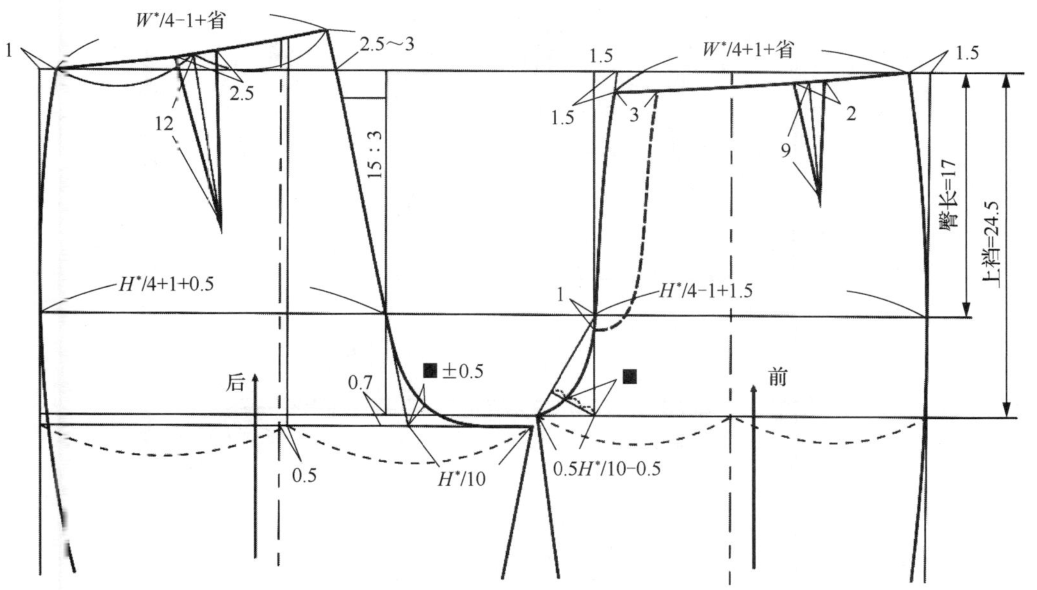

图 4-2-7　合体裤的腰臀结构处理（单位：cm）

如图 4-2-8 所示，较宽松裤臀围松量为 8cm 左右，前臀围松量分配较多，腰腹差较大，除侧缝和前中心的劈势外，还在烫迹线处设凹形褶裥，褶位一般偏离烫迹线 0.4～0.7cm，褶量为 3～4cm，靠近烫迹线的褶量稍大，靠近侧缝的褶（省）量稍小；在后腰口线三等分处设两个后腰省，靠近后中心线的省量一般为 2～3cm，省长 11m 左右，靠近侧缝线的省量一般为 1.5～2m，省长 10cm。

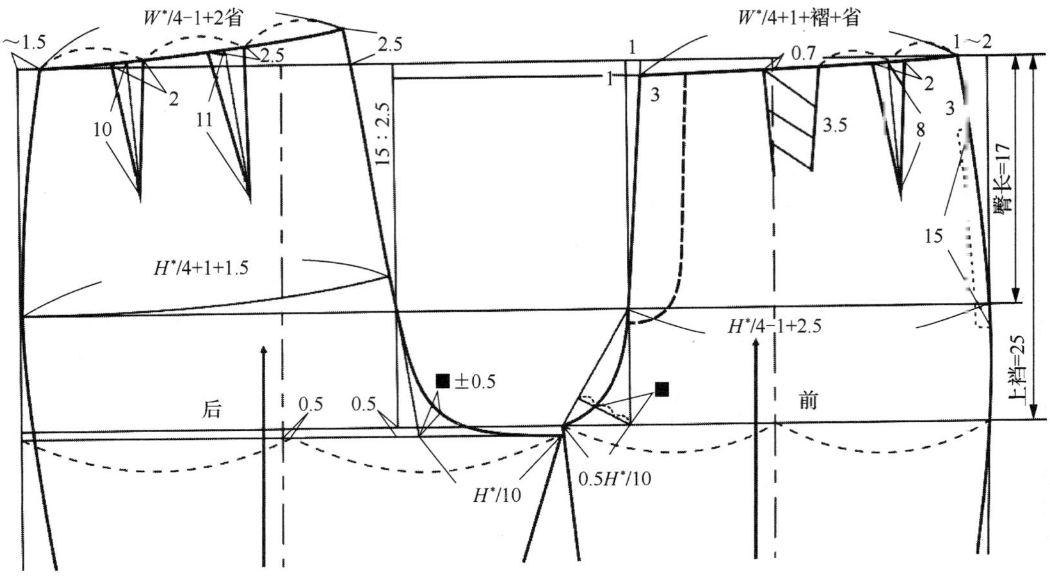

图 4-2-8　较宽松裤的腰臀结构处理（单位：cm）

男裤的后裤身腰臀结构处理一般为挖袋和两个胖省（图 4-2-9），先设计袋位，后确定腰省。后袋线距离腰口 7～8cm，口袋位于裁片的中间位置，省尖点距袋口两端 2cm 左右，两省量相等。

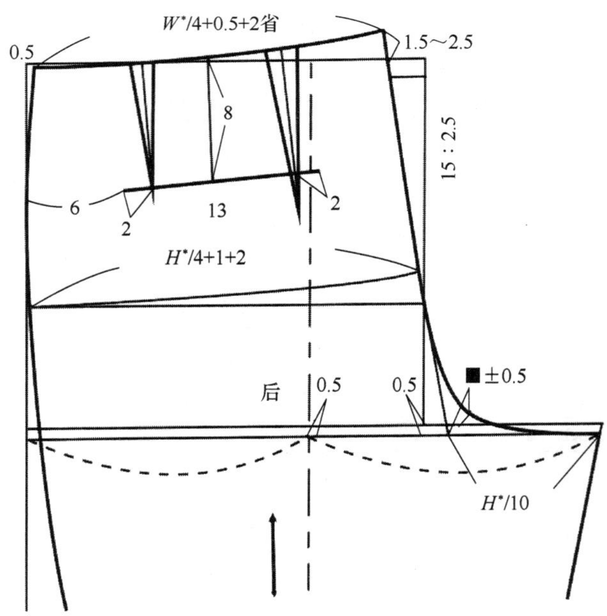

图 4-2-9　男后裤身腰臀结构处理（单位：cm）

如图 4-2-10 所示，宽松裤臀围松量为 16cm 左右，前臀围松量较多，腰腹差大，除烫迹线处的凹形反褶外，反褶与侧缝之间可再设置 1～2 个反褶，后腰臀结构处理与较宽松裤相同。

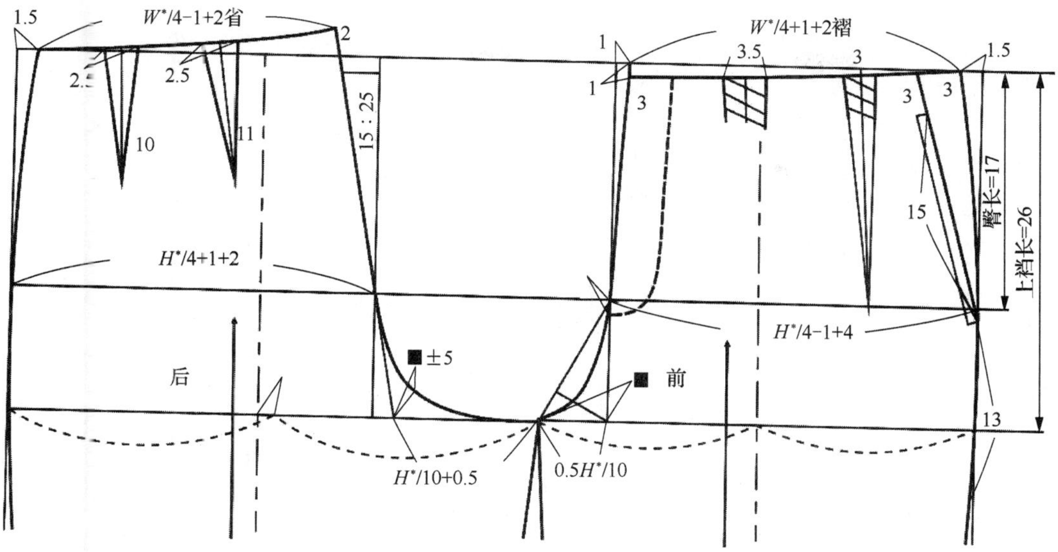

图 4-2-10　宽松裤的腰臀结构处理（单位：cm）

（5）裤子上裆长与臀长的结构

裤子上裆长又称直裆深、立裆深，上裆长的深浅直接影响裤子裆底活动量大小与穿着的舒适性。裤子上裆长不宜过深或过浅：如果裤子上裆太深，就会发生落裆现象，人行走时，裆底对下肢运动的牵制力越大，裤子穿着的舒适性就越差；如果上裆太浅，就会出现勒裆现象而有不适感，且腰口无法提至腰口线。

无论是何种类型的裤子，上裆长的结构都比较稳定，对裤子的运动机能影响显著，因此，裤子上裆长取值非常重要。当裤子腰口线位于正常腰位时，以标准女体 160/66A（股上长 28.5cm）为例，裤子上裆长取值如下：合体裤的上裆长=28.5−3.5（腰头）=25（cm），臀底留 0～1cm 的活动间隙量；宽松裤的上裆长=28.5−3.5（腰头）+1～2=26（cm），臀底留 1～2cm 的活动间隙量；紧身裤的上裆长=28.5−3.5（腰头）−1=24（cm），臀底紧贴无间隙；低腰裤的腰口线位于正常腰位再下移 2～4cm 时，其上裆长=紧身裤的上裆长−2～4=20～22（cm），臀底同紧身裤紧贴无间隙。

臀长取值随上裆长而变化，上裆长随裤款不同而变化，标准女体 160/68A 的臀长为 17cm 左右。

（6）落裆量

在裤子结构设计中，后裤片横裆线在前裤片的横裆线基础上下落 0.5～1.5cm 落裆量，这符合人体臀底造型与人体运动学。结构形成主要来源于前后裆宽差值与裤长及前后下裆内缝曲率不同，落裆量取值以保证前后下裆缝长相等或相近为原则。前后下裆内缝长差值较大时，落裆量偏大；前后下裆内缝长差值较小时，落裆量偏小。

（7）前后裆宽的比例分配

裤子的前后裆弧线是吻合人体前中腰腹、后中腰臀部和大腿根分叉所形成的结构特征。下体侧面的腰、腹、臀至股底是一个前倾的椭圆形，分为前裆弧线和后裆弧线。在裤子结构设计中，前后裆宽连接称为裤窿门，即裆宽，总裆宽=$1.6H^*/10$，前后裆宽比例约为 1∶2（即前裆宽=总裆宽/3，后裆宽=2 总裆宽/3），前裆宽=$0.5H^*/10-0$～1（cm），后裆宽=$H^*/10+0$～1cm，约 $0.1H^*/10$ 为后裆斜的底宽（图 4-2-11）。

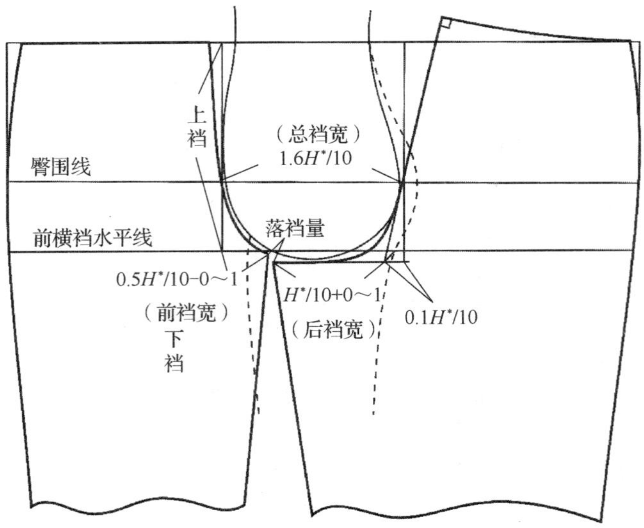

图 4-2-11　裤裆宽分配（单位：cm）

（8）后裆翘量

由于人体常有向前弯曲、抬腿、下蹲等动作（图 4-2-12），后裤片中心位置偏短，因此一般会增加后裆缝的长度来满足人体活动时需要的后翘量。后裆缝过短会使裆部有吊紧的不舒服感，从而牵制人的活动。如图 4-2-13 所示，角α大于 90°。两个大于 90° 的角缝缝合后会产生凹角，需补上一定的量来达到水平状态。需要注意的是，后裆缝困势角的大小直接影响起翘量的多少。

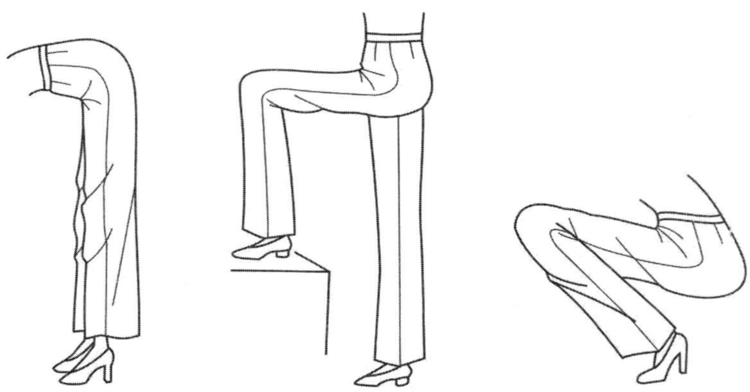

图 4-2-12　活动动作

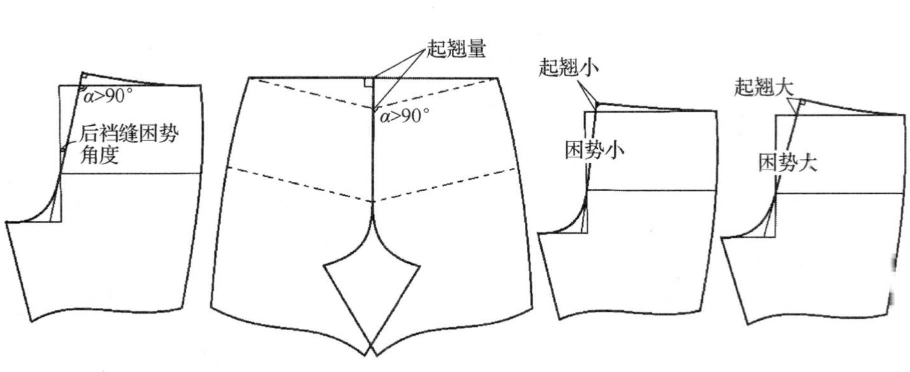

图 4-2-13　后裆缝结构图

（9）烫迹线的设置

烫迹线的设置直接影响裤筒偏向及裤筒与上裆的关系，同时该线也是判断裤子造型及产品质量的重要依据。一般裤子烫迹线有以下几种形式。

1）前后烫迹线都在横裆宽的中心位置。该款式结构的裤子在缝制加工时不用做归拔工艺，烫迹线呈直线，常用于西裤和宽松裤。

2）前烫迹线在横裆宽的中心位置，后烫迹线在后裆宽的中点向侧缝偏移 0～2cm，常用于合体裤。

3）前后烫迹线分别进行一定量的偏移处理。女紧身裤松量极少，腰、腹、臀及大腿部都呈贴体状，应选择可变形、可塑性的面料。大腿内侧的肌肉通常比较发达，且下肢的横向伸展率和前屈运动频繁，为使紧身裤穿着平服，调整前烫迹线在前裆宽中点向内裆缝偏移 0～1cm，后烫迹线位于后裆宽中点向侧缝偏移 0～1cm，常见于贴体紧身裤。

4.3 女西裤结构设计与纸样

4.3.1 款式分析

女西裤结构设计与纸样

女西裤（图 4-3-1）为春秋季的时装裤，通常与西服配套，具有庄重、合体的风格特点，一般在正式场合和公共场合穿着。该款式特点为臀部有适当松量，前裤片腰口处设置一个倒向侧缝的单褶和一个腰省，后裤片腰口处设两腰省的束腰直筒裤。

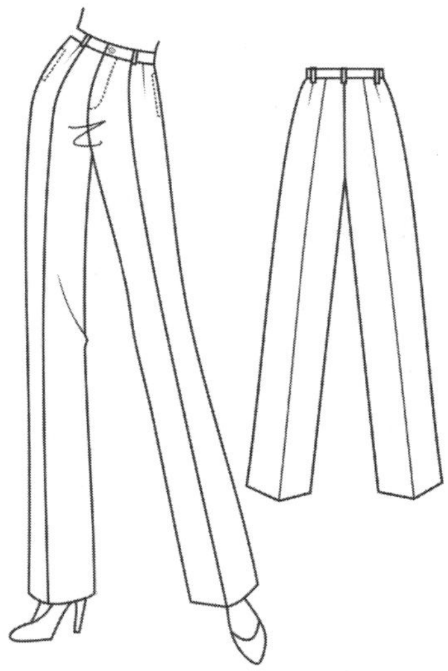

图 4-3-1 女西裤款式图

4.3.2 规格设计

女西裤尺寸规格如表 4-3-1 所示。

表 4-3-1 女西裤尺寸规格　　单位：cm

尺寸名称	腰围	臀围	裤长	上裆	臀长	裤口宽	腰头宽
净体尺寸	56	90	100	28.5	17	—	—
成品尺寸	56	98	100	28.5	17	21	3.5

4.3.3 结构制图

1. 绘制基础框架线

1）①上平线与②下平线间距=裤长−3.5（腰带宽）=96.5（cm），①上平线与③横裆线间距=上裆长−3.5（腰带宽）=25（cm），①上平线与④臀围线间距=臀长=17（cm）（图 4-3-2），①上平线与⑤中裆线间距=膝长=54（cm）。

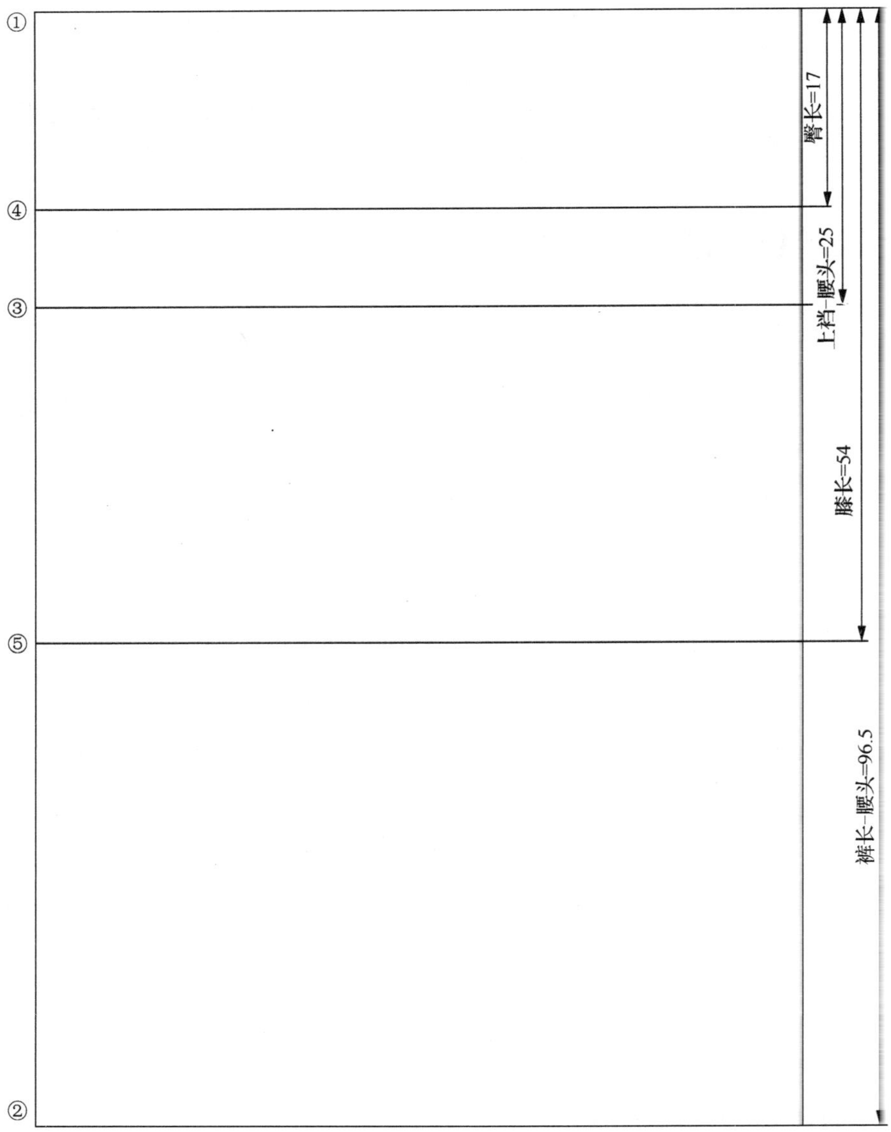

图 4-3-2 女西裤基础框架线（1）（单位：cm）

2）前臀围宽=$H^*/4-1+2.5=24$（cm）。

3）前裆宽=$0.5H^*/10=4.5$（cm），前烫迹线=前横裆宽/2=（前臀围宽+前裆宽）/2。

4）腹臀宽=$1.6H^*/10$，后裆斜=15∶2.5（cm），后裆宽=$H^*/10=9$（cm），后裆翘=2.5cm，落裆量=0.7cm，后臀围宽=$H^*/4+1+1.5=25$（cm）（图 4-3-3），后烫迹线=后横裆宽/2=（后臀围宽+后裆宽）/2，再向侧缝偏移 0.5cm。

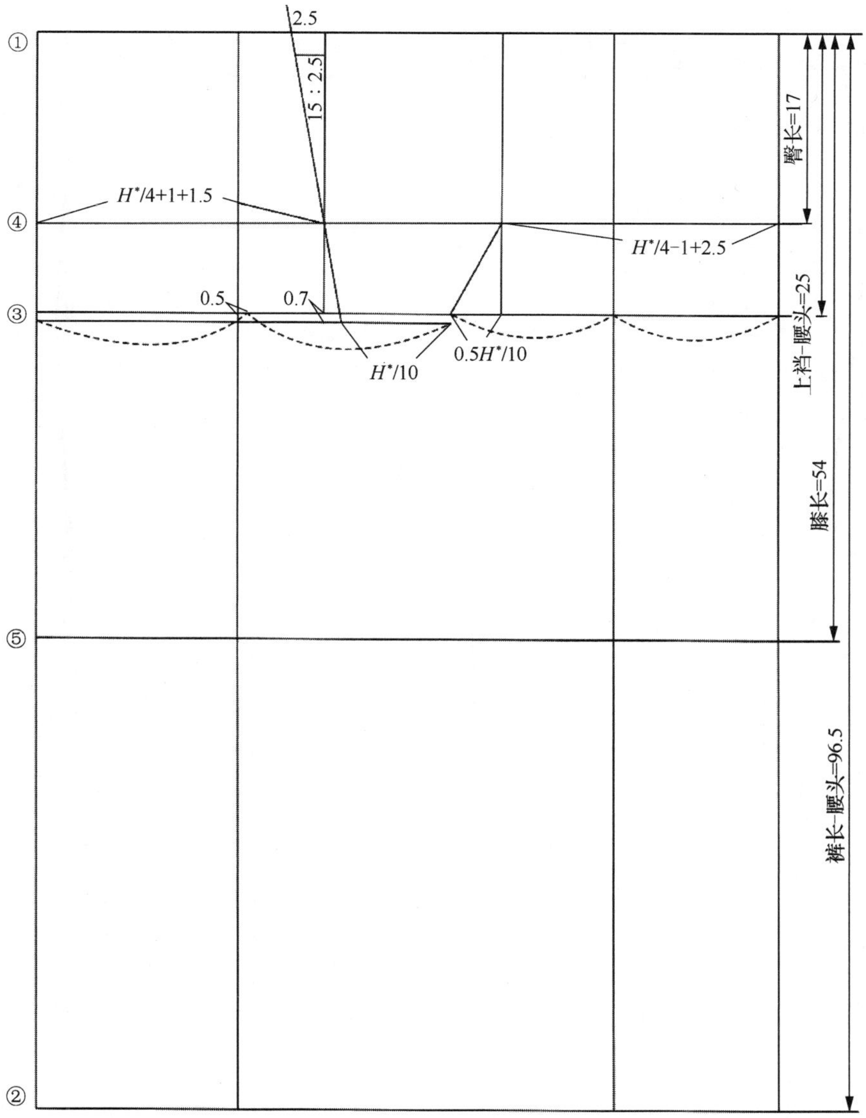

图 4-3-3　女西裤基础框架线（2）（单位：cm）

2. 绘制轮廓线

1）前中偏进 1cm，下落 1cm，前侧腰偏进 1～2cm，前腰=$W^*/4+1$+褶+省，绘制前中线、腰围线和侧缝线（横裆线以上）。

2）后侧腰偏进 1～1.5cm，后腰=$W^*/4-1+2$省，绘制后腰围线和横裆线以上的侧缝线。

3）如图 4-3-4 所示，画前后裆弧，前裆弧弯势=◆，后裆弧弯势=◆−0.5（cm）。

4）前裤口=裤口宽−2（cm），后裤口=裤口宽+2（cm）。

5）前横裆侧与前裤口侧连线，在中裆线处凹弧 1cm，并且此点至前烫迹线=△=前中裆宽/2，另后中裆宽=2×（△+2）；从横裆、中裆至裤口依次连接下裆的侧缝与内裆缝。

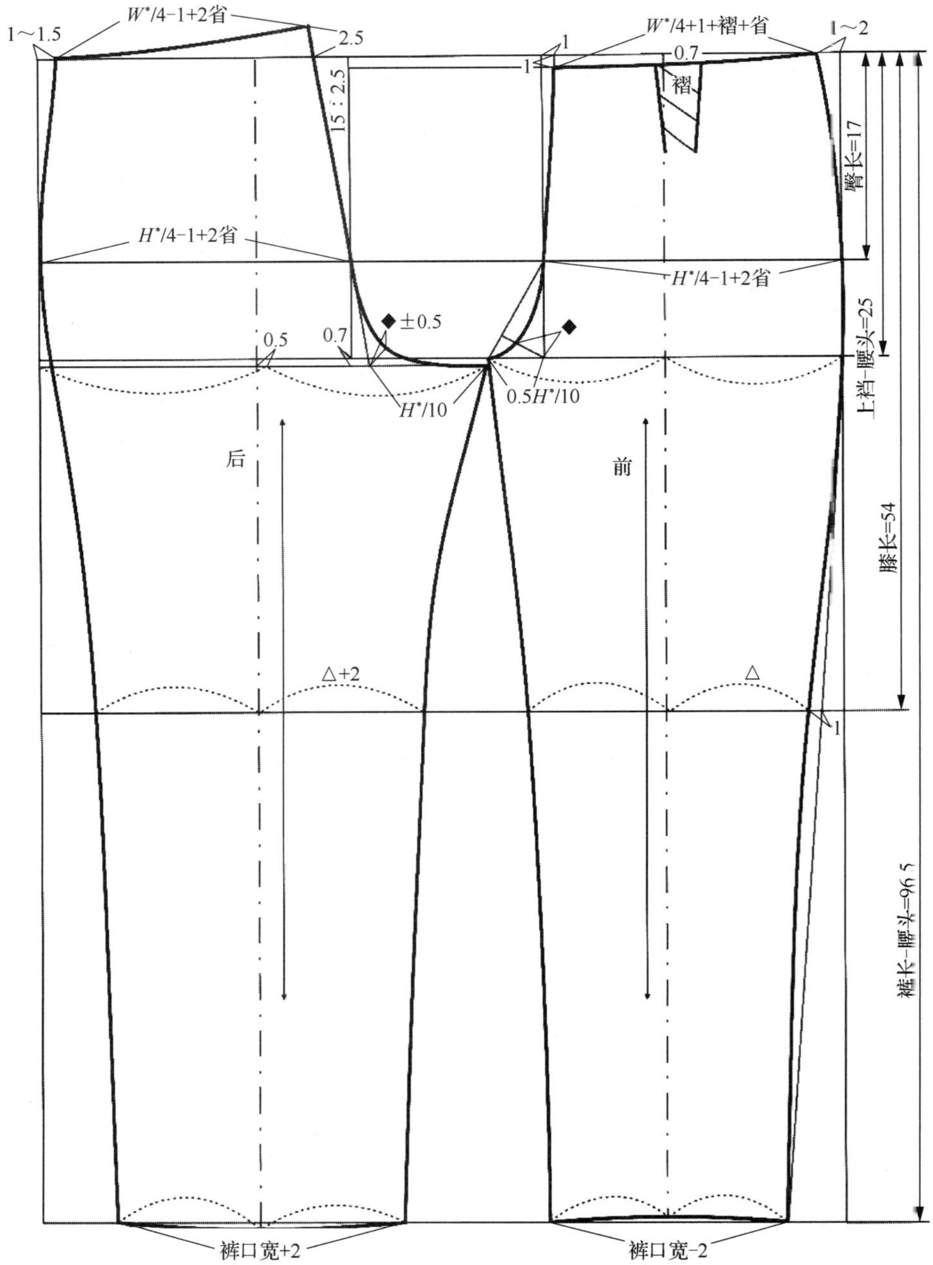

图 4-3-4　女西裤前后结构线（单位：cm）

3. 内部结构及零部件绘制

1）前腰褶从挺缝线起取，腰褶至侧腰的中间取前腰省。

2）前门襟宽 3cm，止口在臀围线下 1cm 处。

3）前侧直插袋在腰线下 3cm 起，袋口长 15cm。

4）将后腰围三等分，从各 1/3 处起向侧缝方向分别设腰省。

5）裤袢大 4.5×1，分别位于后中腰、后侧缝偏进 2.5cm、前挺缝线处。

6）腰带=（W+3）×3.5（cm）的长方条（图 4-3-5）。

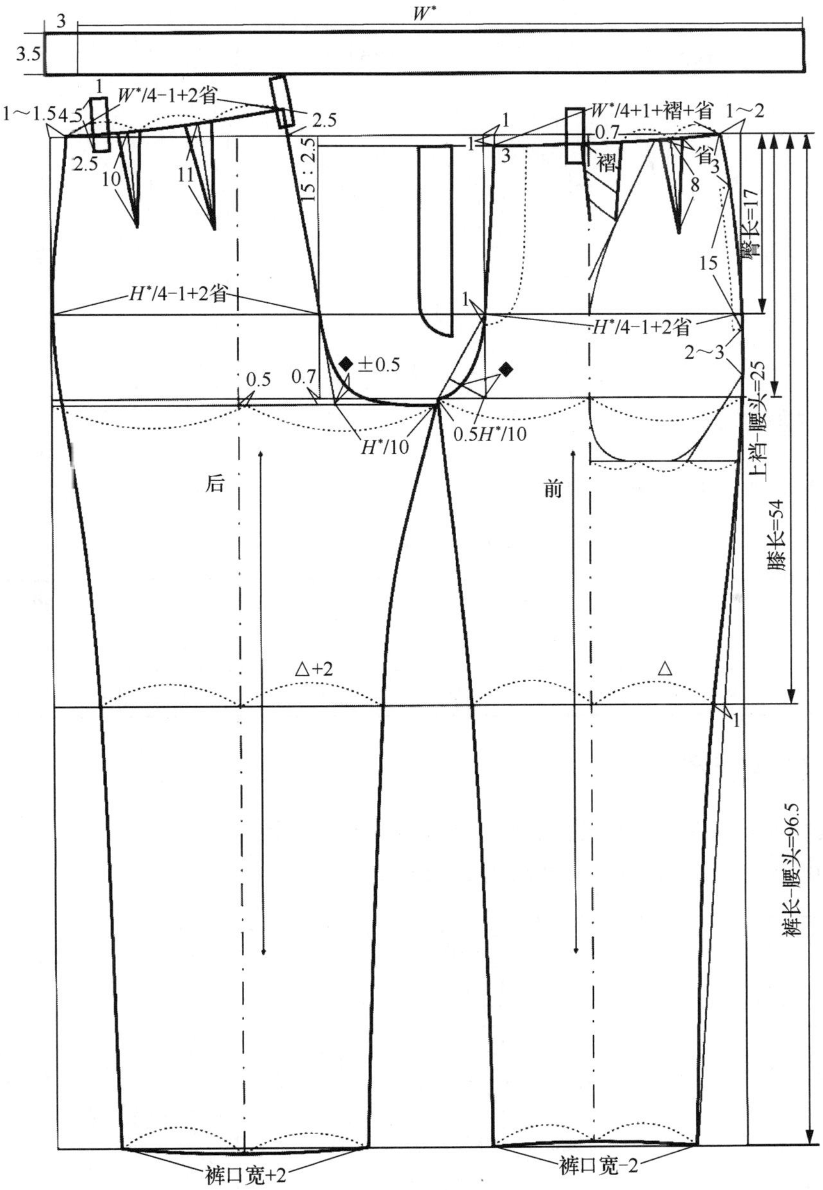

图 4-3-5　女西裤结构图（单位：cm）

4.4 男西裤结构制图

4.4.1　款式分析

男西裤（图 4-4-1）属于正装裤，通常与西服配套，具有稳重、成熟的风格特点，一般在正式场合和公共场合穿着。该款式特点为臀部有适当松量，前裤片烫迹线明显，设有两个斜插袋并在袋口处压缉明线，后裤片也有明显的烫迹线，同时腰口处设两个腰省并做挖口袋，整体裤型呈直筒。

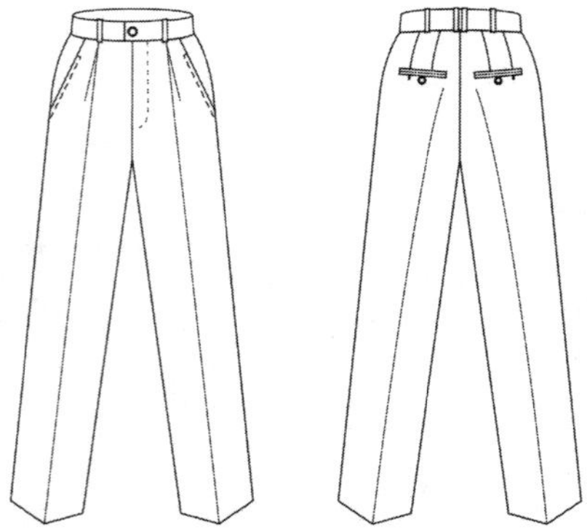

图 4-4-1　男西裤款式图

4.4.2　规格设计

男西裤尺寸规格如表 4-4-1 所示。

表 4-4-1　男西裤尺寸规格　　单位：cm

尺寸名称	腰围	臀围	裤长	上裆	臀长	裤口宽	腰头宽
净体尺寸	78	88	100	24.5	16	—	—
成品尺寸	80	98	106	24.5	16	22	4.5

4.4.3　结构制图

1）绘制基础框架线：绘制男西裤结构基础框架线（图 4-4-2）。

2）绘制结构线：绘制男西裤前后裤身结构线（图 4-4-3）。

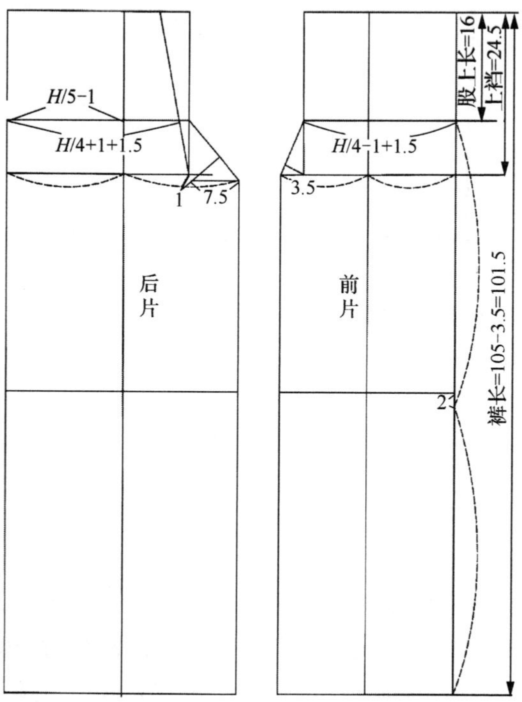

图 4-4-2　男西裤结构基础框架线（单位：cm）

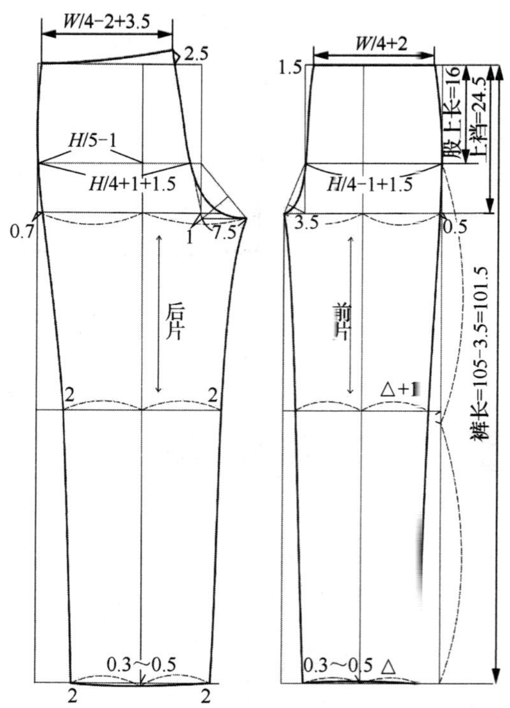

图 4-4-3　男西裤前后裤身结构线（单位：cm）

3）绘制结构制图：

① 绘制男西裤结构制图（图 4-4-4）。

② 绘制男西裤零部件结构制图（图 4-4-5）。

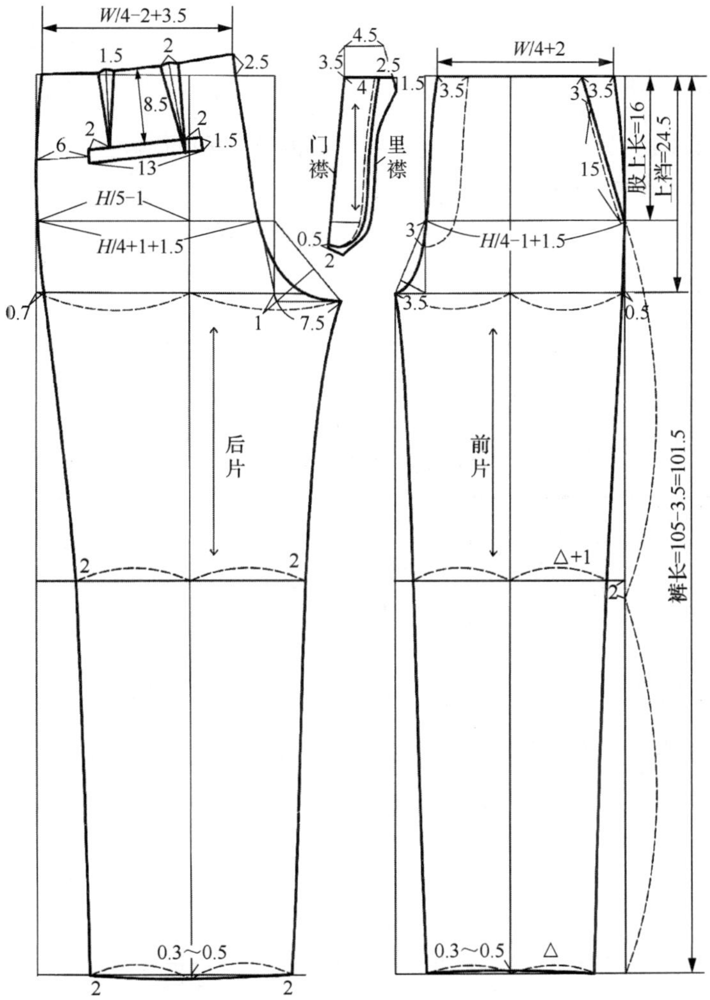

图 4-4-4　男西裤结构制图（单位：cm）

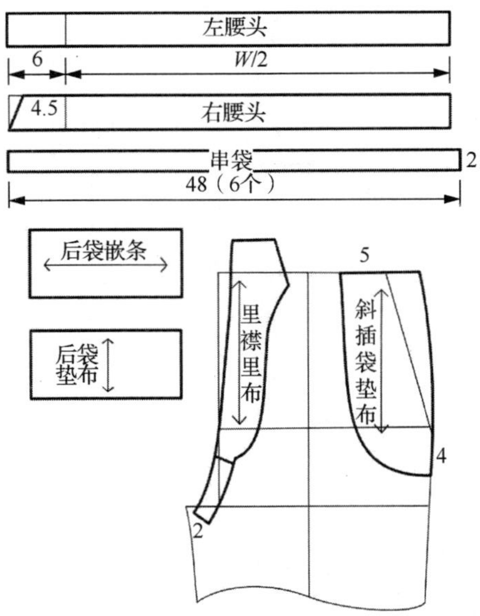

图 4-4-5　男西裤零部件结构制图（单位：cm）

4.5 牛仔裤结构制图

4.5.1 款式分析

牛仔裤（图 4-5-1）属于休闲类裤装，牛仔裤的款式和面料特点显著，深受人们的喜爱。该款式特点为前裤片设有两个直插袋，左边袋口设有表袋并在袋口处压缉明线，后裤片为育克分割线，设两个贴袋并缉明线。

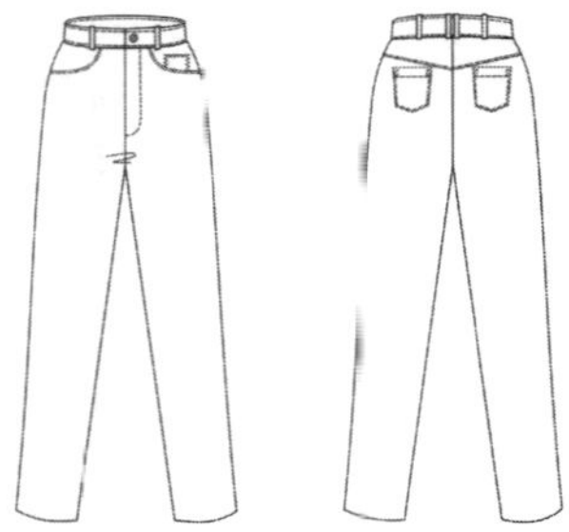

图 4-5-1 牛仔裤款式图

4.5.2 规格设计

牛仔裤尺寸规格如表 4-5-1 所示。

表 4-5-1 牛仔裤尺寸规格 单位：cm

尺寸名称	腰围	臀围	裤长	上档	臀长	裤口宽	腰头宽
净体尺寸	66	90	100	27	18	—	—
成品尺寸	68	98	102	24	16	21	4.5

4.5.3 结构制图

1）根据尺寸规格设计绘制牛仔裤结构框架线，后中心线倾斜度为 15∶3，前档宽为 0.03H，后档宽为 0.09H，后片落档量为 0.7cm（图 4-5-2）。

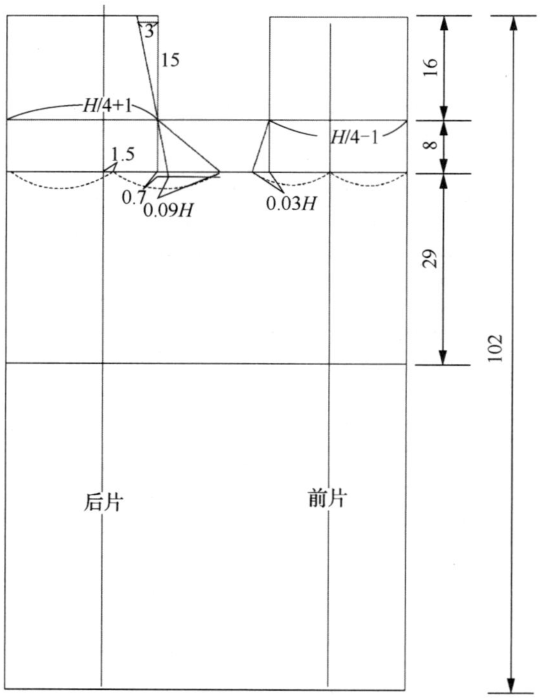

图 4-5-2 牛仔裤结构框架线（单位：cm）

2）根据款式特点并结合牛仔裤的尺寸规格绘制牛仔裤的基础结构线，由于人体运动的拉伸作用，前中下落 1.5cm，后中抬升 2.5cm；前片脚口宽为脚口/2−1cm，后片脚口宽为脚口/2+1cm（图 4-5-3）。

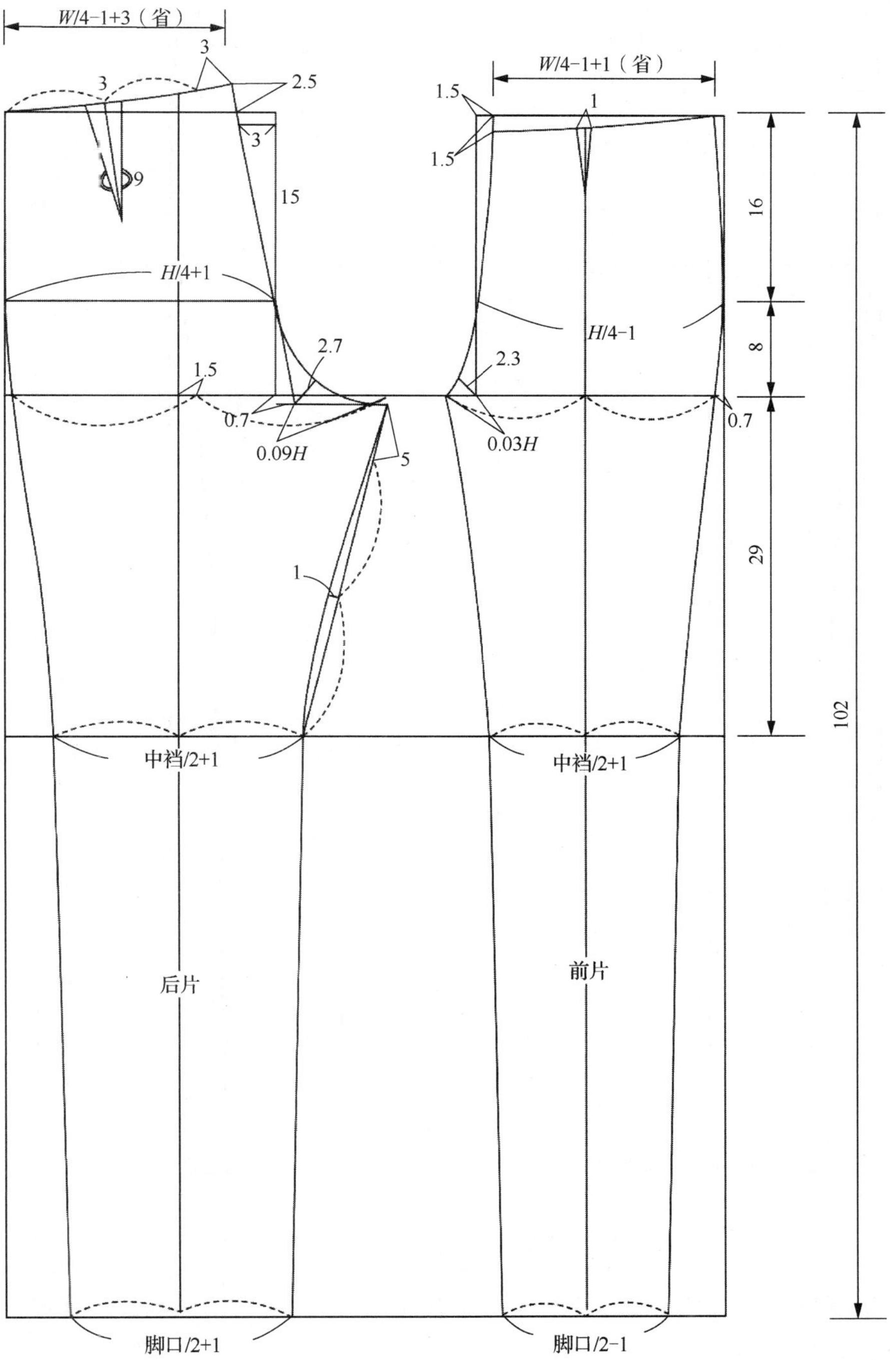

图 4-5-3　牛仔裤基础结构线（单位：cm）

3）将前后腰部分别下落 4.5cm 作为腰头宽，同时根据款式特点，后片做育克分割设计，前片把腰部剩余的省量转移至侧缝线，重新绘制侧缝线；前后脚口分别向上抬高 0.5cm（图 4-5-4）。

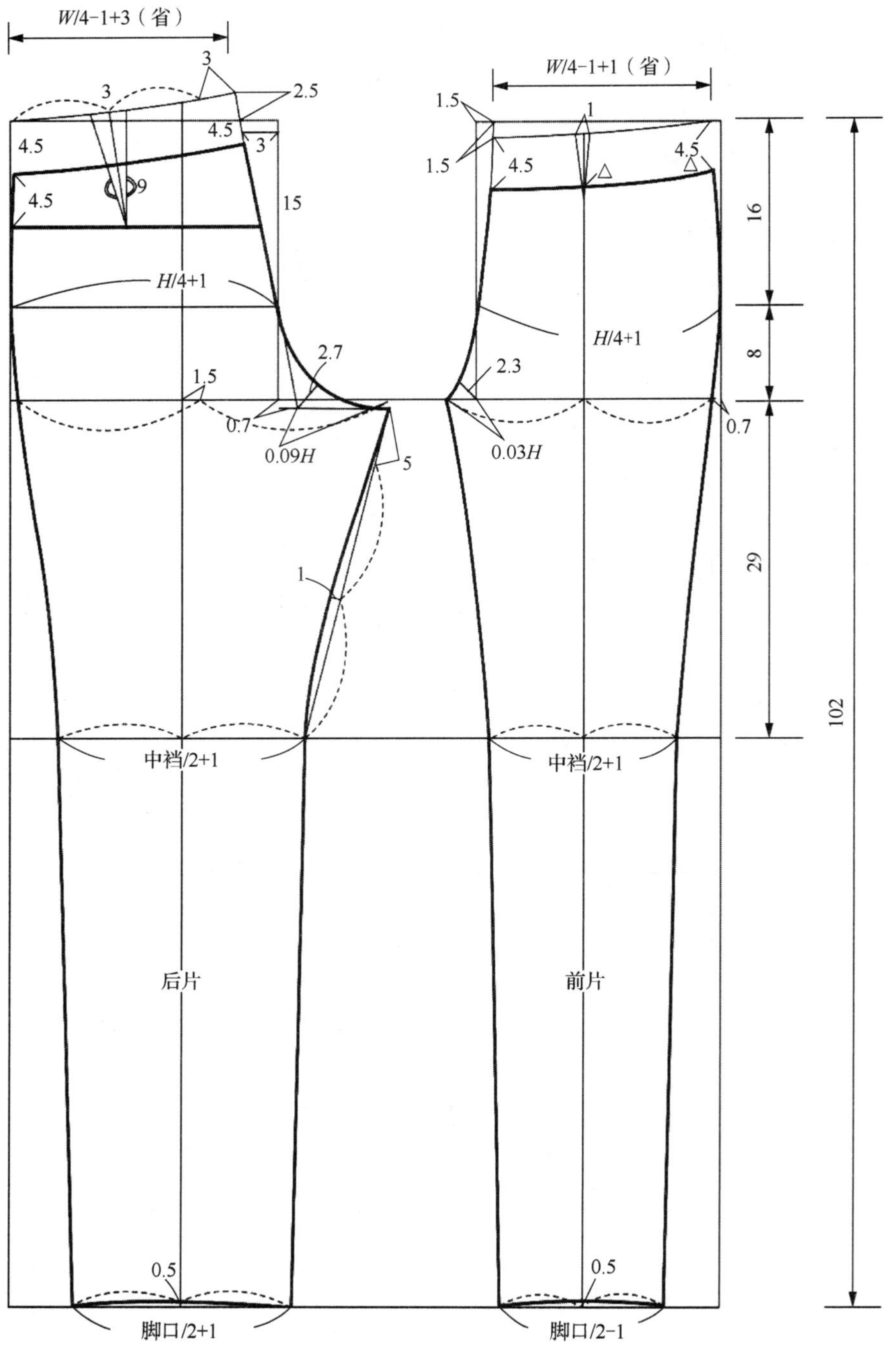

图 4-5-4 牛仔裤基础结构线（单位：cm）

4）分别在裤子结构对应的部位确定门襟及口袋的位置，并对结构线进行描绘，完成牛仔裤的结构制图（图 4-5-5）。

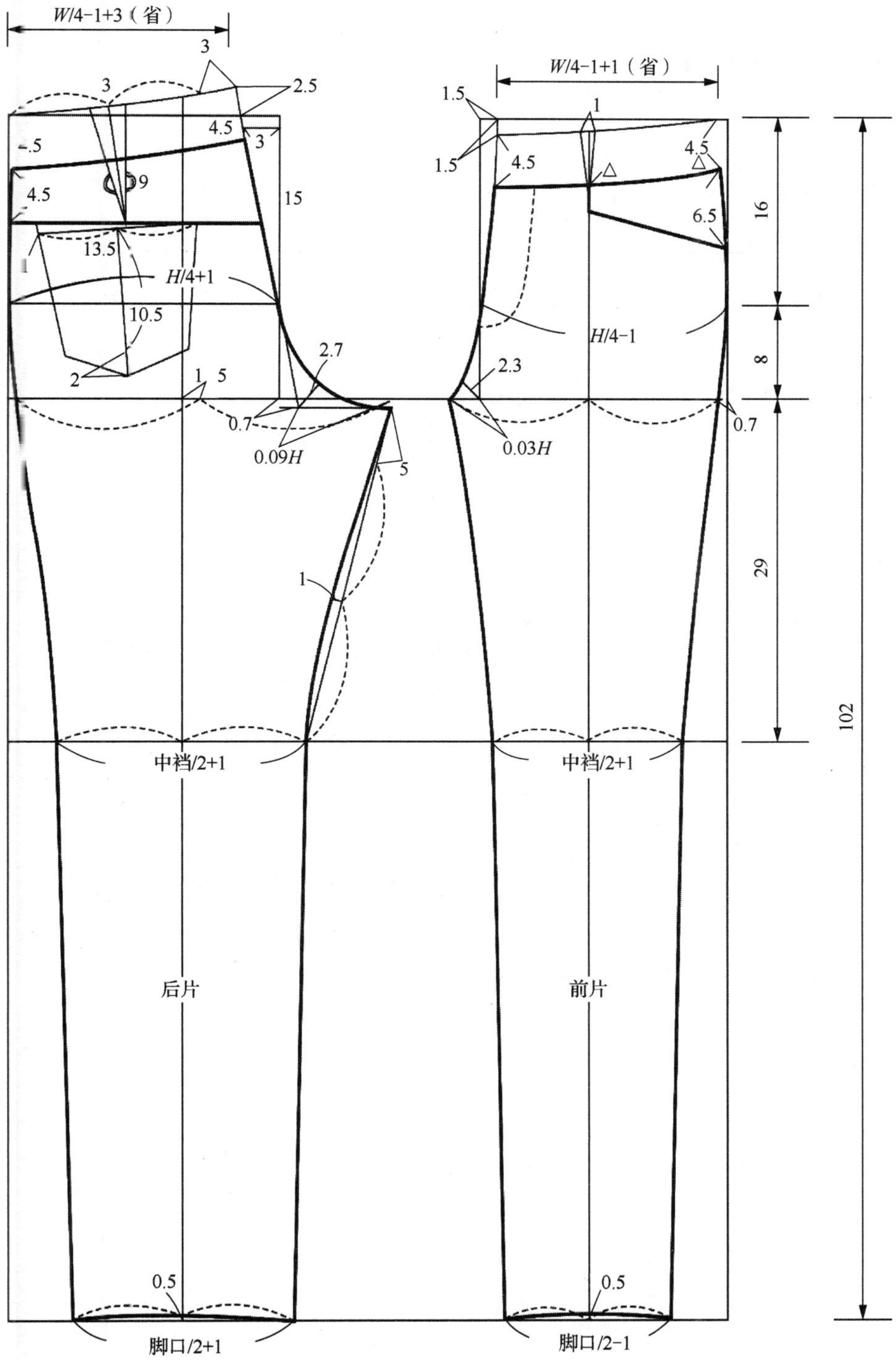

图 4-5-5 牛仔裤结构制图（单位：cm）

5）牛仔裤腰头结构制图如图 4-5-6 所示。

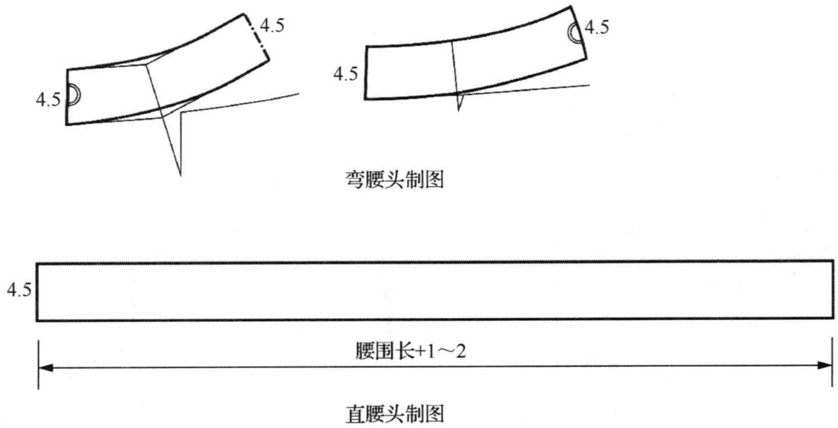

图 4-5-6　牛仔裤腰头结构制图（单位：cm）

6）牛仔裤零部件结构制图如图 4-5-7 所示。

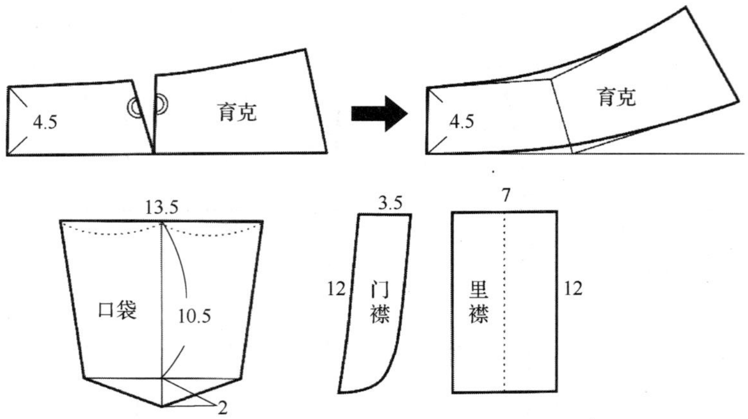

图 4-5-7　牛仔裤零部件结构制图（单位：cm）

项目 5 上衣结构制图

知识目标

1）厘清上衣的概念、分类及袖子、领子的种类。

2）掌握衣身省转移结构设计原理、衣身分割结构设计原理、装袖结构原理及其变化原理、连身袖与插肩袖结构原理。

3）了解长袖女衬衣、短袖女衬衣、长袖男衬衣、短袖男衬衣、女西服、男西服的款式特点。

能力目标

1）能够根据相应结构原理进行衣身褶裥、领口领、立领、翻领、平领及变化领、反驳领结构设计。

2）能够根据相应尺寸规格绘制长袖女衬衣、短袖女衬衣、长袖男衬衣、短袖男衬衣、女西服、男西服的原型结构图。

3）能够根据长袖女衬衣、短袖女衬衣、长袖男衬衣、短袖男衬衣、女西服、男西服的款式特点对其进行结构设计。

素养目标

1）树立创新意识、质量意识，增强行业使命感和责任感。

2）养成认真细致的工作态度和严谨的工作作风。

5.1 上衣概述

上衣是上身穿着服装的总称。上衣的板型主要有合体、宽松两种，由领、袖、衣身片组成。合体女上衣的结构主要体现在收腰造型、胸省处理、肩部宽窄、袖型、领型的变化上。这就需要理解女性上身的基本结构和原型，并以此为基础设计版型。

1. 按造型划分

1）X 形女上衣：上身贴合人体，能体现女士凹凸有致的曲线美，对身材体型要求较高，属于时尚服装款式中的经典款式。

2）A 形女上衣：窄肩摆宽，从胸部开始到底摆呈自然放大形态，可以掩盖人体体型的不足，属于经典廓型。

3）H 形女上衣：宽松直筒造型，不体现人体曲线，款式宽松，可掩饰身材体型的不足，在穿着视觉上显得更加修长。

4）T 形女上衣：宽肩窄下摆，从肩部到底摆渐渐变窄，整体效果呈倒梯形。通常在服装款式设计时会加入肩章或肩育克，显示军装风格。

5）O 形女上衣：衣身整体呈宽松型，在领口和下摆位置收小，一般会在腰头和袖头收缩，整体呈 O 形，常见于夹克衫、运动服。

2. 按长度划分

1）短上衣：长至胸围线至腰部以下 10cm。

2）中长上衣：腰部以下 10～30cm。

3）长上衣：腰以下 30cm 或长至膝盖。

5.2 衣身结构设计

上衣和衣身省转移结构设计原理与实例分析

5.2.1 衣身省转移结构设计原理

省道是将平面的面料包覆于人体曲面时，根据曲面的曲率大小形成的多余量，人体上半身胸部和肩胛的凸点曲率最大。因为胸凸比肩胛凸大，所以在设计与应用中，胸凸要比肩胛凸的应用范围广泛而复杂。

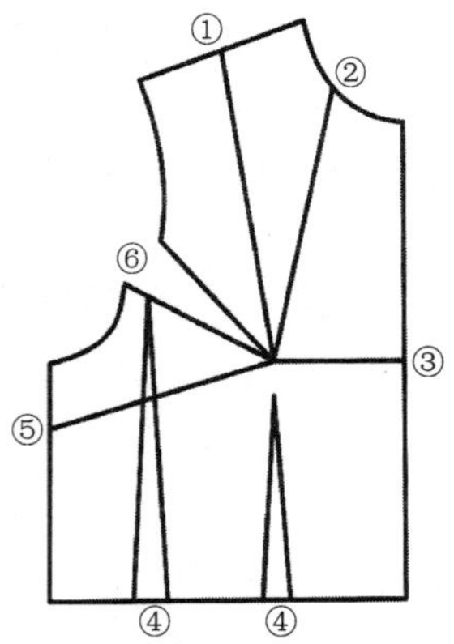

图 5-2-1 前衣身设省的位置

1. 胸省的分解

胸省是衣身原型前片省道的总称。一般会根据省道的位置不同，把胸省分为以下几种：①肩省；②领省（领口省）；③中心省（门襟省）；④腰省；⑤腋下省（侧缝省、横省）；⑥袖窿省（图 5-2-1）。

原型前衣身片含有袖窿省和腰省。其中，省尖指向 BP 的袖窿省和腰省以 BP 为中心进行 360° 转移，不指向 BP 的腰省根据服装的合体度决定省量。

2. 省道转移的方法

省道转移常用的方法有以下几种。

1）剪开法：将新省道位置与 BP 连线，沿新的省道线剪开，闭合原来的省道，将省量转移至新的省道线，完成转移（图 5-2-2）。

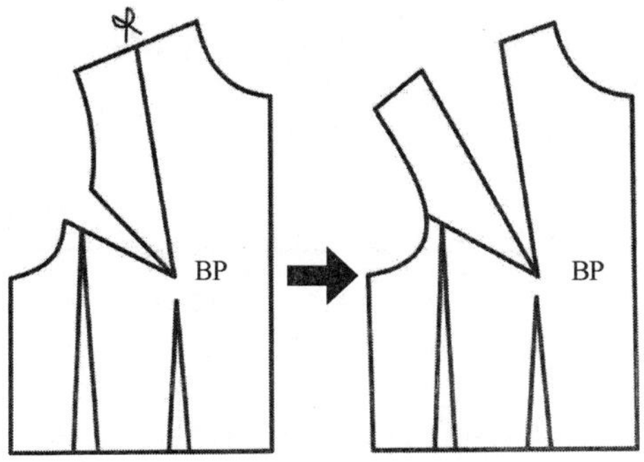

图 5-2-2　剪开法

2）旋转法：将新省道位置与 BP 连线，按住 BP 不动，将原型旋转，使原来省道的边线合并，绘制从新省道到原省道之间的轮廓线（图 5-2-3）。

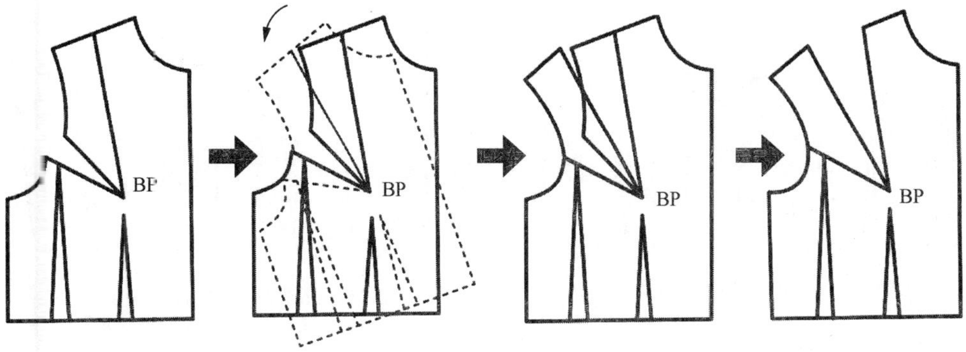

图 5-2-3　旋转法

3. 不同省道转移

（1）袖窿省转移操作

1）袖窿省全部转移，如图 5-2-4 所示。

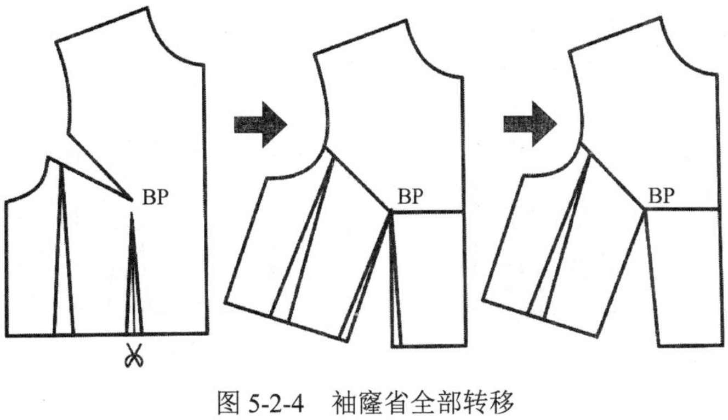

图 5-2-4　袖窿省全部转移

2）袖窿省分散转移，如图 5-2-5 所示。

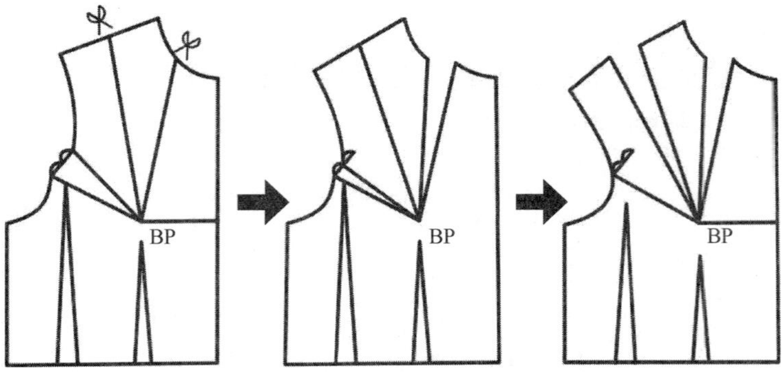

图 5-2-5　袖窿省分散转移

（2）腰省转移操作

省尖点不指向 BP 的侧腰省不进行转移。对于宽松型上衣款式的服装，它的省量可以作为腰部的松量。对于紧身型上衣款式的服装，可将其侧腰省直接闭合（图 5-2-6 和图 5-2-7）。

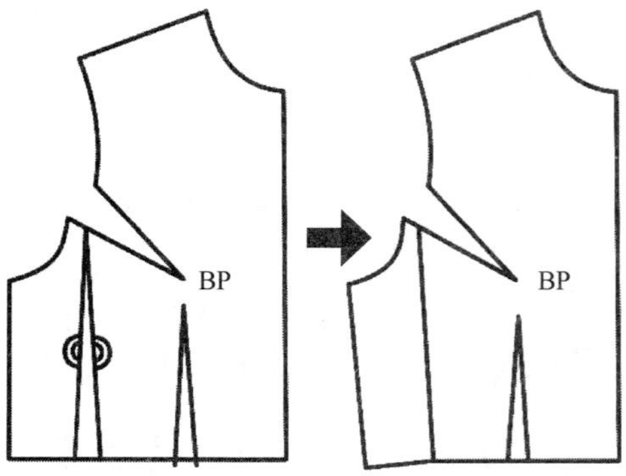

图 5-2-6　前侧腰省合并

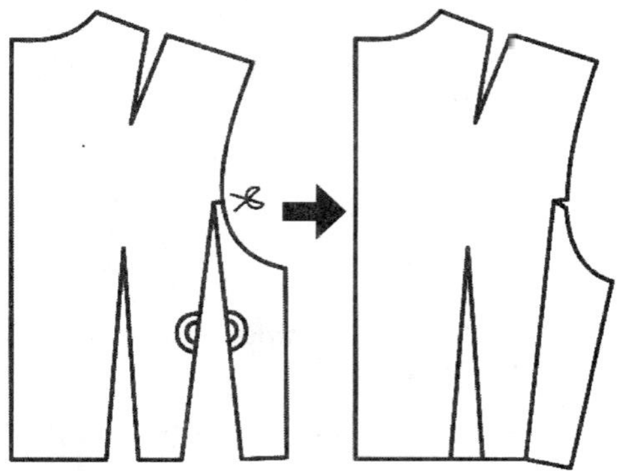

图 5-2-7　后侧腰省合并

（3）后肩省转移操作

后肩省是肩胛凸产生的省量，一般为 180° 转移，通常转移到袖窿部位或领口部位，成为袖窿省或领省；或者通过转移分散到袖窿、领口作为松量或缩缝量。主要有以下几种情况。

1）肩省转移为领省（图 5-2-8）或袖窿省（图 5-2-9）。

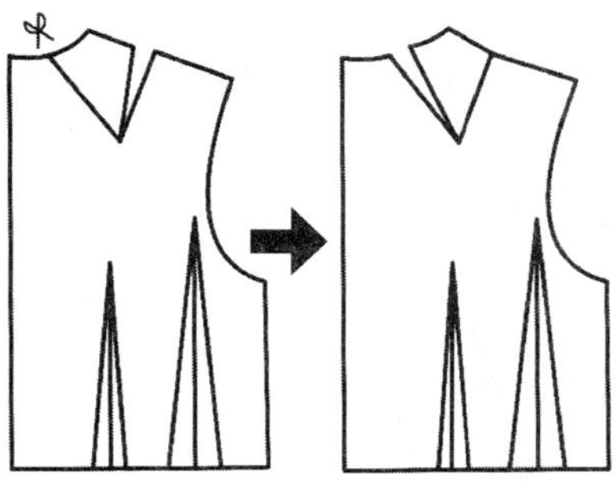

图 5-2-8　肩省转移为领省

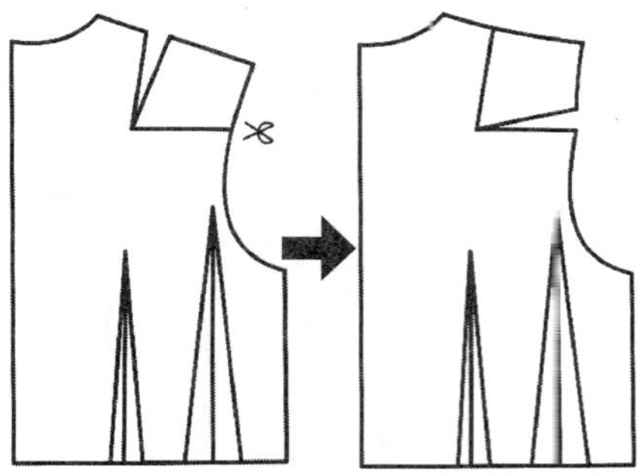

图 5-2-9　肩省转移为袖窿省

2）肩省转移为肩部的缝缩量和袖窿松量（图5-2-10）。

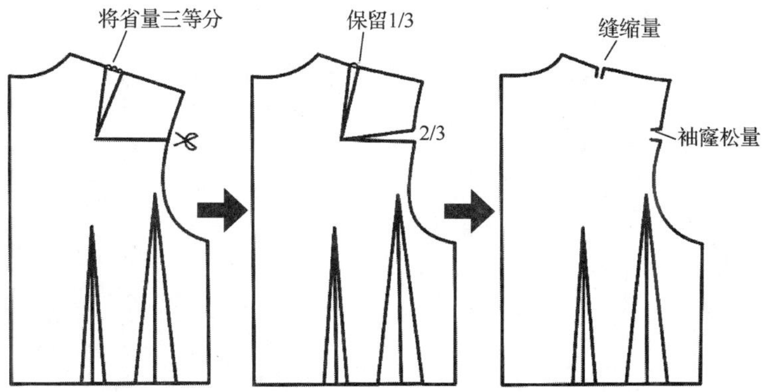

图5-2-10　肩省转移为肩部的缝缩量和袖窿松量

3）肩省转移为肩部的缝缩量和领口松量（图5-2-11）。

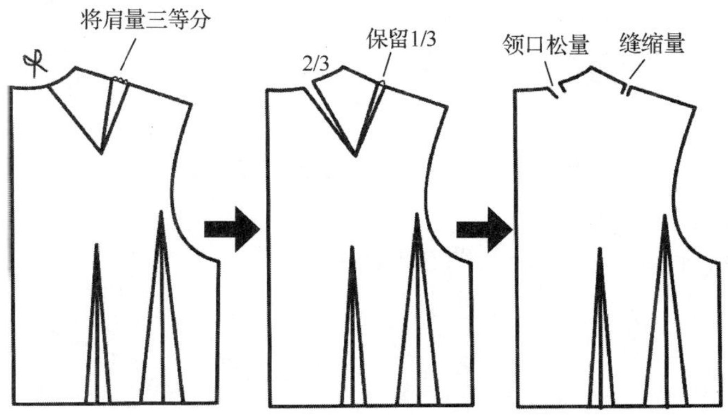

图5-2-11　肩省转移为肩部的缝缩量和领口松量

4）肩省转移为肩部的领口松量和袖窿松量（图5-2-12）。

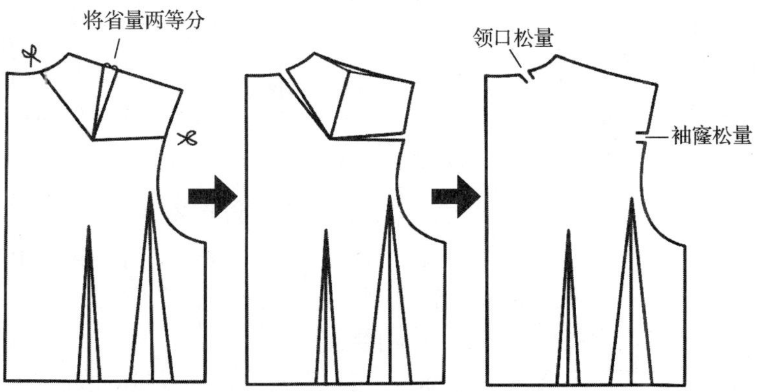

图5-2-12　肩省转移为肩部的领口松量和袖窿松量

4. 省尖位置的修正

胸省在转移时省尖点都围绕在BP上，而在实际的纸样设计中，为了服装的美观性和舒适性，省尖点往往与BP保持一定的距离。在省道转移后，需要对省尖点的位置进行修正。一般腰省、袖窿省、腋下省、中心省的省尖点距BP 2～3cm，领省、肩省的省尖点距BP 4～5cm，如图5-2-13所示。

5. 胸省转移实例

(1) 腋下省和腰省设计

1) 款式特点：前衣片含有一个腋下省和一个腰省（图 5-2-14）。

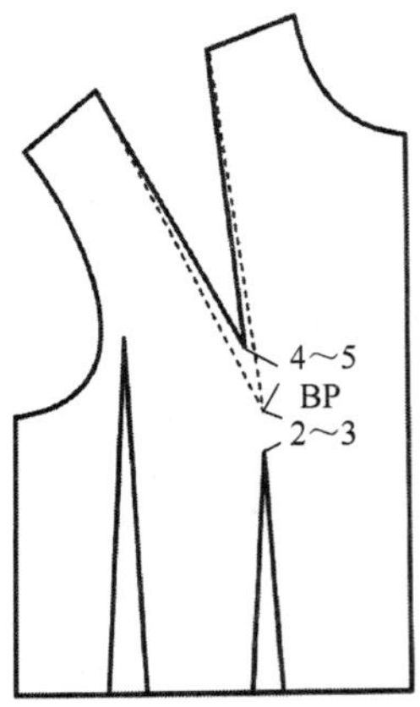

图 5-2-13 肩省的省尖位置（单位：cm）

图 5-2-14 横省和腰省款式图

2) 结构要点：

① 根据款式将侧腰省直接闭合，确定腋下省的位置线。

② 将袖窿省量转移到腋下省。

③ 修正省尖点，距 BP 2～3cm（图 5-2-15）。

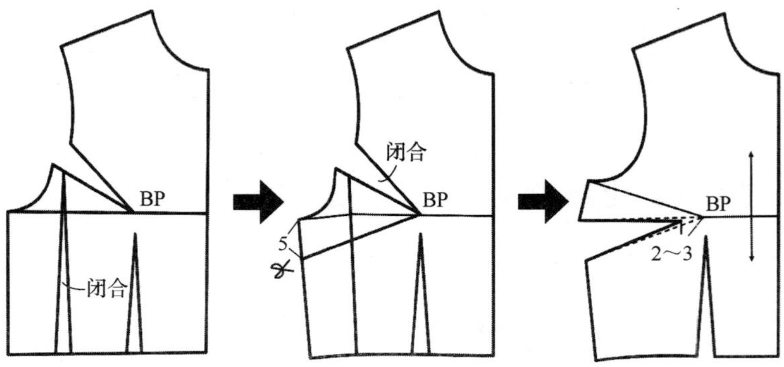

图 5-2-15 横省和腰省省移设计（单位：cm）

(2) 胸上开门襟后育克设计

1) 款式特点：前片设一个门襟省，上半部分开门襟，后片育克分割（图 5-2-16）。

2) 结构要点：

① 前片结构要点：根据款式，胸围线上 2cm 处设置门襟省的位置线（图 5-2-17）；侧腰省直接闭合，胸腰省及袖窿省转移至前中门襟省位；并在前上半部分加 1～1.5cm 的叠门量。

② 后片结构要点：先闭合侧腰省（图 5-2-18）；过肩省尖点设置育克分割线；将肩省转移至分割线。

图 5-2-16 胸上开门襟后育克款式图

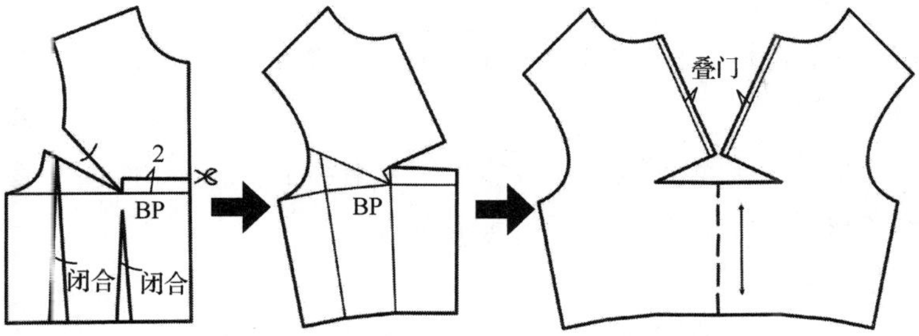

图 5-2-17　前身省移设计（单位：cm）

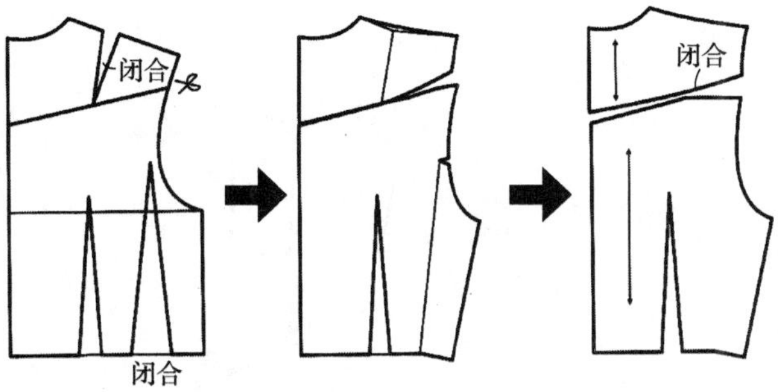

图 5-2-18　后身省移设计

（3）平行双腰省设计

1）款式特点：前片设两个平行腰省（图 5-2-19）。

2）结构要点：

① 根据款式将侧腰省直接闭合，然后设置腋下省省位，将袖窿省转移至腋下省。

② 距第一个腰省 4～6cm，设置平行的第二个腰省位。

③ 将腋下省等分转移至两个腰省中，省量转移时有部分留在胸部做浮余量（图 5-2-20 中阴影部分）。

④ 修正实际省尖点，距 BP 2～3cm（图 5-2-20）。

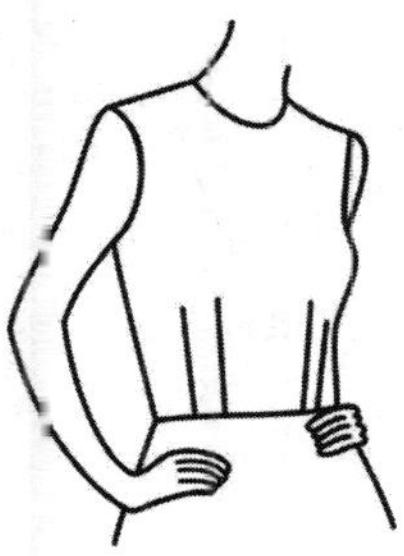

图 5-2-19　平行双腰省款式图

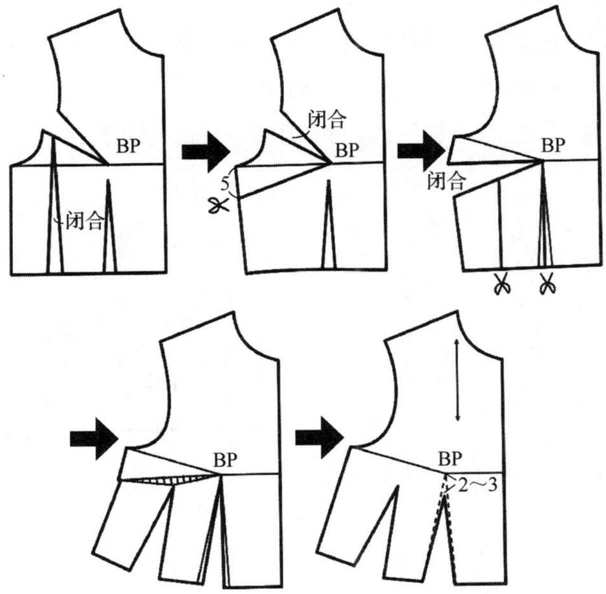

图 5-2-20　平行双腰省省移设计（单位：cm）

（4）不对称平行省设计

1）款式特点：前衣片设左右不对称的平行省道，一个是肩省，另一个是腰省（图 5-2-21）。

2）结构要点：

① 根据款式把侧腰省闭合，腰省量转移至袖窿省。

② 将衣片对称展开，根据款式确定新省道位置。

③ 将袖窿省量转移至新省道处。

④ 修正实际省尖点，肩省尖距 BP 4～5cm，腰省尖距 BP 2～3cm（图 5-2-22）。

图 5-2-21　不对称平行省款式图

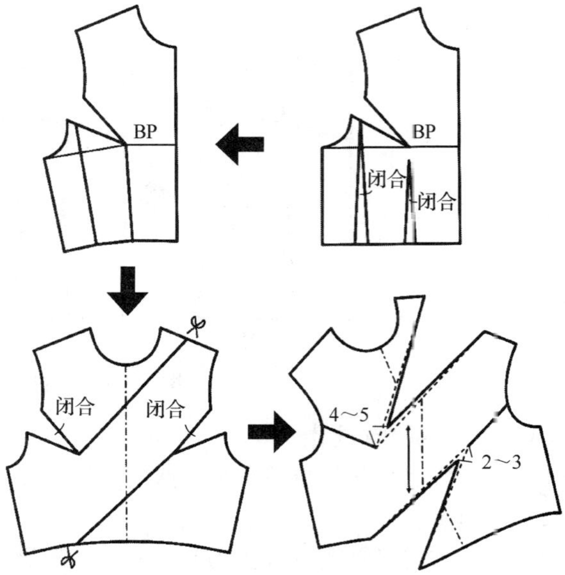

图 5-2-22　不对称平行省省移设计（单位：cm）

（5）Y 形中心省设计

1）款式特点：前衣片设一个斜向的 Y 形中心省（图 5-2-23）。

2）结构要点：

① 根据款式闭合侧腰省，将腰省量转移到袖窿省，设置新省道位置。

② 将袖窿省量转移至新省位。

③ 修正实际省尖点，距 BP 2～3cm（图 5-2-24）。

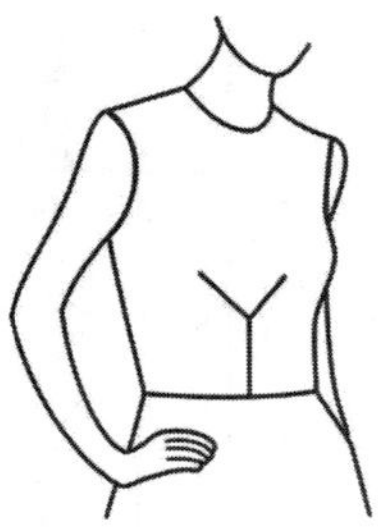

图 5-2-23　Y 形中心省款式图

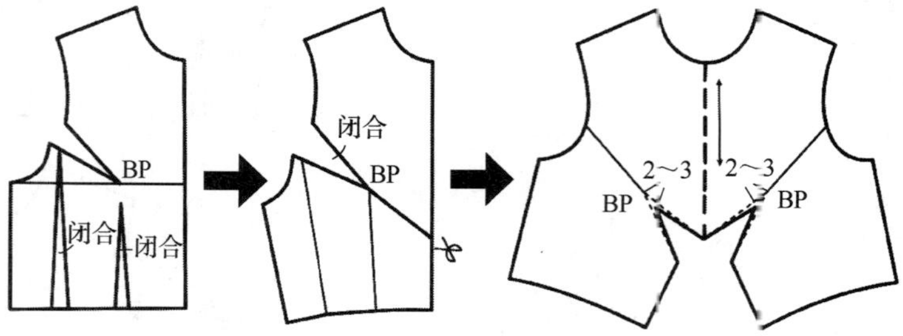

图 5-2-24　Y 形中心省省移设计（单位：cm）

5.2.2 衣身分割结构设计原理

衣身分割结构设计
原理与实例分析

分割结构设计指的是，根据服装款式特点的需要先将衣片分割成若干片再进行接缝。服装中的分割线有两种功能：一是装饰，能在视觉上达到美观的效果；二是考虑服装的合体性，将多余的量在分割线处修剪掉，与省道的功能类似。

（1）刀背线分割设计

1）款式特点：女装中经典的刀背线分割，曲面立体，造型美观（图 5-2-25）。

2）结构要点：

① 前身结构要点：将侧腰省闭合，根据款式中分割线的位置，将腰省位向如图 5-2-25 所示的侧缝方向平移 2～3cm；再用圆顺的弧线连接两个省道，△≈肩端点至前腋点的距离（图 5-2-26）；连接的两条弧线需要在胸围线附近相切 4～5cm。

图 5-2-25 刀背线分割设计款式图

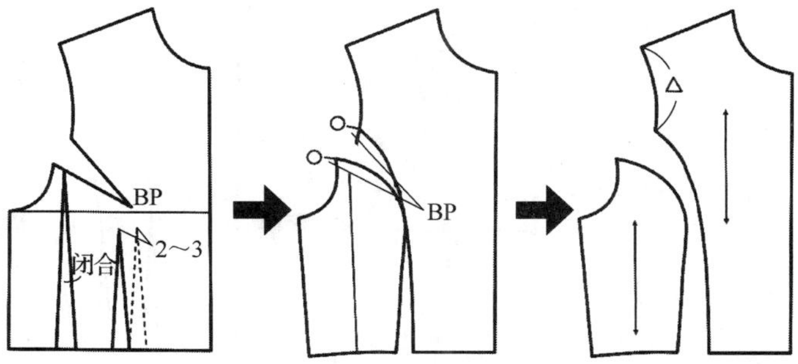

图 5-2-26 前身刀背线分割设计（单位：cm）

② 后身结构要点：将后肩省的 1/2 转移到袖窿，将后肩省量和袖窿的省量作为吃势松量；根据款式将侧腰省闭合，将腰省向侧缝方向平移 1～2cm，从袖窿至腰省画圆顺分割弧线（图 5-2-27）。

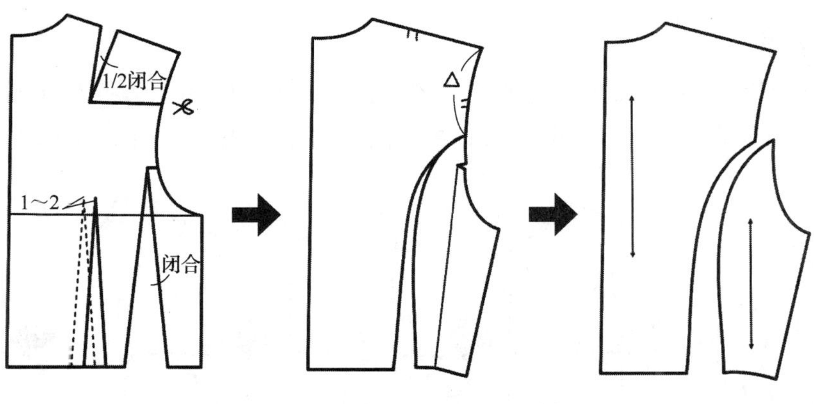

图 5-2-27 后身刀背线分割设计（单位：cm）

（2）公主线分割设计

1）款式特点：女装中经典的公主线分割，常应用在女上装结构设计中（图 5-2-28）。

2）结构要点：

① 前身结构要点：根据款式中分割线的位置，将腰省位向侧缝方向平移 1～2cm（图 5-2-29），顺势确定肩省偏移 1cm 左右；顺滑连接两个省道（连接的两条弧线在胸围线附近相切 4～5cm）。

图 5-2-28　公主线分割设计款式图

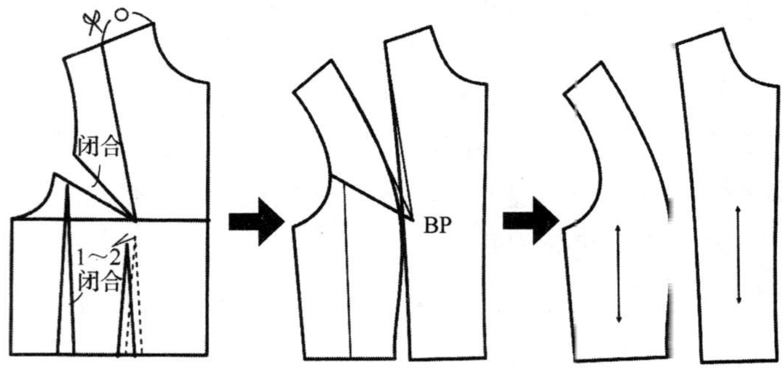

图 5-2-29　前身公主线分割设计（单位：cm）

② 后身结构要点：闭合侧腰省（图 5-2-30），根据前肩省的位置，调整后肩省和腰省位置；顺滑连接后肩省和腰省的弧线（连接的两条弧线在肩胛凸处相切 6～8cm）。

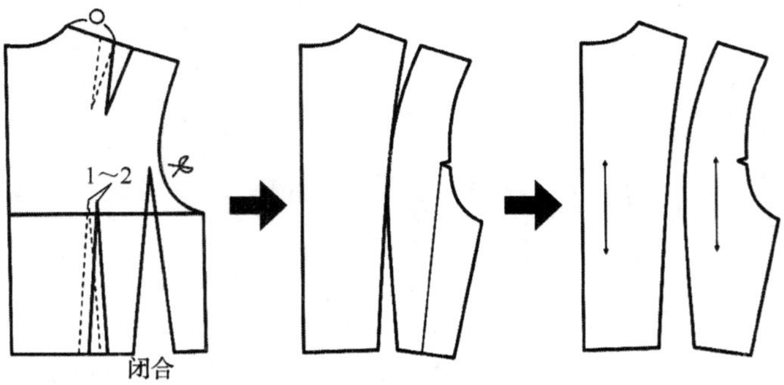

图 5-2-30　后身公主线分割设计（单位：cm）

（3）弯弧分割设计

1）款式特点：分割线根据连省成缝的原理，将腋下省和腰省连接，做弧线分割设计（图 5-2-31）。

2）结构要点：

① 将侧腰省闭合，根据款式设置腋下省的位置线，将袖窿省量转移至腋下省（图 5-2-32）。

② 用顺滑弧形曲线连接两个省道（连接的两条弧线在 BP 附近相切 4cm 左右）。

图 5-2-31　弯弧分割设计款式图

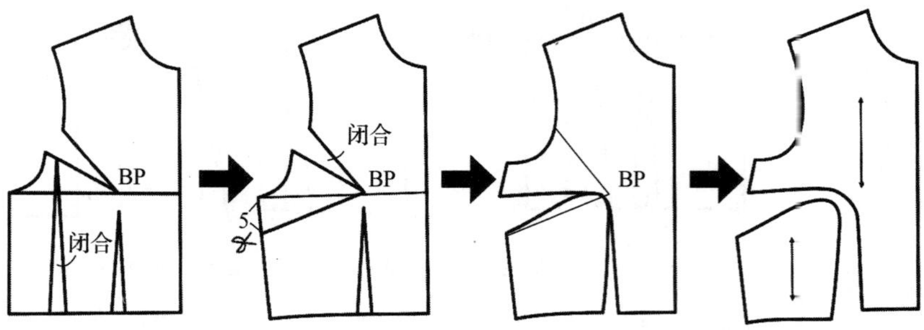

图 5-2-32　弯弧分割设计（单位：cm）

（4）波浪弧分割设计

1）款式特点：由斜侧缝省形成波浪弧线的分割设计（图 5-2-33）。

2）结构要点：

① 根据款式绘制一条从 BP 通到侧缝的弧形省位线。

② 将腰省量转移至侧缝弧形省，将波浪形弧线延长至前中线。

③ 修改波浪弧线（连接的两条弧线在 BP 附近相切 4cm 左右），将衣片一分为二（图 5-2-34）。

图 5-2-33　波浪弧分割设计款式图

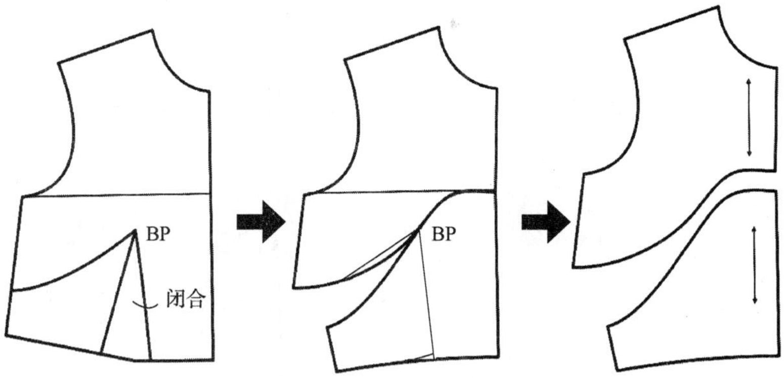

图 5-2-34　波浪弧分割设计

5.2.3　衣身褶裥结构设计

衣身褶裥结构设计

褶裥设计在服装结构设计中十分重要，常见的褶裥设计有两种：一是将省量（浮余量）转化成褶裥量；二是在不能进行省道转移或省量（浮余量）不够时，进行衣片剪切拉展。褶裥设计具有立体感的效果。

（1）前中心碎褶设计

1）款式特点：在前中心抽碎褶，常应用于连衣裙、晚礼服结构设计，起到塑胸造型的作用（图 5-2-35）。

2）结构要点：

① 根据款式将胸省和腰省量转移至前中心。

② 设定抽褶的范围，并修顺前中心线（图 5-2-36）。

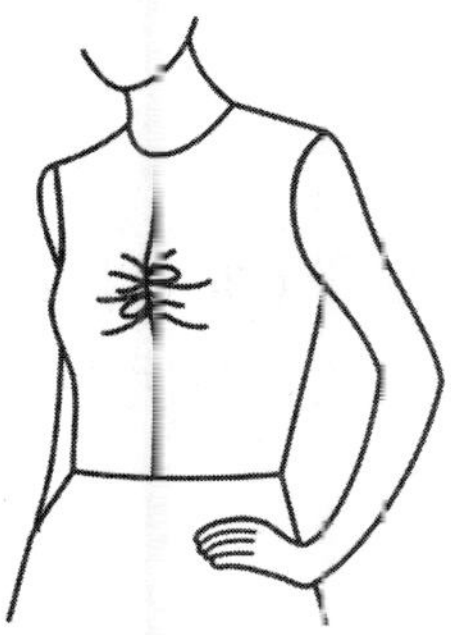

图 5-2-35　前中心碎褶设计款式图

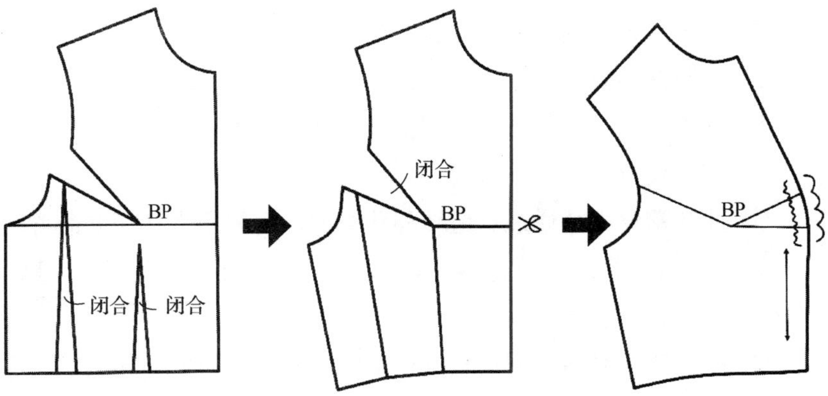

图 5-2-36　前中心碎褶设计

（2）单肩顺褶设计

1）款式特点：采用左右不对称设计，在右肩部设有四个顺褶（图 5-2-37）。

2）结构要点：

① 此款褶量先通过省道调整，再转移获得（图 5-2-38）。

图 5-2-37　单肩顺褶设计款式图

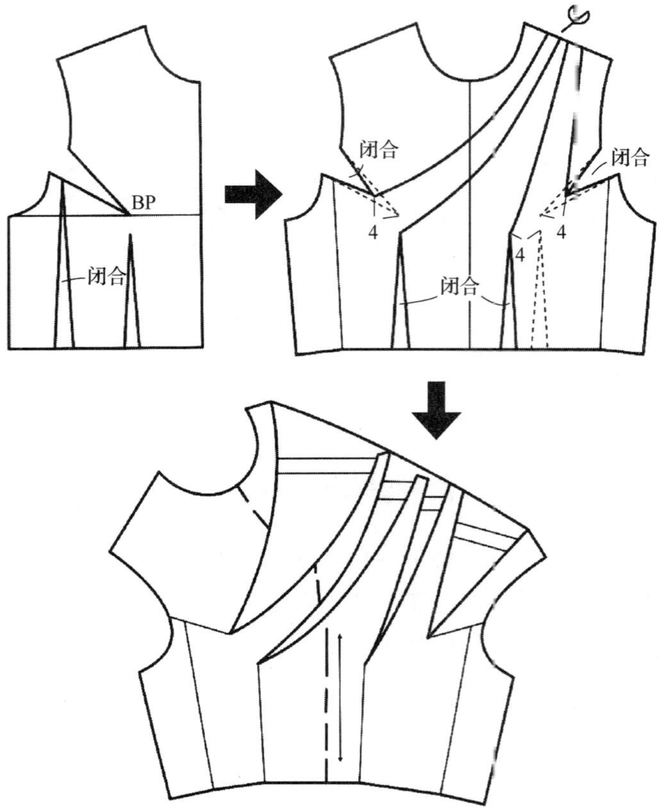

图 5-2-38　单肩顺褶设计（单位：cm）

② 先闭合侧腰省。根据款式特点将衣片对称展开，确定新褶位置，调整左右袖窿省尖缩进 4cm，将右腰省向左平移 4cm，与新四褶连点。

③ 四个省道分别转移为对应的褶裥位。

（3）腰省抽褶设计

1）款式特点：在腰省处一侧抽碎褶（图 5-2-39）。

2）结构要点：

① 此款褶量不是通过省道转移获得的，需要用直接切展的方法获得褶量（图 5-2-40）。

② 先闭合侧腰省，同时将袖窿省量转移至腰省，在腰省左侧片进行等分，依次连接各等分点形成切展线。

③ 根据款式对褶量的要求进行单侧展开，各拉展 4cm 量。

④ 修顺展开后的线条，并修正实际省尖点，距 BP 2～3cm。

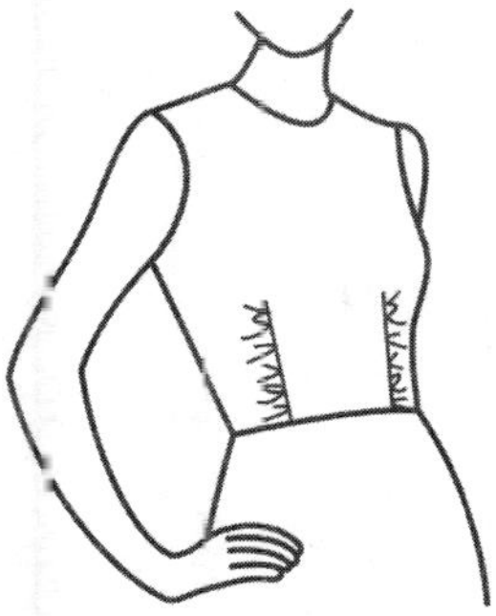

图 5-2-39　腰省抽褶设计款式图

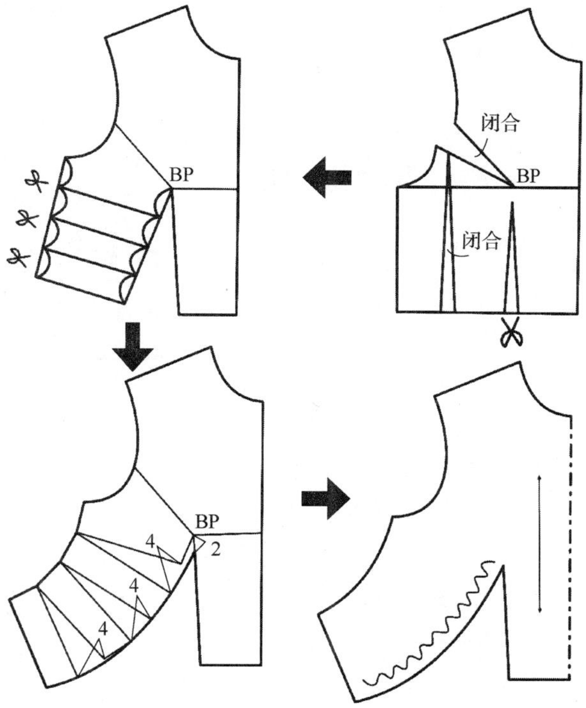

图 5-2-40　腰省抽褶设计（单位：cm）

（4）后肩育克抽褶设计

1）款式特点：后身肩背育克分割，衣身抽褶（图 5-2-41）。

2）结构要点：

① 将肩省转移至袖窿，并绘制水平的育克分割线，修顺育克片的轮廓线。

② 后片加宽，加宽背宽的 1/3，作为抽褶量（图 5-2-42）。

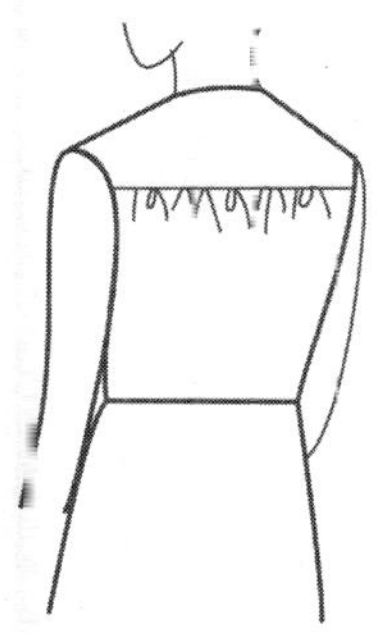

图 5-2-41　后肩育克抽褶设计款式图

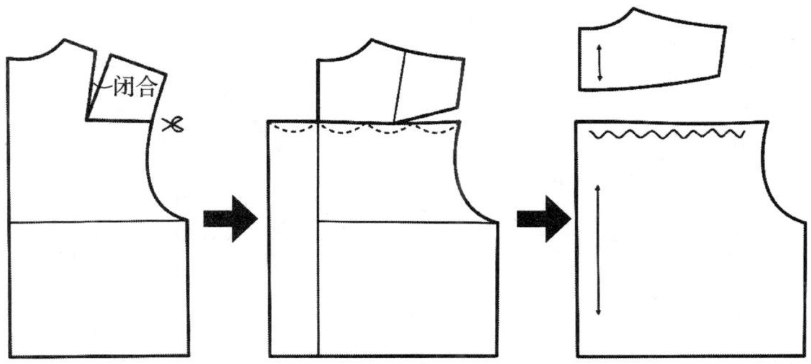

图 5-2-42　后育克抽褶设计

（5）腰育克胸下褶裥设计

1）款式特点：腰育克胸下宝剑形分割，胸下分割线处胸部附近有三个褶裥（图 5-2-43）。

2）结构要点：

① 闭合侧腰省，将袖窿省量转移至腰省。

② 根据款式画分割线并剪开。

③ 将衣片的下半部分省道合并，并修顺轮廓线。

④ 根据款式需要，从袖窿到分割线绘制两条切展线，进行单侧展开，展开量为 2cm 左右（图 5-2-44）。

图 5-2-43 腰育克胸下褶裥设计款式图

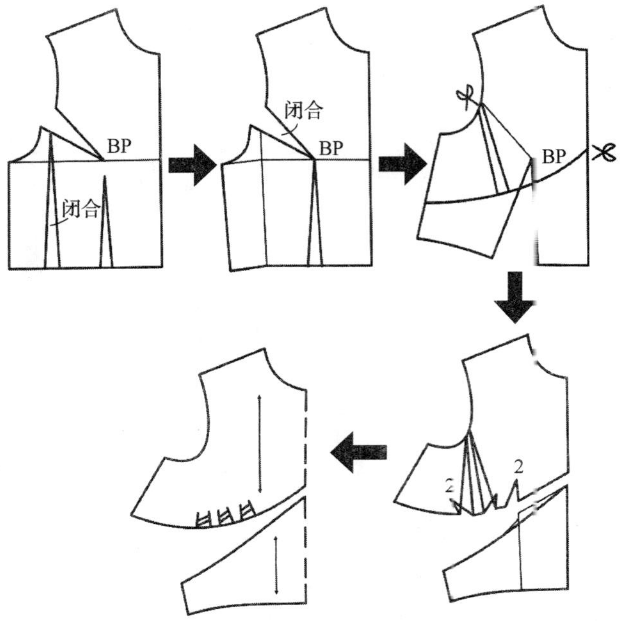

图 5-2-44 腰育克胸下褶裥设计（单位：cm）

5.3 衣袖结构设计

衣袖结构设计

袖子是围包人体手臂的裁片，是服装中的重要部件之一，在服装款式变换中占据重要地位。袖原型各部位主要结构线的名称如图 5-3-1 所示。

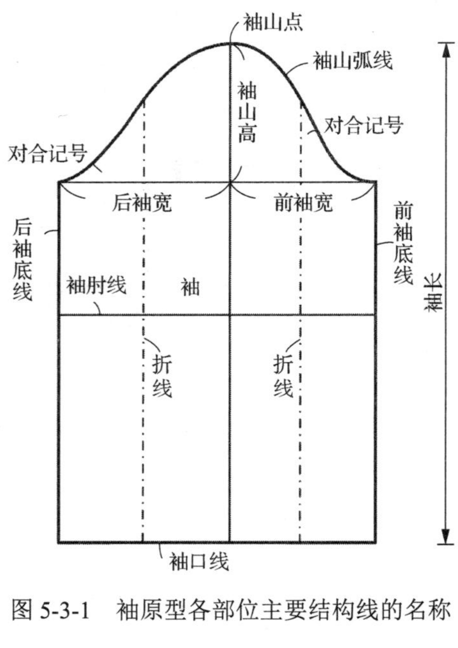

图 5-3-1 袖原型各部位主要结构线的名称

5.3.1 袖子的种类

1. 按装接形式分类

按装接形式，袖子可分为装袖与插肩袖。装袖是将袖片与衣身分为独立裁片后再缝接，在服装设计中最常用，又可分为圆装袖和落肩袖；插肩袖是指，衣身的肩部与袖片相连，又分为插肩袖、肩章袖、育克袖等（图 5-3-2）。

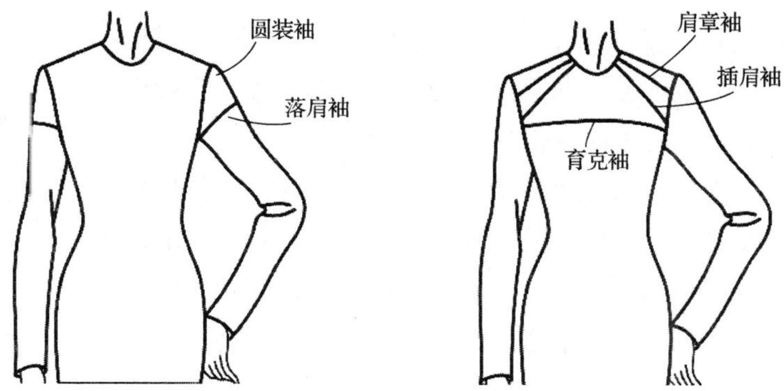

图 5-3-2 按装接形式分类

2. 按袖长分类

根据袖长，袖子可分为无袖、短袖（半截袖）和长袖三类。其中，短袖又可根据实际袖长分为超短袖、三分袖、四分袖、五分袖（中袖）、七分袖（3/4 袖）等（图 5-3-3）。

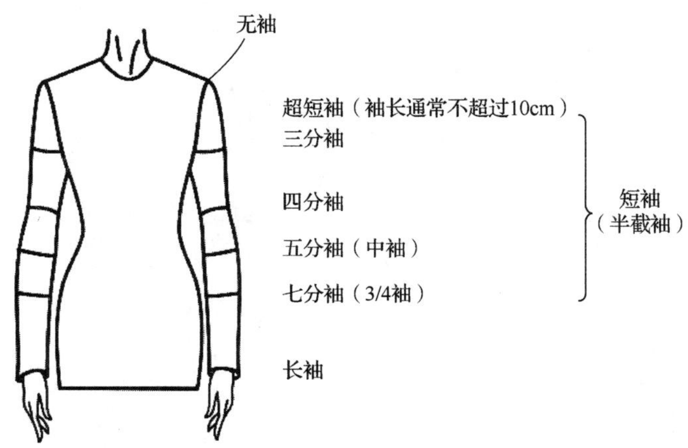

图 5-3-3 按袖长分类

3. 按袖子片数分类

根据袖子片数，袖子可分为一片袖、两片袖及多片袖。一片袖常见于宽松服装，结构较简单，造型多为顺直型；两片袖一般为合体袖，主要工艺体现在袖弯的处理上，袖弯使袖子产生前倾的造型；多片袖又称分割袖，按照造型将袖子分割变化，形式较多。

4. 按袖子形态分类

根据袖子形态，袖子可分为以下类型。

1）紧身袖：松量较少，紧密贴合于手臂的合体袖。

2）泡泡袖：在袖山处打褶裥的袖型。

3）灯笼袖：袖身圆鼓如灯笼，多为短袖。

4）郁金香袖：袖子的前后片像郁金香花瓣。

5）双层袖：底层是紧密贴合于手臂的紧身袖，上面再重叠一层加入喇叭量的广口袖。

6）喇叭袖：像喇叭花，在袖口起小波浪。

7）宝塔袖：袖形呈宝塔状。

8）羊腿袖：袖形如羊腿，上部蓬松，肘处开始变细。

9）比夏朴袖：下面比较宽松，袖口处抽褶，并且用宽带收紧。

10）藕形袖：外形像莲藕，间隔地用带子系住，形成膨胀效果。

11）衬衫袖：袖子的袖山比较低，能自由运动。

12）土耳其式长袍袖：袖窿比较深，显得比较宽松，手腕处显得非常纤细。

13）和服袖：连着衣身裁剪，没有装袖线的袖子。为方便手臂活动，腋下插缝一块小三角片。

14）插肩袖：从领围开始到袖底为止进行切割，肩和袖连在一起。

15）肩章袖：从袖山处开始与衣身肩部连裁，仿佛在衣身上加了肩章。

16）育克袖：延伸育克与袖连成一体。

17）蝙蝠袖：袖窿很深，袖肥较宽，在袖口急剧变细，形状如蝙蝠的翅膀。

袖子的常见款式如图 5-3-4 所示。

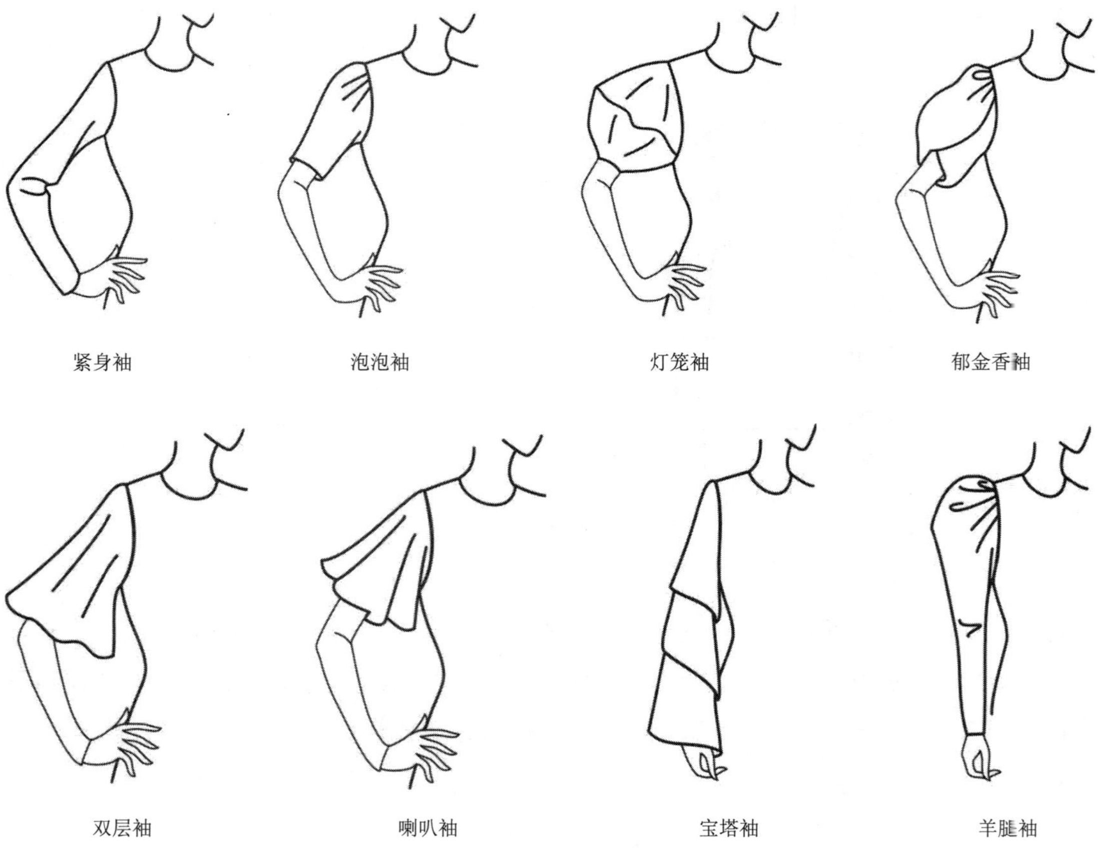

图 5-3-4　袖子的常见款式

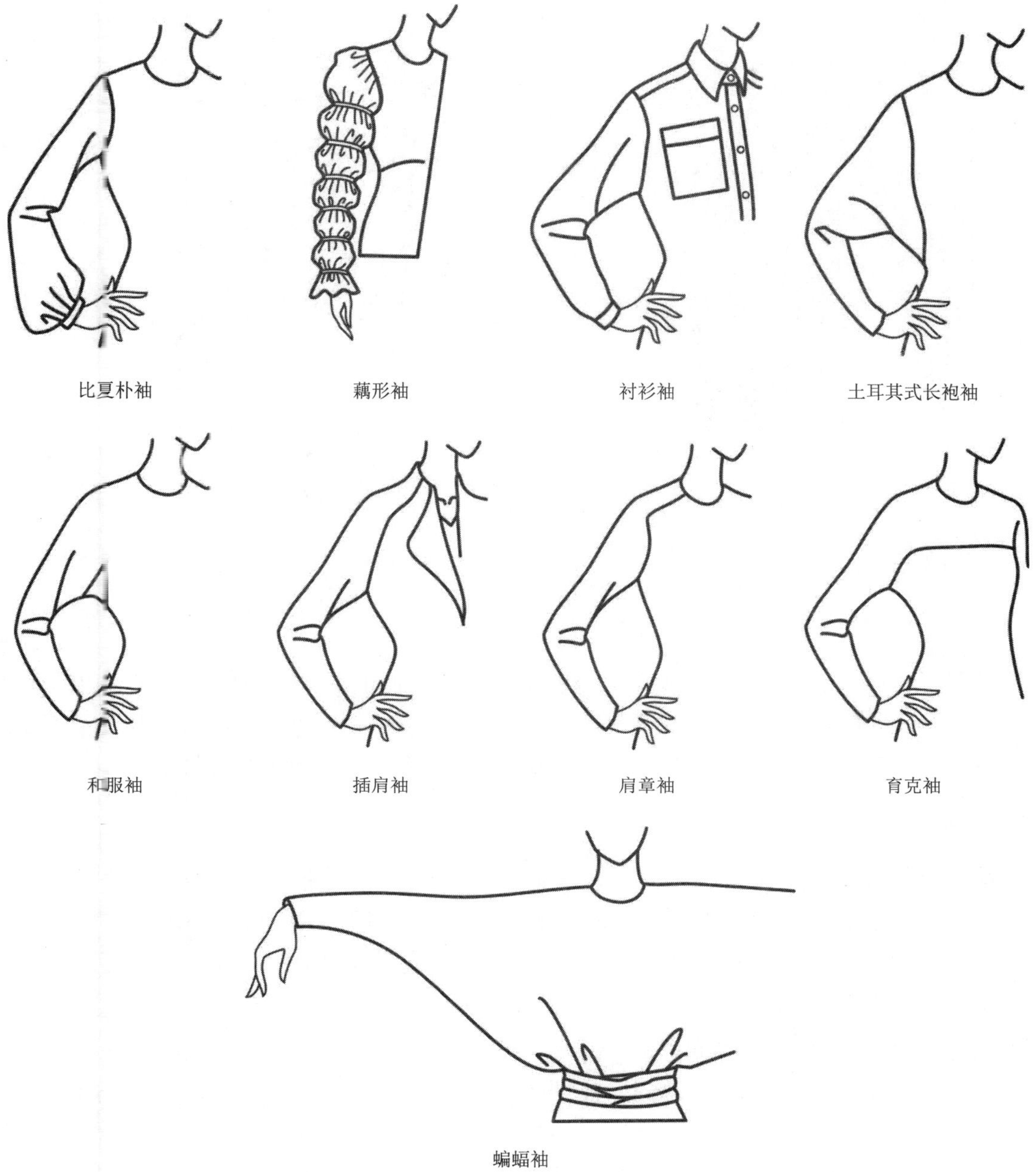

图 5-3-4（续）

5.3.2 装袖结构原理

1. 袖片与衣片的吻合关系

从袖子种类可知袖子的变化多样性，且在某些部位具有夸张造型，突出某种艺术效果。但不论袖子如何变化，最终袖山弧线与袖窿线的长度都是吻合的（图 5-3-5）。

2. 手臂构成与活动功能

手臂由臂山高、臂围和臂长三个部位组成，过肩端点（SP）经腋围线构成臂根围，基本臂长又由臂山高、掖根至手腕长两部位组成。当手臂向上活动呈水平状时臂山高最短，向下垂直时臂山高最长（图 5-3-6）。

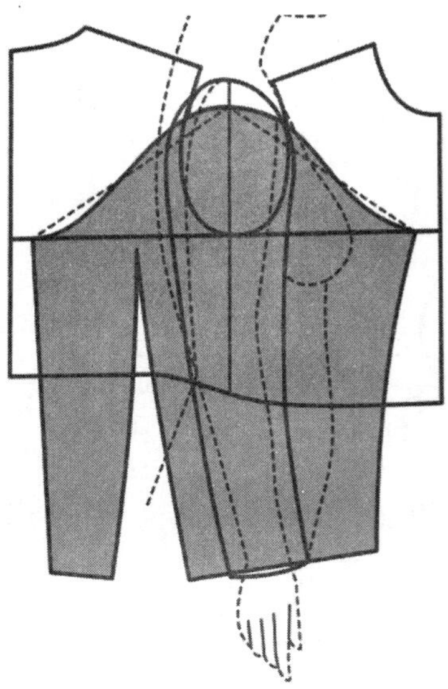

图 5-3-5　袖子与衣片的吻合关系

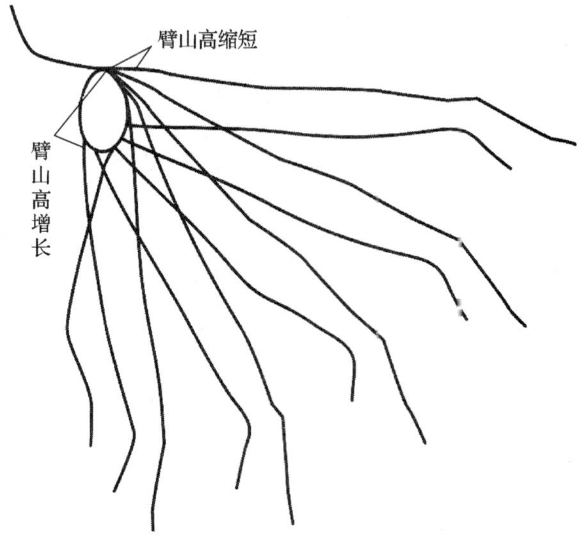

图 5-3-6　手臂活动状态

3. 衣袖与袖窿的关系及配袖方法

衣袖和袖窿的组合与手臂构成的关系密切，在配袖前先确定袖窿深线，基本袖一般在腋根下 1～2cm，侧颈点至袖窿深线=*B*/6+6～7=20～21（cm）。当需要内穿厚衣或加放一定的松量时应下落，下落量依造型而定。袖窿弧长通过测量获得，是配袖的主要规格参数之一。

4. 袖肥与胸围的关系

为使配袖合理，并结合衣身设计、袖子各部位规格，可以将袖肥和胸围视为两个柱体。袖肥以臂围为依据加放一定的松量，松量的确定应考虑衣身放松量大小，使两者协调合理。因此，袖肥规格应以胸围规格为基数构成（袖肥=*B*/5±变量），不同的胸围放松量确定不同的袖肥规格。袖肥大小的参考数值如下。

合体型胸围放松量=0～8cm，袖肥=*B*/5-（1.5～2）（cm）。

较合体型胸围放松量=10～14cm，袖肥=*B*/5-（1～1.5）（cm）。

较宽松型胸围放松量为 16～20cm，袖肥=*B*/5+（-1～0.5）（cm）。

宽松型胸围放松量大于 20cm，袖肥=*B*/5+（1～4）（cm）。

5. 肩线与袖窿弧的形状

根据服装宽松程度的造型，肩线的倾斜程度、长短与袖窿弧线形状的变化有关（图 5-3-7）。当肩线倾斜度大而不加长时，袖窿弧线呈椭圆形；当肩线倾斜度小（平直状）而加长时，袖窿弧线呈窄长形。由此可见，袖窿弧线随肩线的倾斜程度、长短而变化。

6. 袖肥与袖山的反比关系及袖型

袖窿弧线是配袖的主要依据，袖肥与衣身有密切的协调关系，因此，当袖窿弧规格不变、袖肥窄时，袖山高；反之，袖山浅（图 5-3-8）。袖山高、袖肥窄，则袖型修长、合体；袖山低、袖肥大，则袖型宽松便于运动。

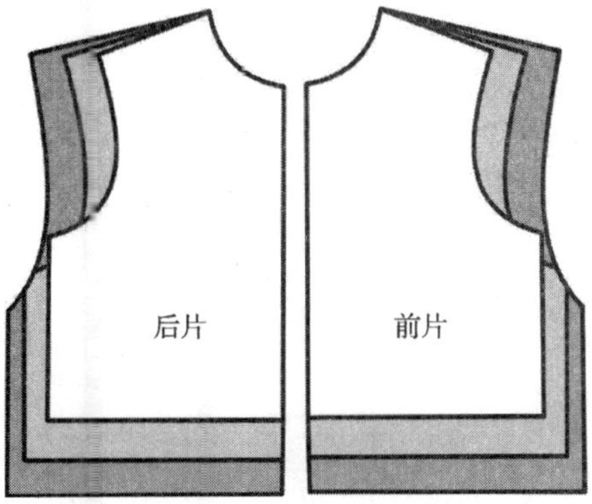

图 5-3-7　肩线与袖窿弧线

图 5-3-8　袖山与袖肥的反比关系

7. 袖山弧长与袖窿弧长的关系

（1）袖山吃势量

装袖的袖山弧长与袖窿弧长存在组合关系。为保证袖山头饱满又圆顺，袖山头要增加吃势量，即袖山弧线长于袖窿弧线。配袖时，如果袖山斜线=AH/2，那么袖山弧长比袖窿弧长多 1～3cm，作为上袖缝接时的吃势量。

装袖缝份倒向袖子时，袖山斜线=AH/2。

装袖缝份倒向衣身时，袖山斜线=AH/2-（0.5～1）cm，使袖山弧长=袖窿弧长。

西装袖需要增加吃势量，袖山斜线=AH/2+0.5cm。

（2）吃势量分配

A～*B′*=*A*～*B*+（总吃势量）5%；*B′*～SP′=*B*～SP+（总吃势量）（40%～45%）；SP′～*C′*=SP～*C*+（总吃势量）（30%～35%）；*C′*～*A′*=*C*～*A*+（总吃势量）（15%～20%）。

吃势量分配如图 5-3-9 所示。

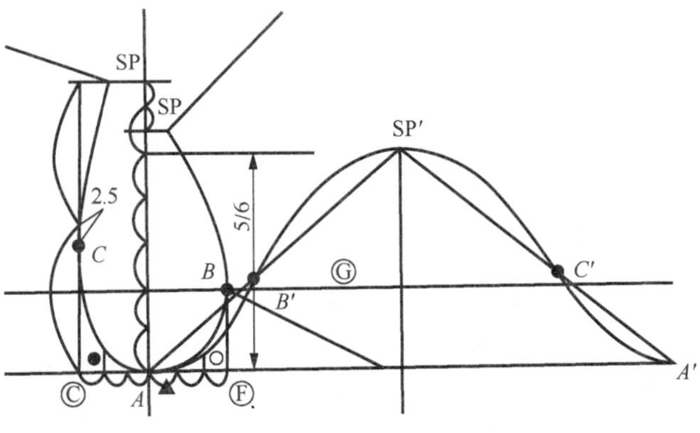

图 5-3-9　吃势量分配

5.3.3　装袖结构变化原理

1. 合体袖结构原理

从人体侧面来看，手臂自然下垂时会略向前倾。因此，合体的袖型结构设计，不仅袖山结构要合体，而且袖身结构应匹配手臂的自然形态。袖子是与人体手臂的形态相对应的，袖肘线对应手臂肘部，是袖子设计袖弯的主要参考位置。袖弯的形式多样，可在不同位置设省。

常见的有一片合体袖、两片合体袖。

（1）一片合体袖结构

一片合体袖是通过收肘省和后袖口省，将直筒袖身（袖原型）变为符合手臂自然弯曲的弯袖身型。一片肘省合体袖结构图如图 5-3-10 所示。

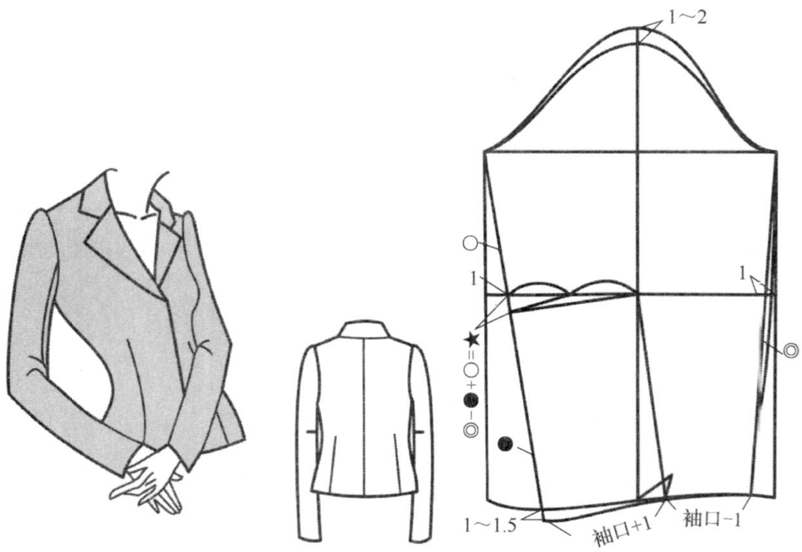

图 5-3-10　一片肘省合体袖结构图（单位：cm）

1）基于袖原型，将袖山顶点抬高 1～2cm，修顺新袖山弧线。

2）袖口前偏量：肘线至袖口的袖中线，前斜偏 2cm。

3）前后袖口：袖口宽 12cm，取前袖口=袖口宽-1=11（cm），后袖口=袖口宽+1=13（cm），并连袖肥画袖底缝。

4）袖底缝：前袖底缝四弧 1cm，后袖底缝凸弧 1cm，后袖口顺势延长 1～1.5cm，修画新袖口弧。

5）肘省=后袖底缝长-前袖底缝长，即★=○+●-◎。

① 一片后袖口省合体袖结构（图 5-3-11）。基于一片肘省合体袖结构，后肘线中点至后袖口线中点连线为后袖口省位线，将肘省合并转为后袖口省即可。

② 一片合体袖变化结构（图 5-3-12）。基于一片后袖口省合体袖结构，在前袖部分纵向分割，分割宽=∅，将∅量拼合到后袖底缝处使袖缝向前位移。

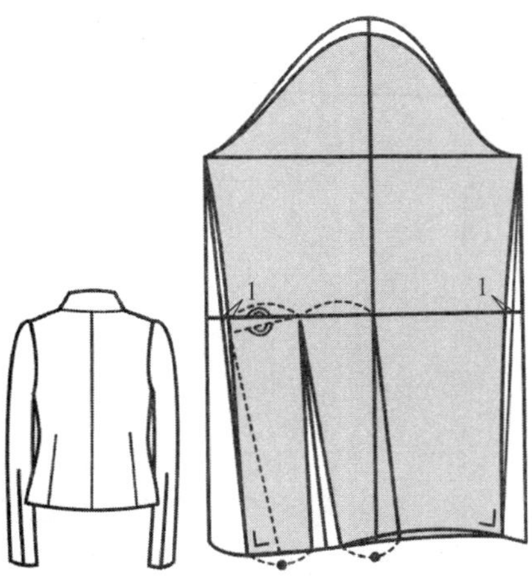

图 5-3-11　一片后袖口省合体袖结构图（单位：cm）

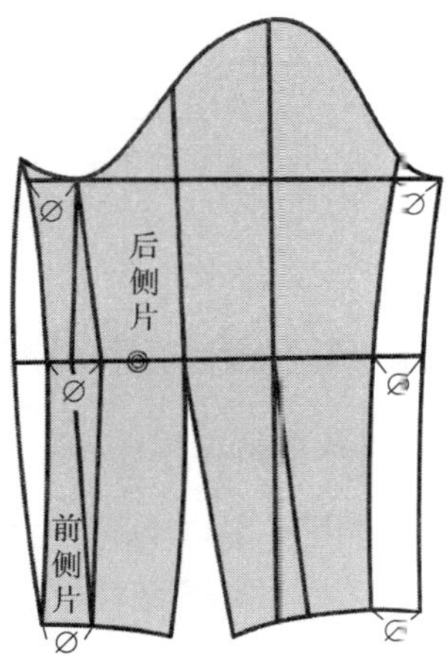

图 5-3-12　一片合体袖变化结构图

（2）两片合体袖结构

通过肘省、后袖口省将直筒型袖身转化为弯弧型袖身，初步满足合体袖型的要求。可采用纵向分割裁片的形式，常见于西装、大衣等外套的两片合体袖（图 5-3-13）。

1）两片合体袖结构名称如图 5-3-14 所示。

图 5-3-13　两片合体袖款式图

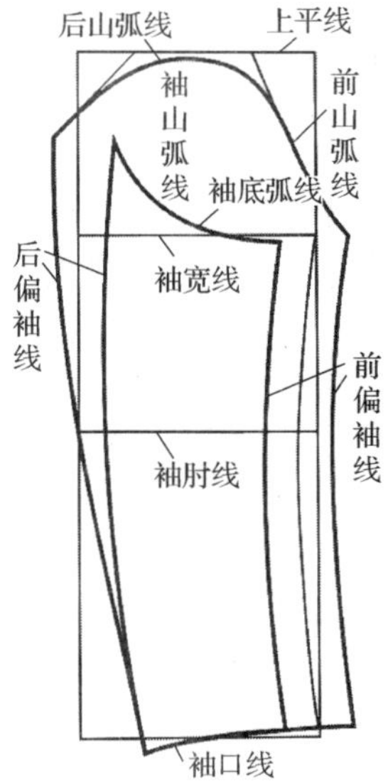

图 5-3-14　两片合体袖结构名称

2）两片合体袖原型法结构图如图 5-3-15 所示。

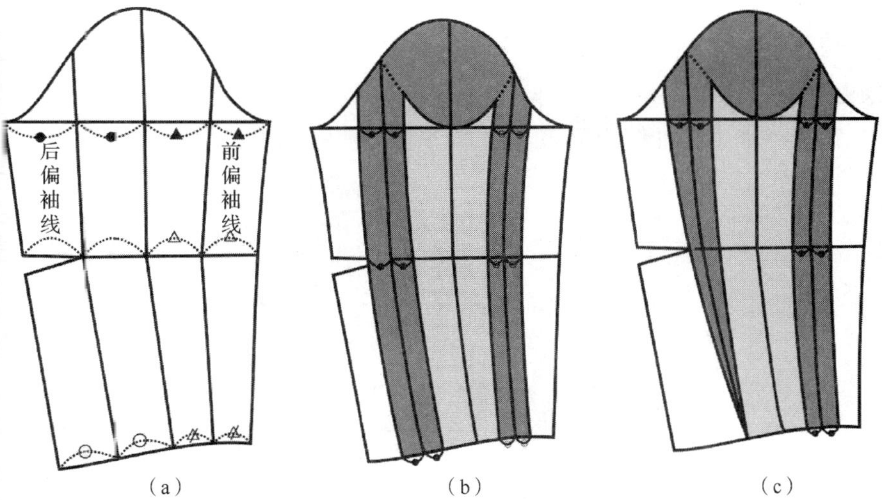

图 5-3-15　两片合体袖原型法结构图

两片合体袖基于一片合体袖结构，前后袖肥、袖肘、袖口等分，纵向连线为前后偏袖线。基本方法如下。

① 沿前后偏袖线内折，设定前偏袖量=○，后偏袖量=●，大（外）袖片增加○和●量，小（内）袖片减去○和●量。

② 后袖肥处偏袖量=●，由上向下至后袖口处，偏袖量顺势消失。

3）两片合体袖比例法结构图如图 5-3-16 所示。

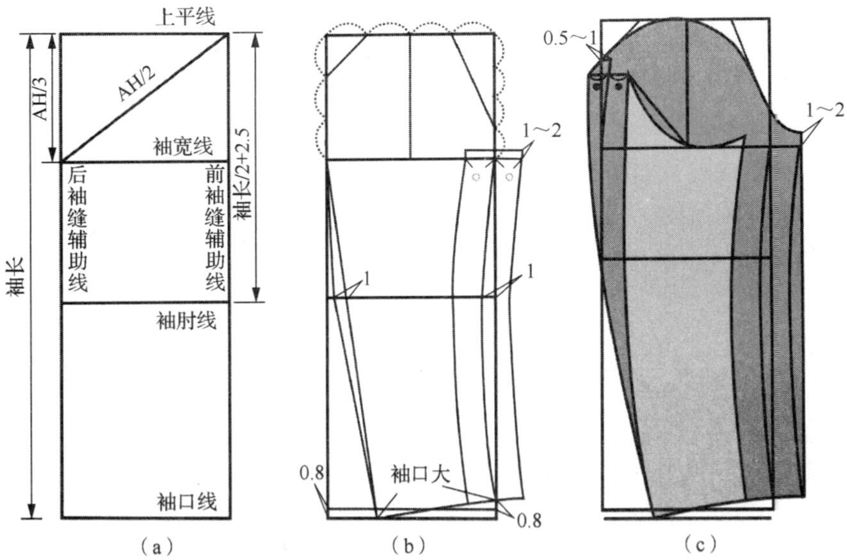

图 5-3-16　两片合体袖比例法结构图（单位：cm）

① 根据已知袖长、袖窿周长（AH），可求得袖山斜线长=AH/2，袖山高=AH/3，肘线位=袖长/2+2.5，如根据图 5-3-16 绘制两片合体袖的长方形基础框架线。

② 上平线中点为袖山顶点，并四等分，前袖缝的袖山四等分，后袖缝的袖山三等分，前肘处凹弧 1cm，前袖偏量○2～3cm，袖口大 11～13cm，前袖口上抬 0.8cm，后袖口下落 0.8cm。

③ 后袖缝上面斜进 0.5～1cm，后袖偏量●为 1～2cm，由上向下至后袖口处，偏袖量顺势消失。

2. *泡肩袖结构*

（1）褶裥泡肩袖结构之一

1）款式特点：袖山头抽缩成碎皱，微微隆起（图 5-3-17）。

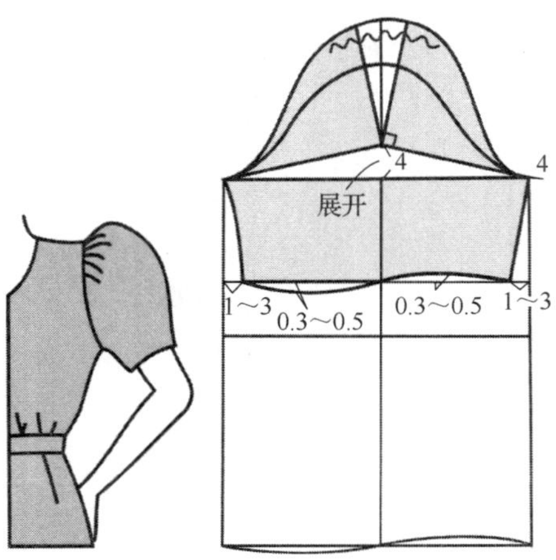

图 5-3-17　褶裥泡肩袖结构图 1（单位：cm）

2）结构要点：

① 基于袖原型，截取短袖长，袖口收进 1～3cm。

② 将袖山头的袖中线、袖肥线剪开拉展，拉展抬高约 4m，连接新袖山弧线。

（2）褶裥泡肩袖结构之二

1）款式特点：袖山头设多个褶裥，高高隆起（图 5-3-18）。

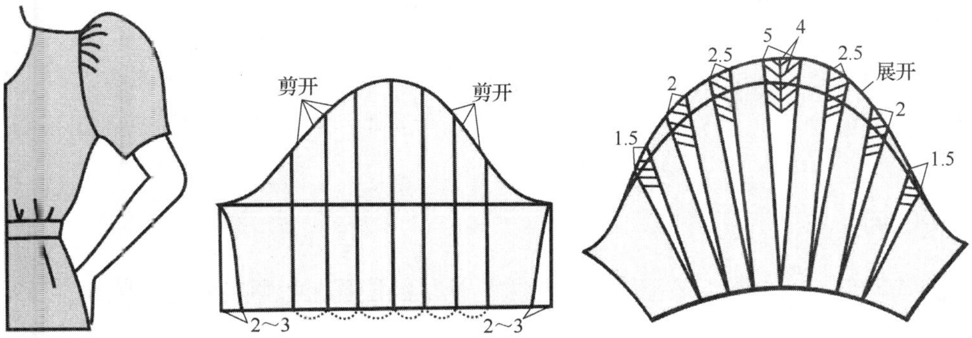

图 5-3-18 褶裥泡肩袖结构图 2（单位：cm）

2）结构要点：

① 基于袖原型截取短袖长，袖口收进 2～3cm，在凸势的袖山头等分设纵向剪展线。

② 将纵向剪展线剪开拉展，袖口不加量，袖山头拉展的褶裥量大小依次为 1.5cm、2cm、2.5cm、5cm，并将袖山高抬高 4cm，连接新袖山弧线。

3. 灯笼袖结构

（1）基本灯笼袖结构

1）款式特点：袖山头皱褶隆起，另由袖头裁片收袖口，形似灯笼（图 5-3-19）。

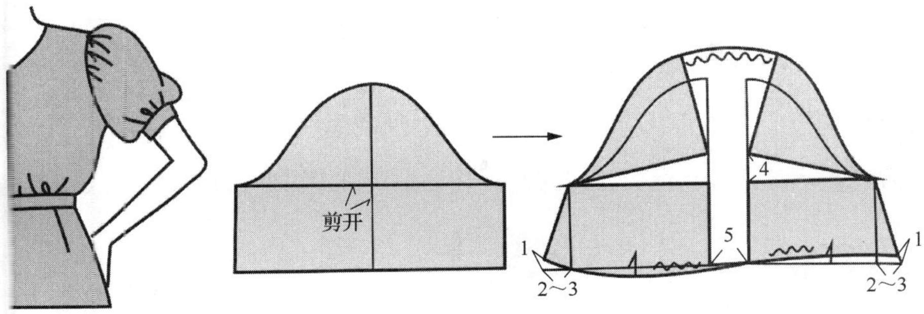

图 5-3-19 基本灯笼袖结构图（单位：cm）

2）结构要点：

① 基于袖原型，截取短袖长，以袖中线、袖肥线为剪展线。

② 将袖中线剪开拉展 5cm，袖肥线剪开拉展抬高 4cm，袖口左右边放大 2～3cm，连接修画新袖山弧线、袖口弧线。

（2）变化灯笼袖结构

1）款式特点：单片裁袖，袖山头皱褶隆起，袖口弧形省皱缩收小，形似灯笼（图 5-3-20）。

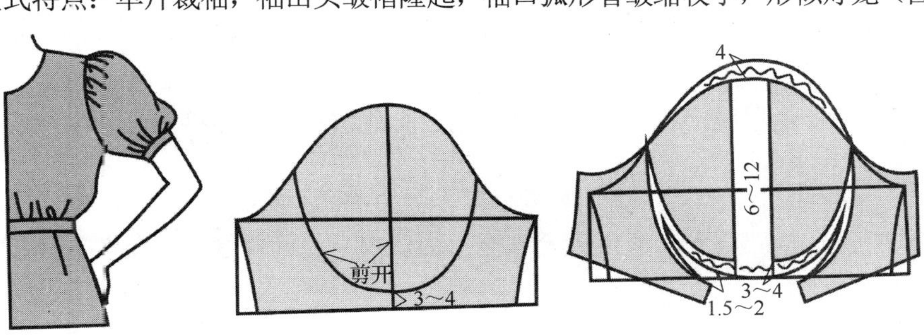

图 5-3-20 变化灯笼袖结构图（单位：cm）

2）结构要点：

① 基于袖原型，截取短袖长，袖口左右收进 2cm 左右，袖中线、圆弧线为剪展线。

② 将袖中线剪开拉展 6～12cm，圆弧线剪开拉展 4～6cm，连接修画新袖山弧线、弧形省线。

4. 喇叭袖结构

1）款式特点：袖山头无皱缩，袖口加大垂挂呈波浪褶，形似喇叭花（图 5-3-21）。

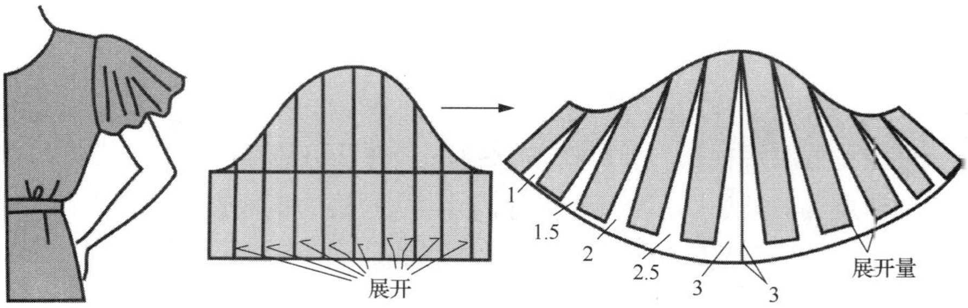

图 5-3-21 喇叭袖结构图（单位：cm）

2）结构要点：

① 基于袖原型，截取短袖长，袖片等分设纵向剪展线。

② 将纵向剪展线剪开拉展，袖山头不加量，袖口拉展的褶裥量依次为 1cm、1.5cm、2cm、2.5cm、3cm，在袖中的袖口追加 3cm 左右，连接修画新袖口弧线。

5. 花瓣袖结构

1）款式特点：单裁袖片袖山弧形交叠，且袖山头皱缩隆起，形似花瓣（图 5-3-22）。

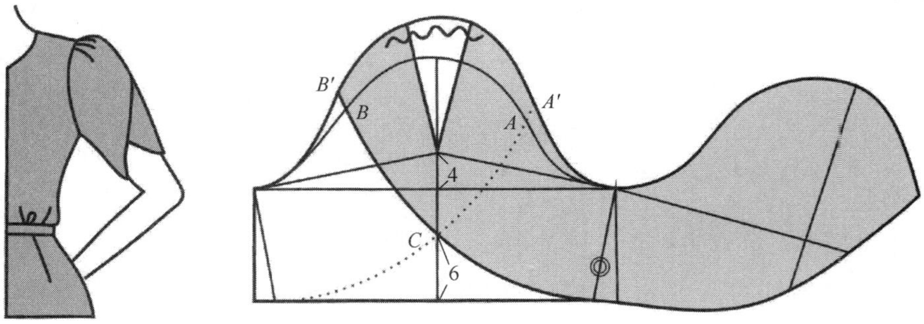

图 5-3-22 花瓣袖结构图（单位：cm）

2）结构要点：

① 基于袖原型，截取短袖长，袖口左右收进 2cm，袖山头的袖中线、袖肥线剪展抬高 4cm。

② 设交叠弧形造型线，将右片型复制移出，袖底缝拼合，连接修画新袖片廓形线。

6. 气球袖结构

1）款式特点：袖肥放大，袖山头无皱缩，袖口收小，形似气球（图 5-3-23）。

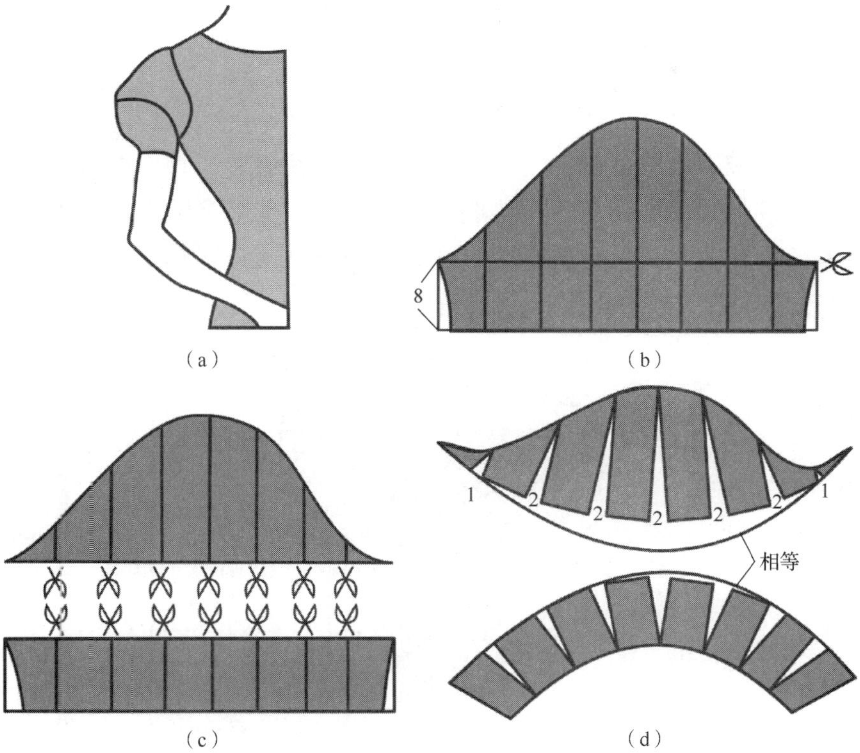

图 5-3-23 气球袖结构图（单位：cm）

2）结构要点：

① 基于袖原型，截取短袖长，袖口左右收进 2cm，袖片等分设纵向剪展线。

② 将袖肥线剪开，分为上下两裁片。

③ 将上袖片的纵向各等分线剪开拉展，袖山头不加量，袖肥线各拉展量 1～2cm，袖肥线的袖中处加长 3～4cm，再将下袖片的纵向各等分线剪开拉展，袖口不加量，使下袖肥线长等于上袖肥线长。

7. 羊腿袖结构

1）款式特点：长袖，袖头皱褶，袖上臂呈泡隆状，袖下臂收小贴臂，形似羊腿（图 5-3-24）。

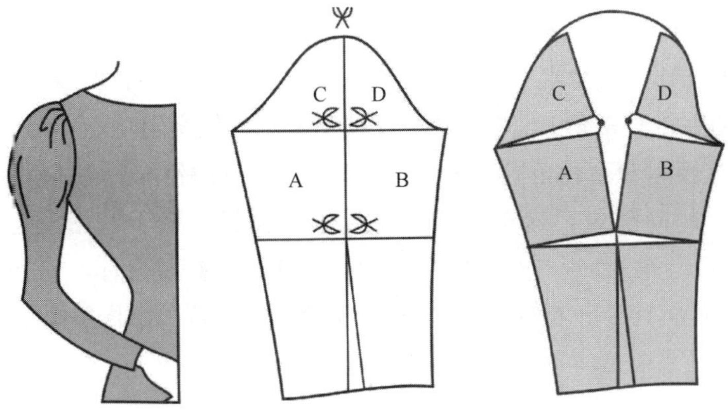

图 5-3-24 羊腿袖结构图

2）结构要点：

① 基于一片合体袖，以袖肥线、袖肘线及肘线上的袖中线为剪展线。

② 将肘线上的袖中线、袖肥线、袖肘线依次剪开，袖肘线、袖肥线处拉展抬高一定量，袖山头顺势加量，连接修画新袖山弧线、袖底缝线。

5.3.4 连身袖与插肩袖结构设计

连身袖是指衣身和袖身结构连成一个裁片。我国传统服装一直保持着平面连身袖的造型方式，连身袖没有袖窿线，肩袖拼接线可有可无，肩型平整圆顺，造型有袖根宽松肥大、袖口收紧的设计，也有筒形的合体设计。宽松连身袖分别有中式平连袖、西式蝙蝠袖（图 5-3-25）。

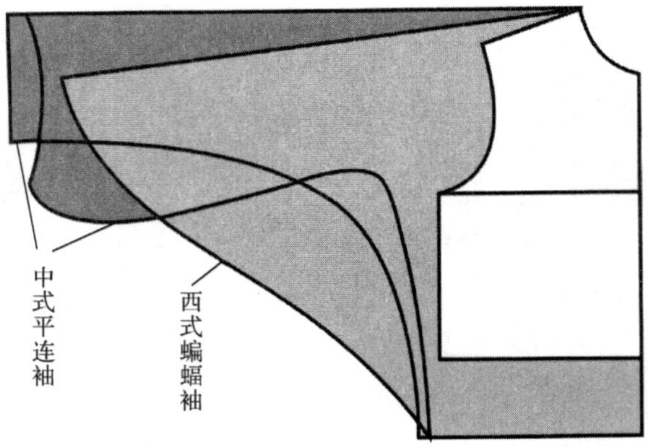

图 5-3-25 宽松连身袖造型

插肩袖是指衣身的部分和袖身相连的结构，是介于连袖和装袖的一种袖型。它的结构特征是将袖窿的分割线由肩端点转移到肩线、领口、前中线等，使肩部与袖子连接在一起。

1. 连身袖、插肩袖结构原理

在结构上，连身袖与插肩袖有很多相似之处，但两者又有明显的不同之处。连身袖的衣身与袖片相连，造型简单、直观，功能处理主要由袖中线倾斜度来完成。插肩袖在肩胸部有分割线，分割线既起到装饰作用，又与衣身袖窿弧线底部一起对衣袖起制约作用。

（1）袖中线的倾斜角

人体手臂抬起的程度受到衣袖腋下余量的制约，连身袖、插肩袖的袖中线倾斜角能直观地体现衣袖的功能，即着装后手臂抬起的程度。

袖中线倾斜角以袖中线与水平线的夹角为依据，从理论上讲，其变化范围在 0°～60°。大量实践证明，袖中线倾斜角≥55°时，尽管袖型美观，但实用功能不足。从造型和功能来综合评价，袖中线倾斜角变化范围在 0°～60°取值。一般袖中线倾斜角为 0°～20°时，衣与袖之间存在一定的间隙量，造型宽松、手臂活动自如，属于宽松型连身袖和插肩袖；袖中线倾斜角为 30°～45°时，衣与袖之间间隙量极少，袖型合体，腋下需加活动裆布量（或衣袖交叠活动量），获得衣袖功能与外形美观的平衡，属于合体型连身袖和插肩袖（图 5-3-26）。

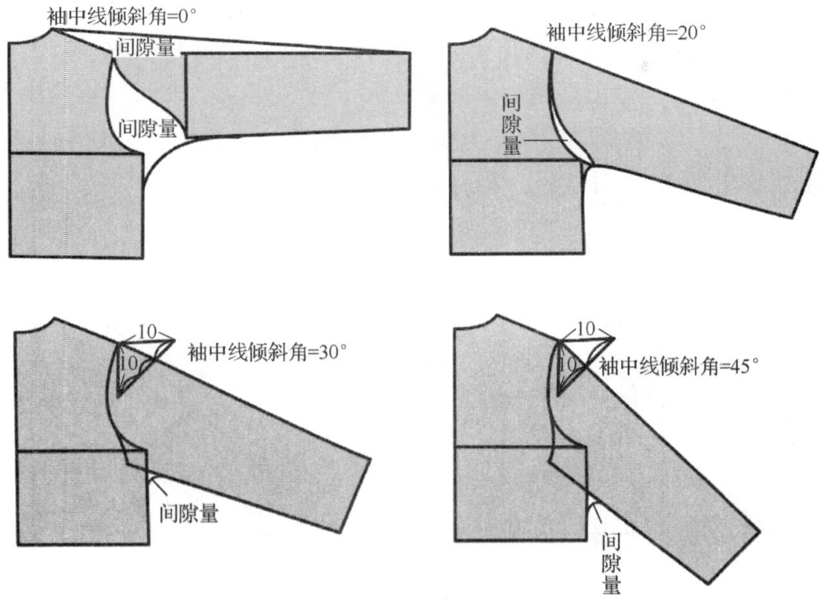

图 5-3-26　袖中线倾斜角的变化（单位：cm）

在结构制图中，确定袖中线倾斜角的方法有角度式、比例式和三角式（图 5-3-27）。角度式是用量角器直接量取的方法。比例式是以肩端点（SP）画 15cm 水平线，过端点向下画 x 垂线，以 x 垂线长来调整袖中线倾斜角（x=0～5.5cm 时，袖中线倾斜角为 0°～20°；x=5.5～9cm 时，袖中线倾斜角为 20°～30°；x=9～15cm 时，袖中线倾斜角为 30°～45°）。三角式是过肩端点（SP），作直角边=10cm 的直角等腰三角形，其斜边/3≈30°，斜边/2=45°。

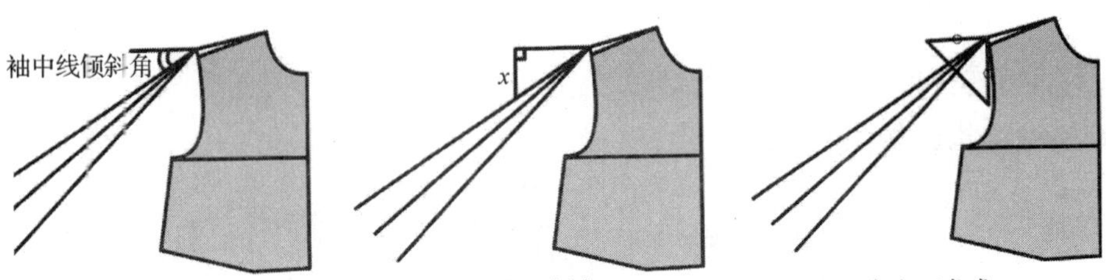

（a）角度式　（b）比例式　（c）三角式

图 5-3-27　袖中线倾斜角结构制图法

（2）袖裆（腋下活动量）结构分析

合体连身袖影响结构变化的因素主要有两个，即袖斜度和袖裆（腋下活动量）结构。前者决定了肩部造型的舒适合体性及袖子整体造型的贴体度，后者决定了连身袖、插肩袖的活动功能。这两种因素形成有机整体，互相制约。处理好两者的关系，在造型和功能上使其统一合理，是进行连身袖、插肩袖结构设计的关键。

连身袖、插肩袖的结构设计必须注意以下三点：一是袖中线与水平线夹角应为 0°～45°，以避免袖裆或袖下余量过大而影响外观；二是腋下开缝的位置应具有隐蔽性，使袖裆遮在臂下；三是巧用衣身分割线，将袖裆（腋下活动量）结构包含在衣身或衣袖结构之中。

（3）袖山高与袖宽

在连身袖、插肩袖结构中，袖山高的取值依然是结构设计的重点。与装袖结构一样，袖山高与袖宽的反比制约关系同样存在于插肩袖结构中，袖山高越大，袖宽越小；袖山高越小，袖宽越大（图 5-3-28）。

袖山高、袖宽和袖中线倾斜角也存在紧密关系。袖中线倾斜角越大，袖山高越大，袖宽越小；袖中线倾斜角越小，袖山高越小，袖宽越大（图 5-3-29）。在进行结构制图过程中，袖中线倾斜角为 0°～20°时，袖山高为 0～10cm；袖中线倾斜角为 21°～30°时，袖山高为 10～14cm；袖中线倾斜角为 31°～45°时，袖山高为 14～17cm。

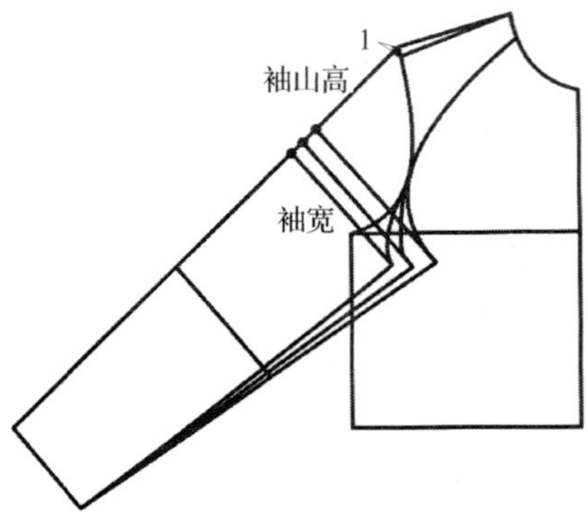

图 5-3-28　插肩袖袖山高与袖宽的反比关系（单位：cm）

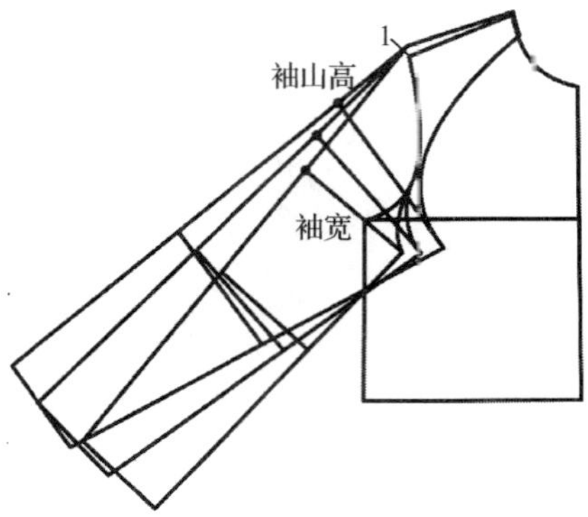

图 5-3-29　袖中线倾斜角与袖山高、袖宽的关系（单位：cm）

总之，当袖中线与水平线夹角逐渐变大时，袖中线与肩线的夹角也逐渐变大，即肩凸越来越明显，腋下所需交叠量或袖裆也越变越大；当袖中线与水平线夹角逐渐变小时，袖中线与肩线的夹角也逐渐变小，即肩凸越来越趋于平缓，腋下所需交叠量或袖裆也越变越小；当袖中线与肩线和水平线重合时，肩凸消失，腋下的活动量达到最大，无须设计袖裆。

2. 连身袖结构设计与应用

（1）无插角连身袖

1）蝙蝠袖结构图如图 5-3-30 所示。

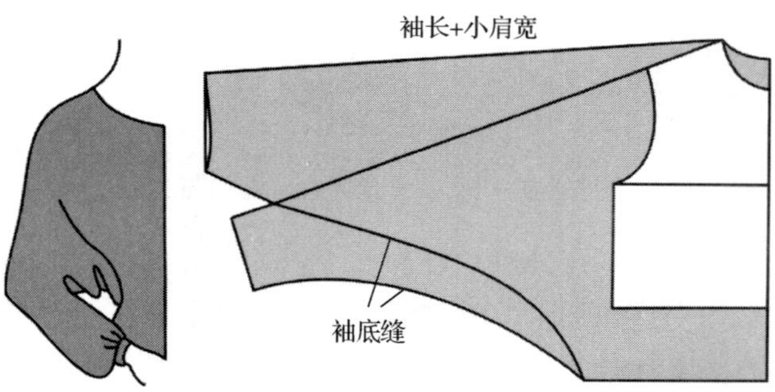

图 5-3-30　蝙蝠袖结构图

① 款式特点：袖窿深，袖肥宽大，袖口急剧收小，因形似蝙蝠的翅膀而得名。手臂下垂时腋底皱褶较多。

② 结构要点：

a. 前后衣片自侧颈点水平（或肩线直接）延长袖长，袖中线=袖长+小肩宽，依图 5-3-30 画出袖口、袖底线和侧缝线。

b. 前后袖中线可以拼合，形成单裁片。

2）平连身袖结构图如图 5-3-31 所示。

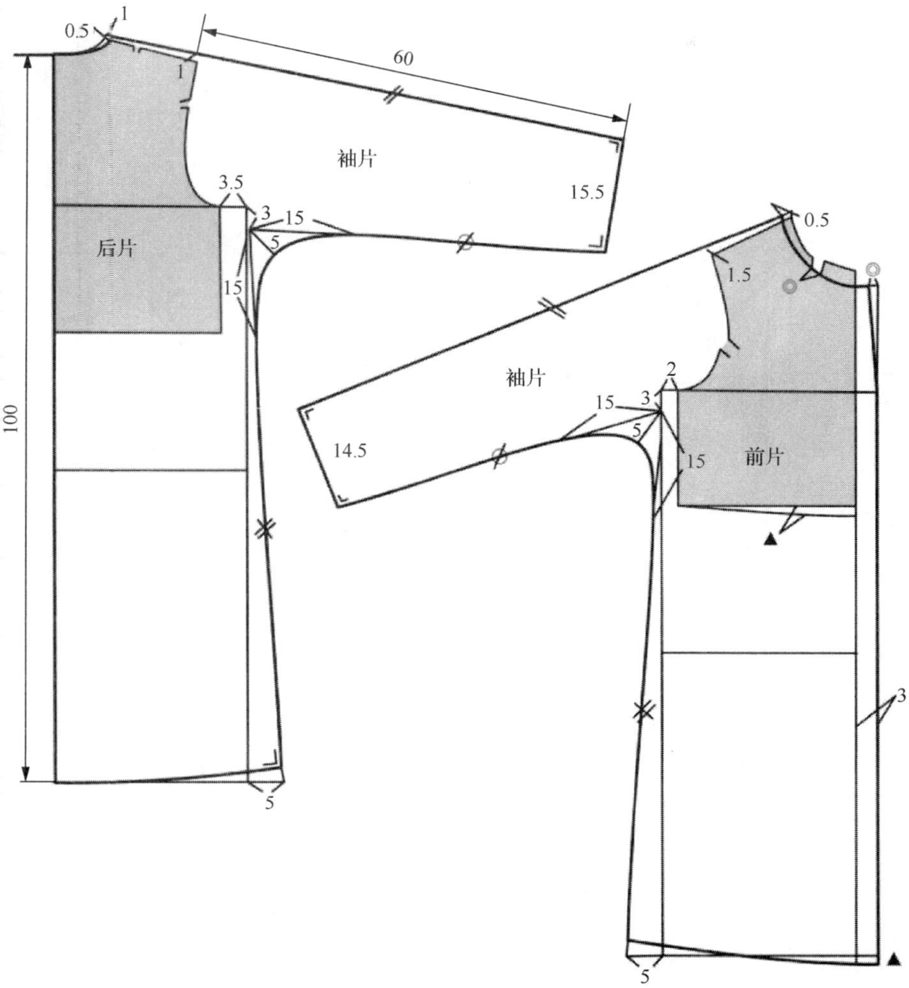

图 5-3-31　平连身袖结构图（单位：cm）

① 款式特点：平连身袖的袖中线倾斜度同蝙蝠袖，便于手臂上下活动，但袖窿深、袖肥较小，腋下没有插角，当手臂下垂时腋底也有皱褶。

② 结构要点：前后衣片自肩线延长袖长，依图 5-3-31 画出袖口、袖底线和侧缝线。

（2）插角连身袖

插角连身袖是合体连身袖，袖中斜度较大，肩袖身合体，为方便手臂举升，腋下加入插角片。

1）菱形插角连身袖结构图如图 5-3-32 所示。

① 款式特点：为方便手臂举升，腋下加入菱形插角片，是合体连身袖的常见款式。

② 结构要点：

a. 在袖中线倾斜角 45° 基础上，使前后袖中接缝线符合手臂自然前倾状，前袖中线倾斜角下落 1cm，后袖中线倾斜角提高 1cm，画袖中线=袖长，为 60cm，前袖口大为 13cm，后袖口大为 15cm。

b. 腋下插角的前身剪开止点在距胸宽线 1cm 的胸围线上，后身剪开止点在距背宽线 4cm 的胸围线上，袖底缝的插角止点位于袖长/2 上移 3cm 处，绘制腋下剪开线、袖底缝。

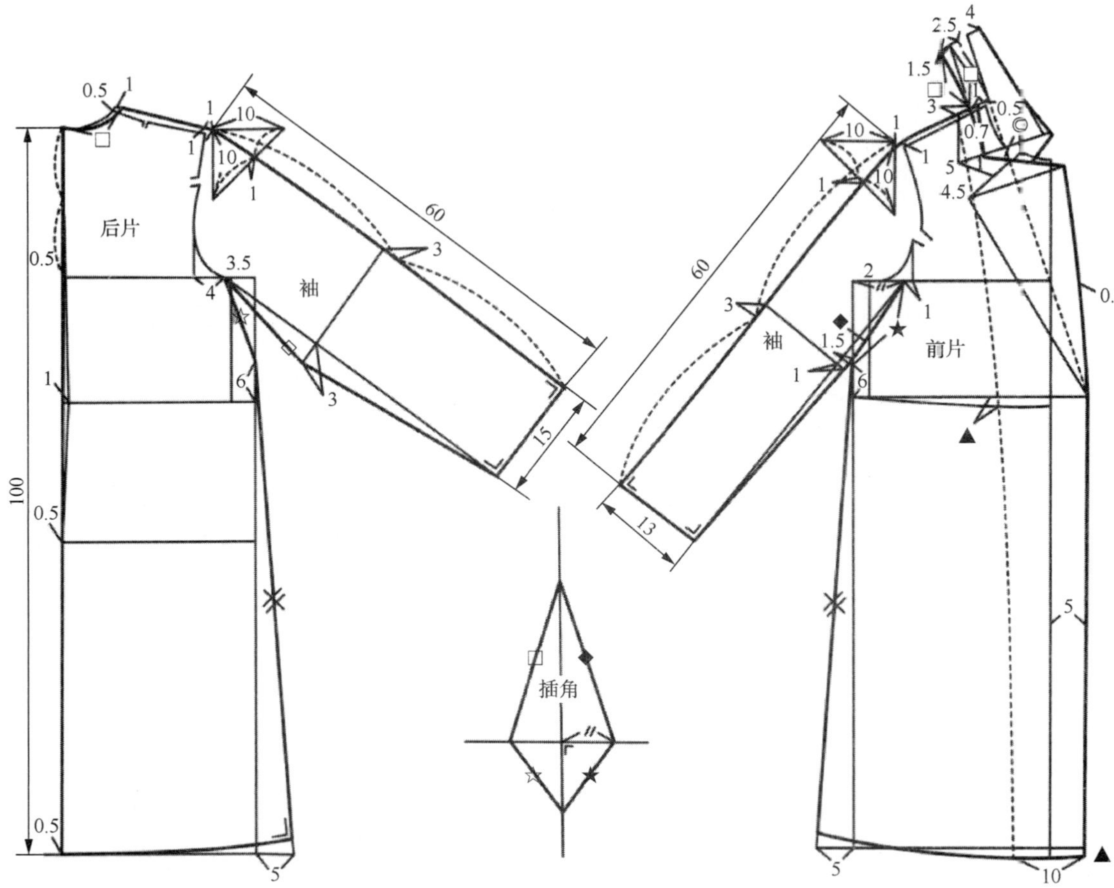

图 5-3-32　菱形插角连身袖结构图（单位：cm）

2）侧身插片连身袖结构图如图 5-3-33 所示。

① 款式特点：衣身呈 A 形，腋下纵向分割形成侧身插片，袖片与衣大身片相连。本款式的优点是手臂抬高时，腋下存有一定活动量，整体外观保留连身袖的外形特征。

② 结构要点：

a. 在袖中线倾斜角 45° 基础上，使前后袖中接缝线符合手臂自然前倾状，前袖中线倾斜角不移，后袖中线倾斜角提高 1.5cm，画袖中线=袖长，为 60cm。

b. 腋下插片的前身分割止点在距胸宽线 1cm 的胸围线上，后身分割止点在距背宽线 3.5cm 的胸围线上，袖窿深下落 2.5cm 左右，画腋底袖窿弧。

c. 后侧身纵分割处增加 6cm 衣摆量，前侧身纵分割处增加 5cm 衣摆量，前后身侧缝合并，形成侧身插片。

d. 确定袖山高 17m 左右（确定袖山高、画袖底弧时要考虑袖底弧止点在腋下纵向分割线以外），画袖肥线，并影射腋底袖窿弧画袖山底弧，袖山底弧与袖肥线相切，且袖山底弧=腋底袖窿弧。

e. 根据袖肥大小确定袖口，袖口大=袖肥×3/4。

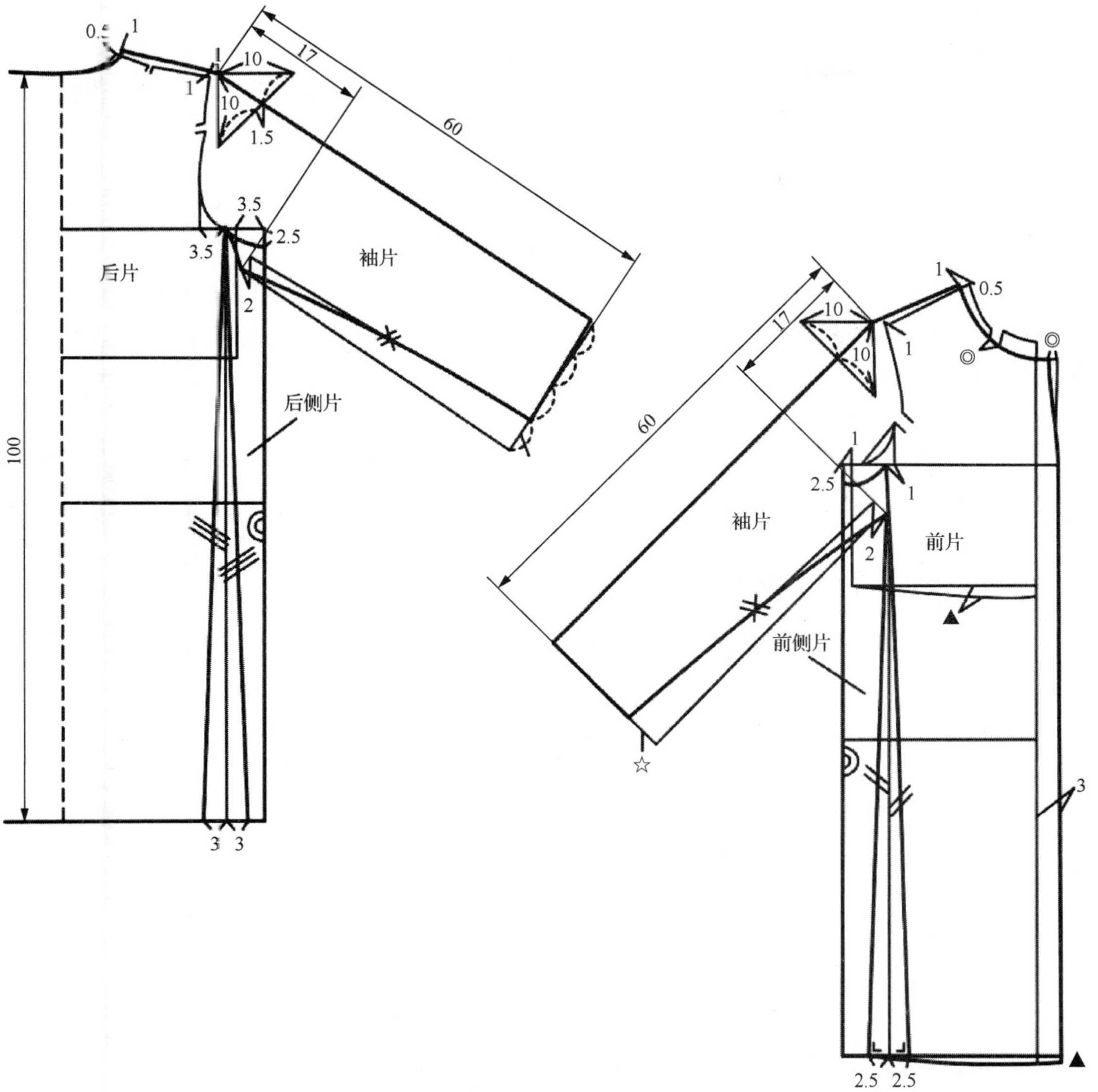

图 5-3-33　侧身插片连身袖结构图（单位：cm）

3）刀背插片连身袖结构图如图 5-3-34 所示。

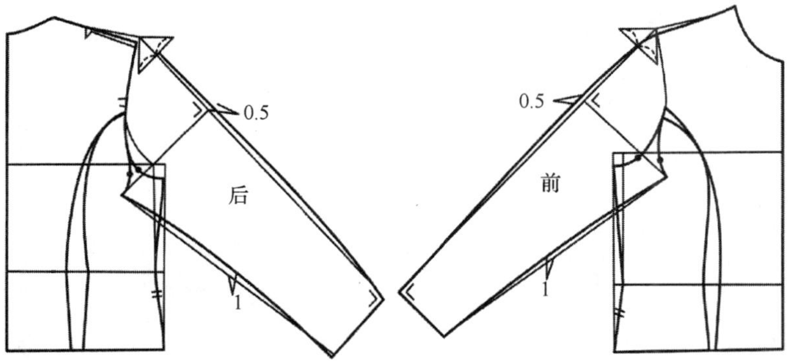

图 5-3-34　刀背插片连身袖结构图（单位：cm）

① 款式特点：衣身刀背分割合体型，腋下形成刀背插片，袖片与衣大身片相连。本款式的优点同侧身插片连身袖，整体外观保留着连身袖的外形特征。

② 结构要点：

a. 前后衣身刀背分割，前后分割起点在前后腋点，袖窿深下落 2～3cm，画腋底袖窿弧。

b. 袖中线倾斜角为 45°，袖长 60cm，确定袖山高 15～17cm，画袖肥线，并影射腋底袖窿弧画袖山底弧，袖山底弧与袖肥线相切，且袖山底弧=腋底袖窿弧。

c. 前袖口 12cm，后袖口 14cm，连接袖宽并画袖底缝线。

3. 插肩袖结构设计与应用

插肩袖根据衣袖分别有松身、合体和贴体型的变化，根据分割线走向变化分别有插肩袖、肩章袖、育克袖、盖肩袖、半插肩袖等；根据衣袖片数可分为一片式插肩袖、两片式插肩袖和三片式插肩袖。

（1）一片式插肩袖结构

1）款式特点：肩斜和袖中斜呈直线状，前后袖片以袖中线合并，通常以连身袖原型为基础，袖窿较深，袖肥较大，常出现在宽松的大衣和夹克衫中（图 5-3-35）。

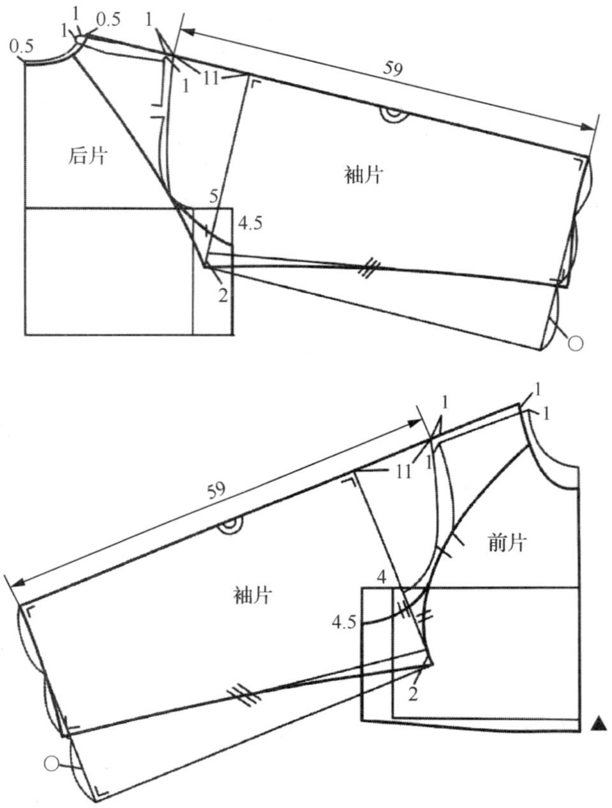

图 5-3-35　一片式插肩袖结构图（单位：cm）

2）结构要点：

① 整体衣身结构为宽松直筒型，前后肩线抬高 1cm，肩端点放出 1cm，袖窿深下落 4.5cm，另延长肩线，画袖中线=袖长、袖口线；前后领弧线/3 为颈部插肩点，画新袖窿弧。

② 自肩端点沿袖中线取袖山高 11cm，画袖宽线。与袖宽线相切画装袖弧线，装袖底弧线=袖窿底弧线，袖口大=袖宽×2/3。

③ 将前后袖片取出，合并袖中线为一片插肩袖。

（2）两片式插肩袖

袖中线倾斜角变大，与肩线也呈一定夹角，肩凸造型变得明显，前后袖中接缝，故称两片式插肩袖。它适用于较为合体、袖窿不太深的服装结构。

以半插肩袖结构设计为例，两片式插肩袖的款式特点和结构要点如下。

1）款式特点：两片插肩袖的款式之一，分割线在小肩/2或小肩/3处，小肩的部分留在衣身（图5-3-36）。

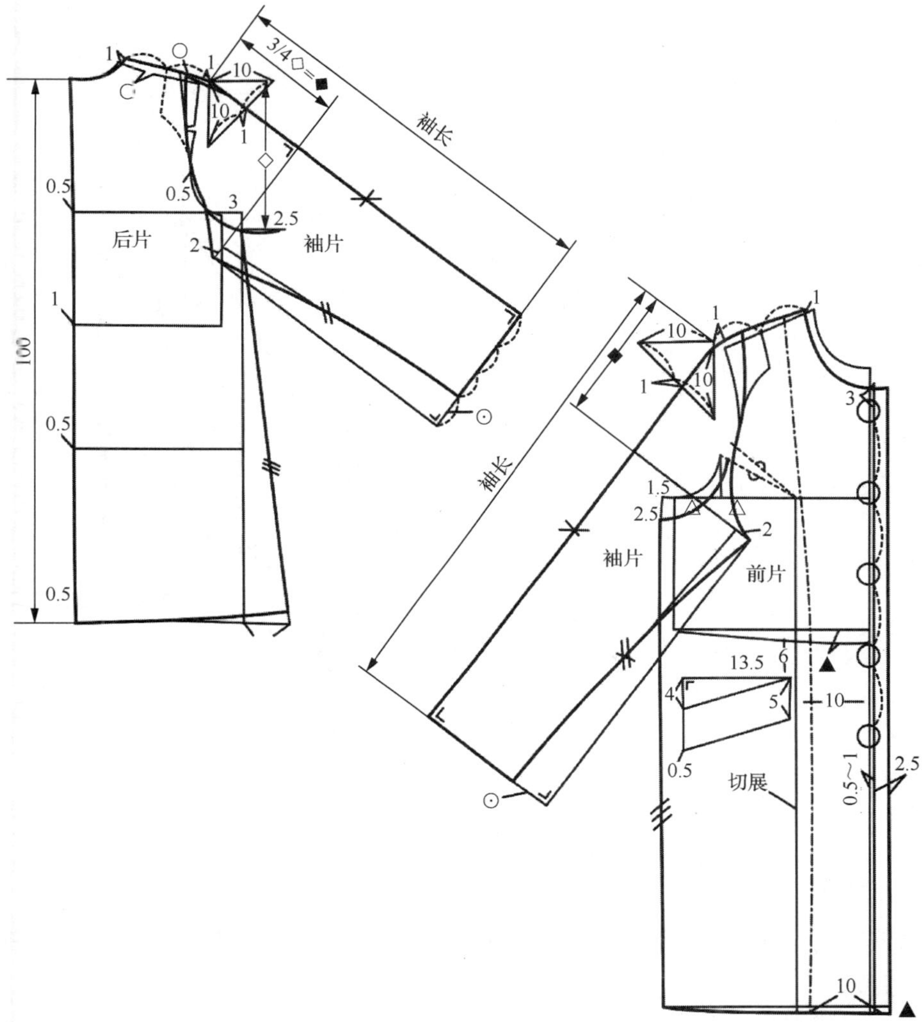

图5-3-36　半插肩袖结构图（单位：cm）

2）结构要点：

① 肩线抬高1cm，肩端点放出1m，袖窿深下落2.5cm，小肩/2或小肩/3点为插肩点，修画新袖窿弧。

② 在袖中线倾斜角45°基础上，前袖中线倾斜角下移1cm，后袖中线倾斜角提高1cm，画袖中线袖长、袖口线。

③ 与袖宽线相切画装袖底弧线，装袖底弧线=袖窿底弧线，后袖口大=后袖宽×3/4，绘制前后插肩袖结构。

（3）三片式插肩袖结构

1）款式特点：更能突出袖子的立体造型，其袖中线倾斜角更大，肩凸明显，袖身也更加合体、贴身，适用于合体服装的插肩袖结构（图 5-3-37）。

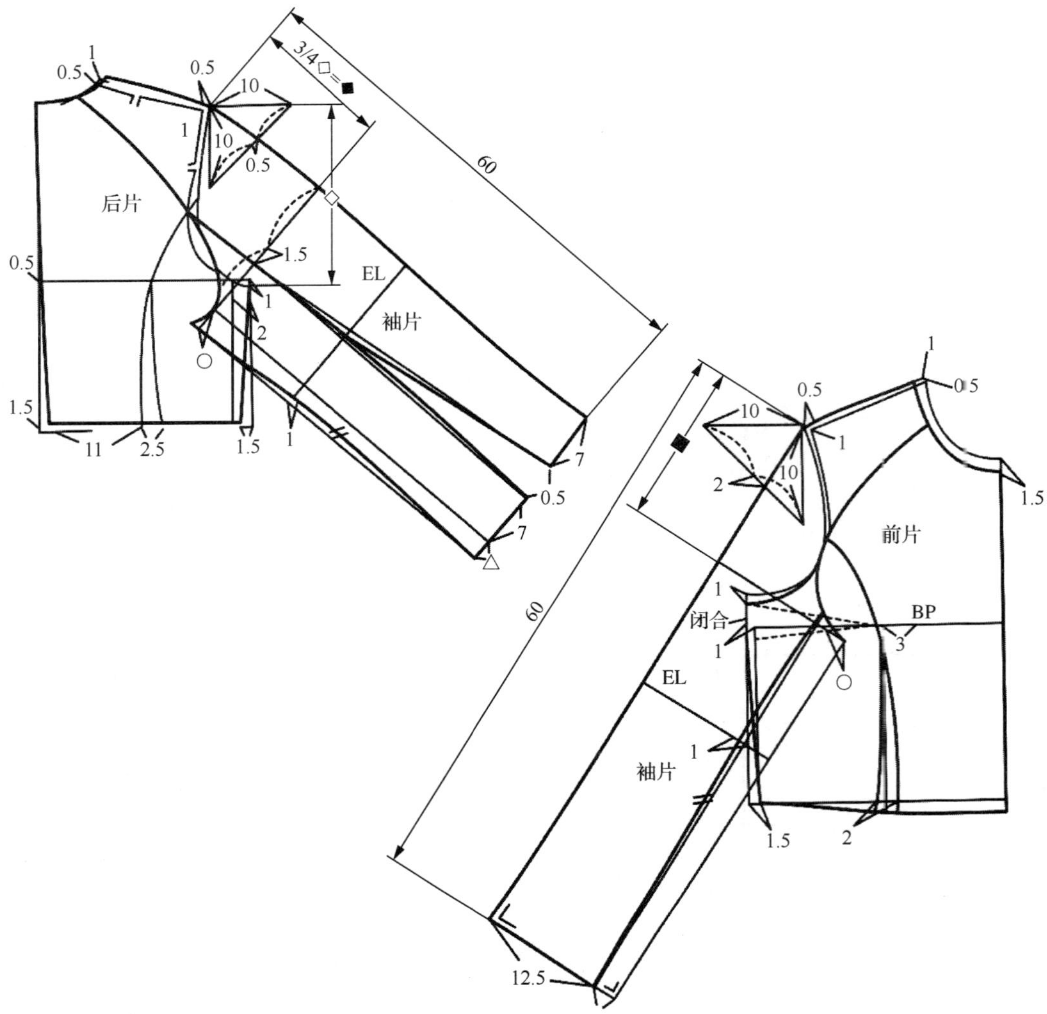

图 5-3-37　三片式插肩袖结构图（单位：cm）

2）结构要点：

① 肩线抬高 1cm，肩端点放出 0.5cm，袖窿深下落 1cm，另前后领弧线/3 为颈部插肩点，修画新袖窿弧。

② 在袖中线倾斜角 45°基础上，前袖中线倾斜角下移 2cm，后袖中线倾斜角提高 0.5cm，袖山高=袖窿深×3/4=◇，画插肩袖结构。

③ 根据后身刀背分割点，设后袖片对应的纵向分割线，袖口省设在分割线处去掉，画出后袖缝线。

④ 将前袖宽减去○量补于后袖宽，前袖口减去△量补于后袖口，形成小袖片，前袖缝线的袖肘处凹进 1cm，修画前袖缝线。

（4）盖肩插肩袖结构

1）款式特点：基于合体连身袖结构，经前后腋点设肩胸育克式分割弧线，前后分别形成盖肩育克、衣身和袖片的三片裁结构（图 5-3-38）。

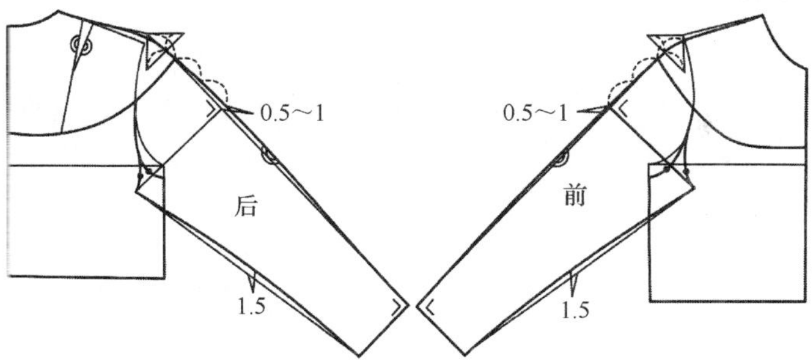

图 5-3-38 盖肩插肩袖结构图（单位：cm）

2）结构要点：

① 袖中线倾斜角为 45°，袖中线=袖长，为 60cm，袖山高 15～17cm，画袖宽线、袖口线。

② 袖窿深下落 2～3cm，前后腋点为分割线基点，画腋底袖窿弧。

③ 影射腋底袖窿弧与袖宽线相切画袖山底弧，且袖山底弧=腋底袖窿弧，并经前后腋点和袖山高/3 的点，画盖肩育克分割弧线。

④ 前袖口 12cm，后袖口 14cm，连接袖宽并画袖底缝线。

⑤ 可将前后袖片取出，合并袖中线为一片袖。

5.4 衣领结构设计

5.4.1 领子的种类

领子的种类

领子组成部分大致包括领窝、领座和领面。领子的种类很多，按穿着状态分为开门领和关门领（图 5-4-1）；按外观形态分为领口领、立领、平领、翻领（分体翻折领、连体翻折领）及翻驳领等（图 5-4-2）。各类领又有不同的造型变化。

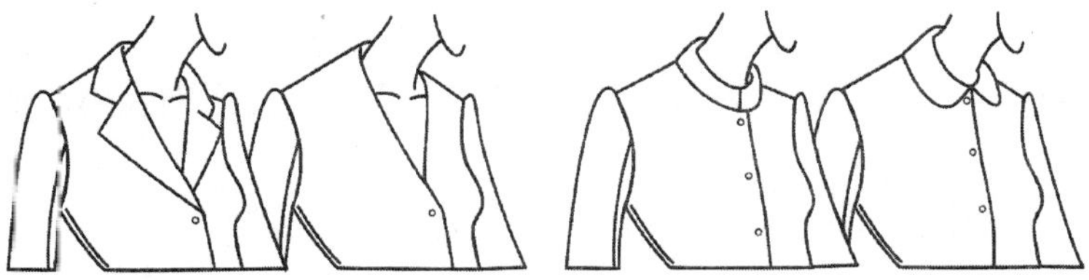

图 5-4-1 按穿着状态分类

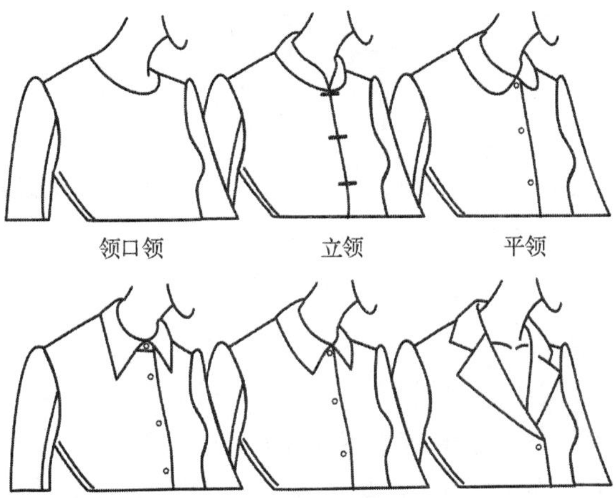

图 5-4-2 按外观形态分类

1. 按穿着状态分类

1）开门领：第一扣位较低，穿着时前领部分敞开显露脖颈，如翻驳领。

2）关门领：第一扣位靠近领窝，穿着时呈关闭状，如立领、翻领、坦领等。

2. 按外观形态分类

1）领口领：也称无领，没有底领和领片结构，只有衣身领窝线。一般有开襟式和套头式两种穿脱方法。

2）立领：只有领窝和领座，围绕脖颈呈竖立状。有单立领和连身立领两种类型。

3）平领：也称扁领、坦领、摊领、趴领等，领片自然服贴在肩、胸、背部，造型舒展、柔和。

4）翻领：由领窝、领座和领片三部分组成，有连体翻折领和分体翻折领两种类型。连体翻折领是以翻折线为界，领座与领面为一片式的领型；分体翻折领则是领座与翻领片分开的领型。

5）翻驳领：由领窝、领座、翻领及驳头四部分组成，领座与翻领片连裁一片有翻折线，如西服领。根据驳头形状又分为平驳领、戗驳领、青果领等。

领口领结构设计

5.4.2 领口领结构设计

1. 领口领结构设计原理

原型的领围线紧贴人体颈根围，经过人体的前颈点、侧颈点及后颈椎点。绘制领窝结构时，需要把握前颈点、侧颈点及后颈椎点位置的变化。

（1）领窝结构线名称

1）横开领：领口水平开宽量。在女装结构中，由于胸凸需收省达到立体形态，因此前领窝需要进行撇胸处理，原型的前横开领=胸围/24+3.4，后横开领=前横开领+0.2。

2）直开领：领口垂直开深量。原型前直开领=后横开领+0.5，后直开领=后横开领/3，这满足人体颈部前倾的自然形态。直开领（图 5-4-3）的深浅直接影响颈部舒适性与美观性。

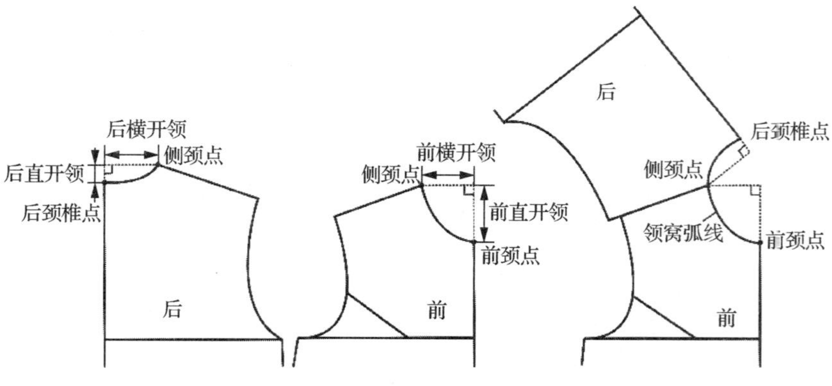

图 5-4-3　领窝结构线名称

（2）领口领结构设计要点

1）领口开深和开宽极限：领口线变化多样，一般领口开深和开宽的尺寸范围以不过分暴露为原则，尤其在前胸位置。前直开领深极限为 BP（胸高点）的水平线位，后直开领深极限为腰线位，横开领极限为 SP（肩端点）。其中，艺术装等特殊款式有追求性感美等特殊性，前直开领深可至胸下。

2）领口开深和开宽规则（图 5-4-4）：通常当横开领开宽时，直开领宜浅不宜深；当直开领开深时，横开领宜窄不宜宽；另前直开领开深时，后直开领宜浅不宜深，反之亦然。如果横开领、直开领均开大或前、后直开领均开深，应选用弹力面料；否则领围线宜滑移，会产生领围线与人体不服帖、不雅观的现象。

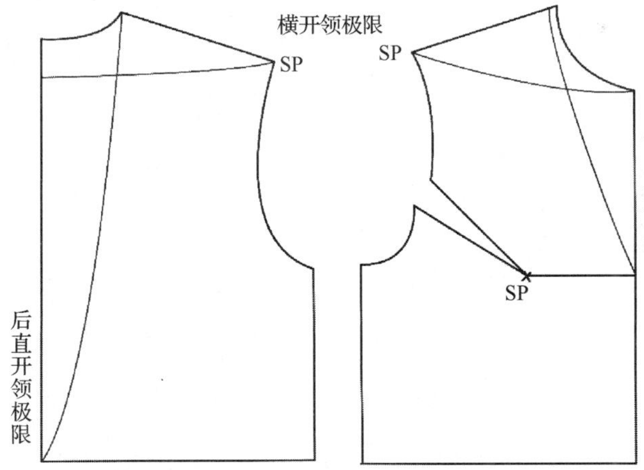

图 5-4-4　领口开深和开宽规则

3）领口领结构制图方法：为了前后领窝线圆顺，一是将前后衣身的肩线对齐，进行领窝弧设计；二是在前后片先绘制领窝弧，然后将肩线对齐，修圆顺。

2. 典型领口领结构设计

（1）小 V 形领结构设计

1）款式特点：领宽不变，前领深开深，V 形领围线（图 5-4-5）。

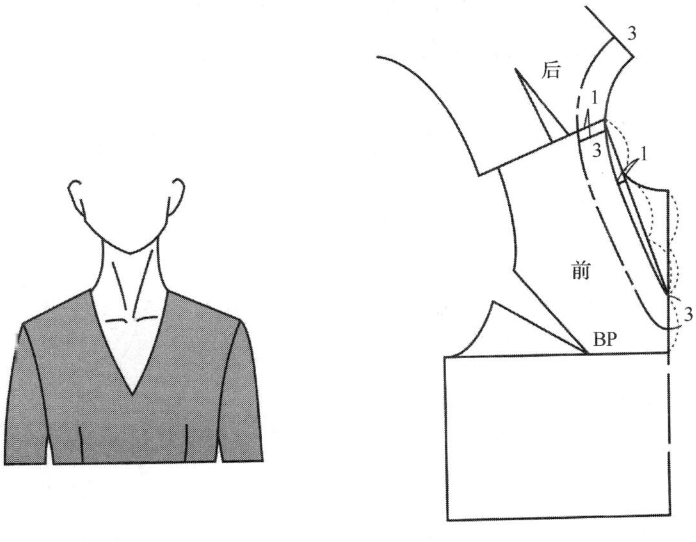

图 5-4-5　小 V 形领结构图（单位：cm）

2）结构要点：

① 在前中心线从前颈点至胸围线三等分，从侧颈点至前领深/3 处画领口弧线。

② 领贴宽 3cm，领贴的肩线往前衣身移 1cm，使领贴做得薄、外形美观。

（2）U 形领结构设计

1）款式特点：领宽较小，前领深较大，U 形领围线（图 5-4-6）。

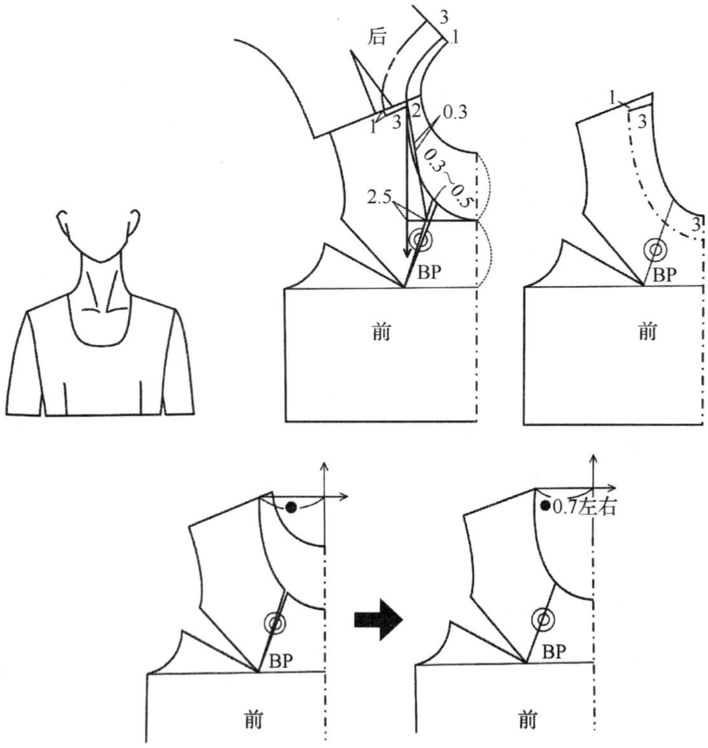

图 5-4-6　U 形领结构（单位：cm）

2）结构要点：

① 将侧颈点开大 2cm，后颈点下落 1cm，前颈点开深的量根据款式确定。

② 为了去除前领口围浮起、不服帖状，绘制领口省 0.3～0.5cm。

③ 将领口省合并，前领宽会减小 0.7cm 左右，而后领宽不变。

④ 领贴宽 3cm，领贴的肩线往前衣身移 1cm，使领贴做得薄、外形美观。

（3）方形领结构设计

1）款式特点：领宽开大，领深较浅，方形领围线（图 5-4-7）。

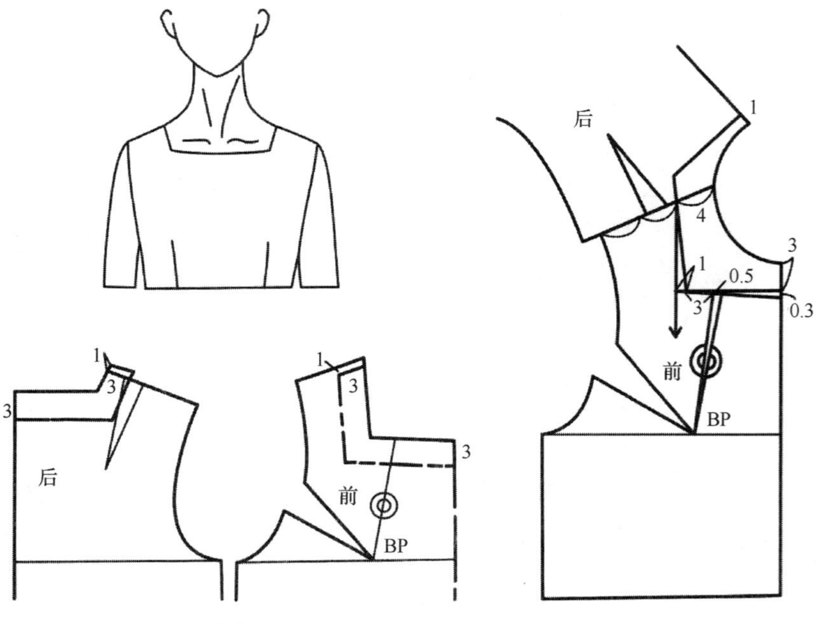

图 5-4-7　方形领结构（单位：cm）

2）结构要点：

① 根据款式，侧颈点开大4cm（或小肩宽/3处），后颈点下落1cm，前颈点下落3cm，重新绘制方形领口线。

② 前领口绘制领口省0.5cm为撇胸量。

③ 若将领口省合并，则前领宽减小0.7～1cm，而后领宽不变。

④ 领贴宽3cm，领贴的肩线往前衣身移1cm，使领贴做得薄、外形美观。

（4）一字领结构设计

1）款式特点：领宽开大，领深浅，一字领围线（图5-4-8）。

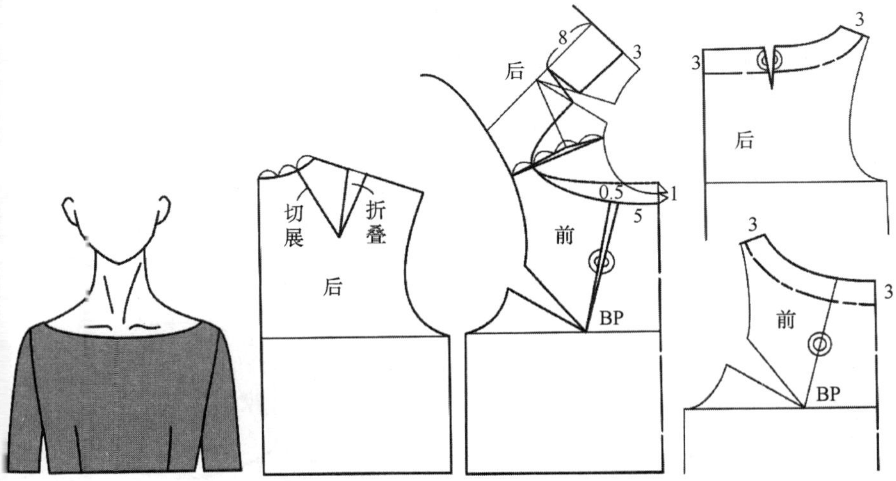

图5-4-8 一字领结构（单位：cm）

2）结构要点：

① 后肩省转移至后领弧/3处为后领省。

② 根据款式，侧颈点开大小肩宽3/4，后颈点下落3cm，前颈点下落或抬上1cm，重新绘制一字形领口线。

③ 前领口绘制领口省0.5cm为撇胸量，领口省合并，则前领宽会减小0.7～1cm。

④ 领贴宽3cm，后领贴去省闭合，衣身的后省量留为缝缩量。

5.4.3 立领结构设计

立领结构设计

1. 立领的种类

立领是围绕脖颈呈竖立状的领型，给人以简洁、精干之感，常见于旗袍、中山装、夹克衫等服装。根据领片竖立状态可分为直立领、内倾领、外倾领（图5-4-9）；根据领片与衣身的装接方式分为单立领和连身立领（图5-4-10）。

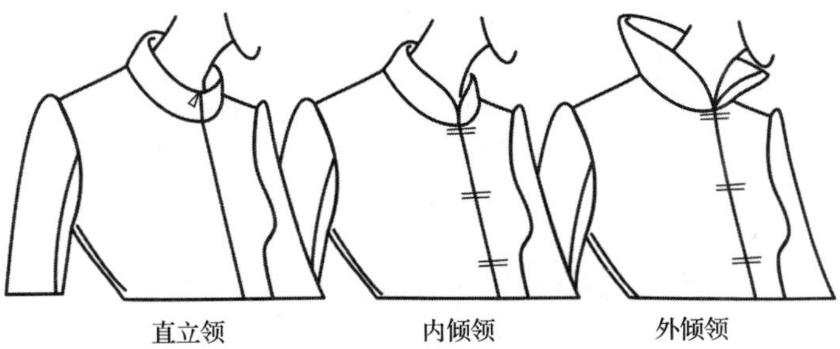

图5-4-9 按领片竖立状态分类

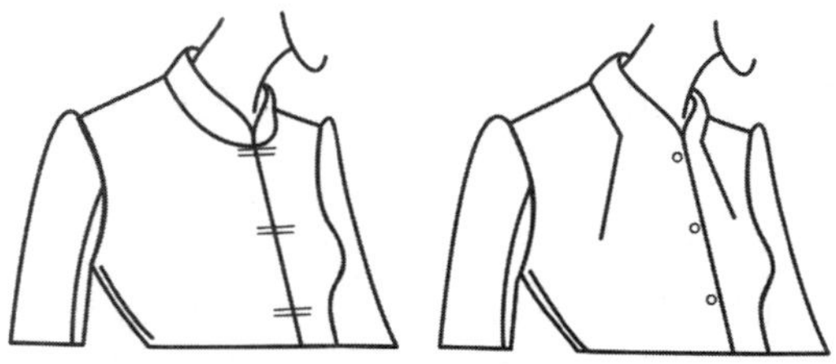

图 5-4-10　按领片与衣身的装接方式分类

2. 立领结构设计原理

（1）立领结构线名称

立领结构线名称如图 5-4-11 所示。

（2）立领结构设计要点

如图 5-4-12 所示，立领结构设计主要是下口线、上口线及领高等部位。下口线与衣身领窝弧缝合，其与领窝结构关系密切，形状和长度决定立领成型效果，领高和上口线直接影响颈部的舒适性。

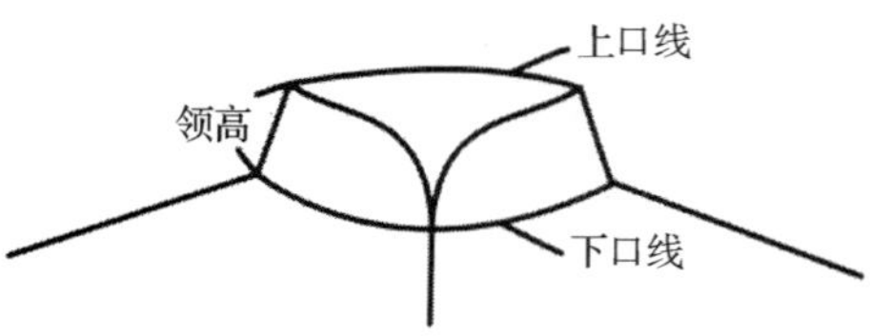

图 5-4-11　立领结构线名称

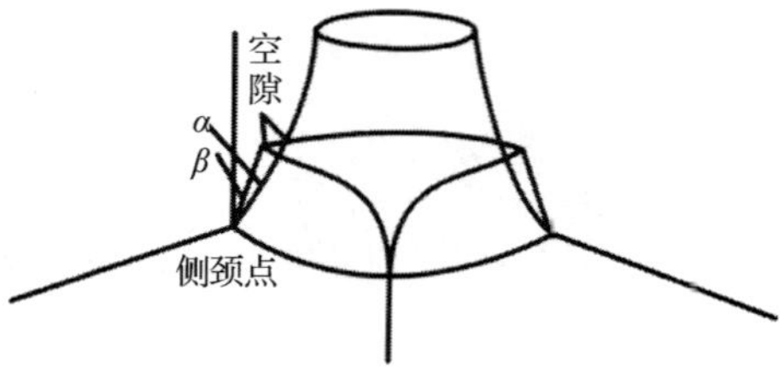

图 5-4-12　立领与颈部的吻合关系

1）立领的领窝弧。立领，尤其是合体型单立领，当立领的领高≤4cm 时，可采用原型领窝弧（或侧颈点开大 0.5cm，即适当的间隙量）；当立领的领高≥4cm 时，考虑人体脖颈前俯活动较多，领高过高对颈前部造成不适，应基于原型领窝弧，适当开大横开领、直开领，重画新领窝弧。

2）立领侧倾斜角。人体颈部呈上小下大的圆台状，$\alpha \approx 9°$，则 β 是衡量立领与颈部吻合程度的关键（图 5-4-12），β 与上口线变化也有密切关系。当 β=0° 时，立领的上口线=下口线，立领呈圆柱状；当 β=0°～9° 时，立领的上口线≤下口线，立领贴合颈部呈圆台状；当 β≤0° 时，立领的上口线≥下口线，立领外倾呈倒圆台状（图 5-4-13）。

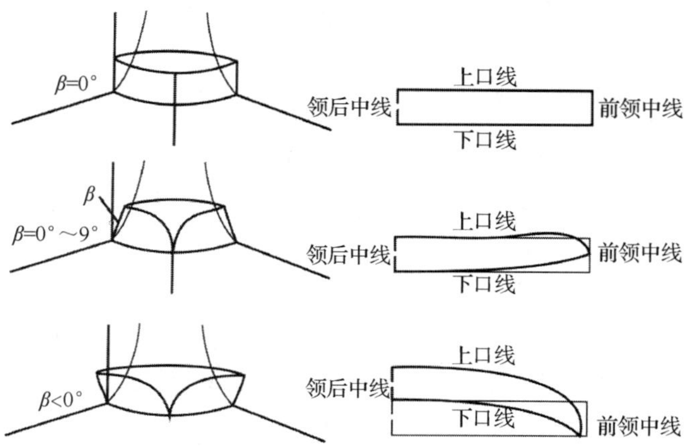

图 5-4-13　立领的三种状态

在立领结构设计中，前中的起翘量设置非常关键。一般来说，内倾合体型立领起翘度为0°～9°，即起翘量为0～2.5cm。起翘量可根据立领与颈部的空隙量调整，空隙越小，起翘量越大，对颈部活动的限制越大，通常起翘量不超过8cm，为了改善立领的舒适性可将侧颈点开大，使立领上线>颈围；当领高>4cm时，起翘量不宜过大，若领高超过颈部，为保证头部活动舒适，应加大上口线，即要加大下翘量（图5-4-14）。总之，起翘量的设置需注意两点：一是以保证人体头、颈部的活动舒适为出发点；二是满足立领造型需要。

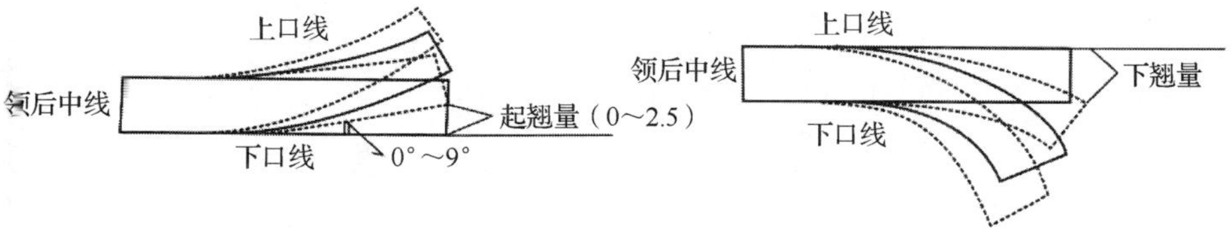

图5-4-14 立领的上翘和下翘（单位：cm）

3. 典型立领结构设计

（1）合体型立领结构设计

1）款式特点：基本领型，与人体的颈部吻合，呈圆台状（图5-4-15）。

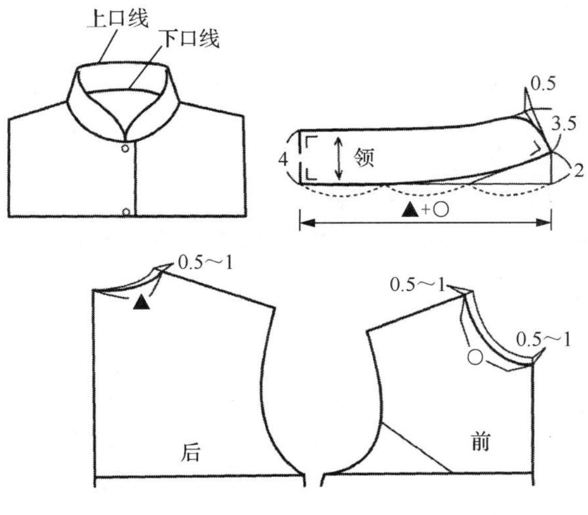

图5-4-15 合体型立领结构（单位：cm）

2）结构要点：

① 侧颈点开大0.5～1cm，前直开领下落0.5～1m。

② 领下口线=前领弧+后领弧=○+▲，领高4cm，起翘量2cm。

（2）合体变化立领结构设计

1）款式特点：与人体的颈部吻合，呈圆台状，前直开领底挖深，前领高宽、后领高窄（图5-4-16）。

2）结构要点：

① 侧颈点开大1cm，前直开领下落5cm。

② 领下口线=前领弧+后领弧−0.5～1=○+●−0.5～1，后领高4cm，起翘量2.5cm。

③ 在基本立领的基础上，追加前领高=后领高+5=9（cm），调整立领下口线=领窝弧长=○+●。

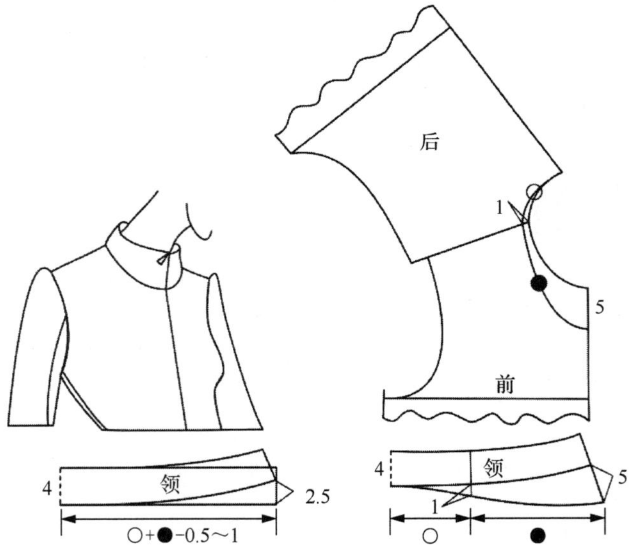

（a）基础结构　　（b）完成结构

图 5-4-16　合体变化立领结构（单位：cm）

（3）外倾立领结构设计

1）款式特点：呈倒圆台状，领高较高（图 5-4-17）。

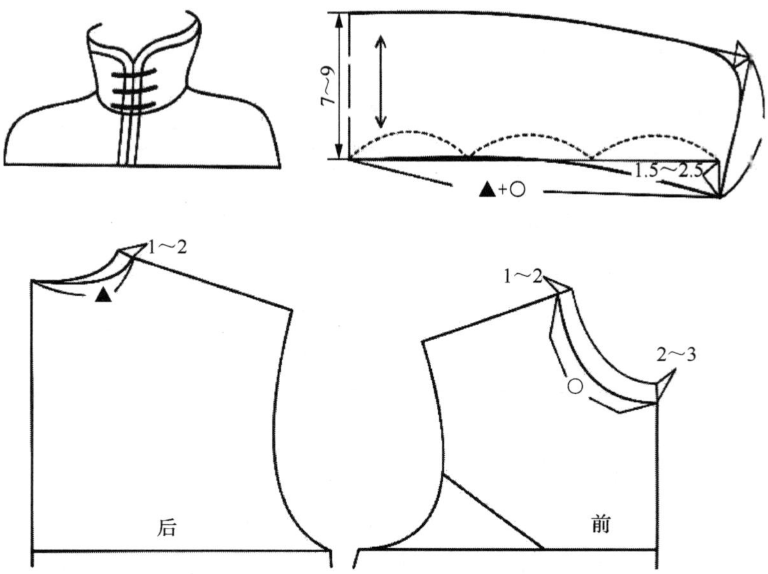

图 5-4-17　外倾立领结构设计（单位：cm）

2）结构要点：

① 侧颈点开大 1～2cm，前直开领下落 2～3cm。

② 领下口线=前领弧+后领弧=▲+○，领高 7～9cm，下翘量 1.5～2.5cm。

（4）竖直立领结构设计

1）款式特点：呈前倾的圆柱造型，为两用领，常见于外套、夹克衫等服装（图 5-4-18）。

2）结构要点：

① 考虑外套领口，侧颈点（SNP）开大 2～3cm，前直开领下落 1～2cm。

② 领下口线=前领弧+后领弧+叠门量/2=▲+○+1.5，领高 7cm。

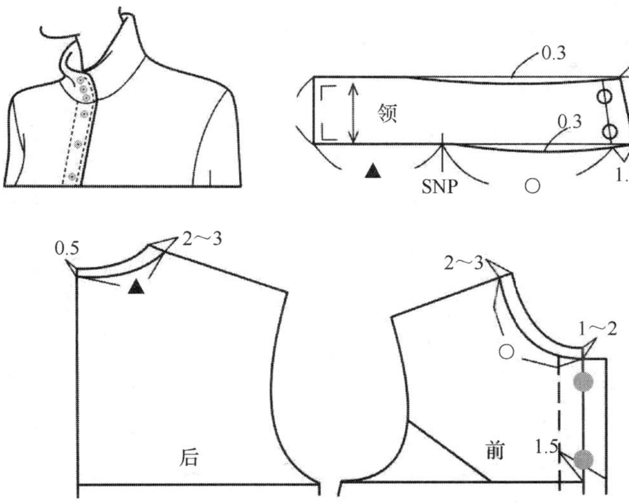

图 5-4-18 竖直立领结构（单位：cm）

（5）连身立领结构设计

1）款式特点：衣身领窝延伸，与竖立的领部相连，前后设领省（图 5-4-19）。

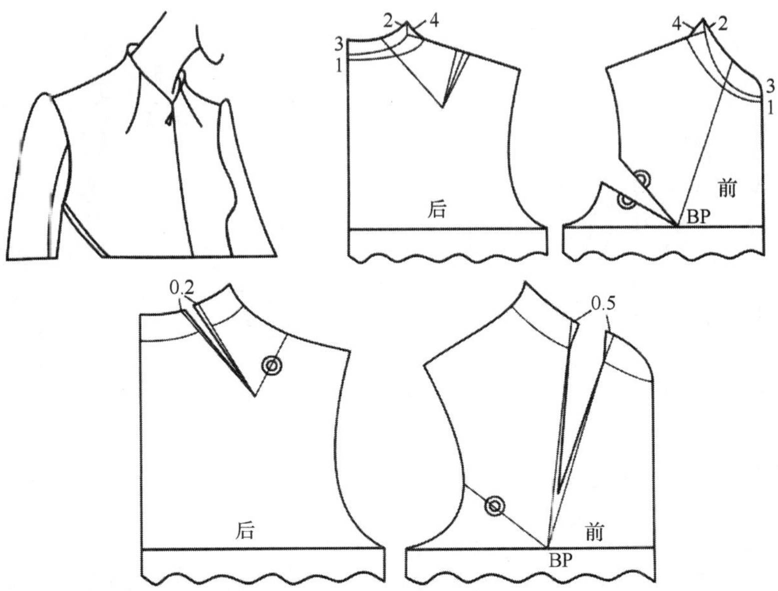

图 5-4-19 连身立领结构设计（单位：cm）

2）结构要点：

① 侧颈点垂直向上 2cm，与肩线连成弧线 4cm，前后颈点垂直向上 3cm、向下 1cm，画新领弧和领窝弧，并在前后领口设领省位置线。

② 合并后肩省、前袖窿省，转移至领省，领省的领窝至领口，后斜偏出 0.2cm，前斜偏出 0.5cm。

（6）半连身立领结构设计

1）款式特点：立领与后身分离，与前身部分相连，与前身分离处设领省（图 5-4-20）。

2）结构要点：

① 后侧颈点开大 0.5cm，前中加叠门量 1.5cm 画垂线，前领窝的中点与 BP 连线为领省位置线。

② 过前领窝的中点作领窝弧的切线，并取长=前领窝弧/2+后领窝弧=●+○，画切线的垂线为后领高，长 3cm，继而画垂线，交门襟线处画圆弧。

③ 合并前袖窿省，转移至前领省。

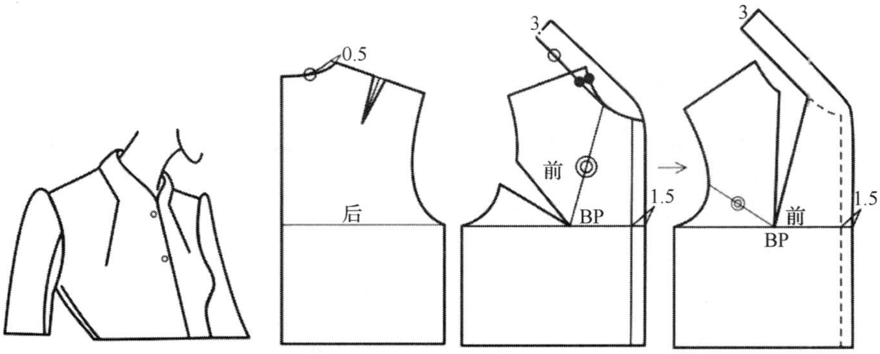

图 5-4-20 半连身立领结构设计（单位：cm）

（7）低开两用立领结构设计

1）款式特点：前领深开低，后竖立状，前贴胸式立领，可翻折为驳领，故称两用立领（图 5-4-21）。

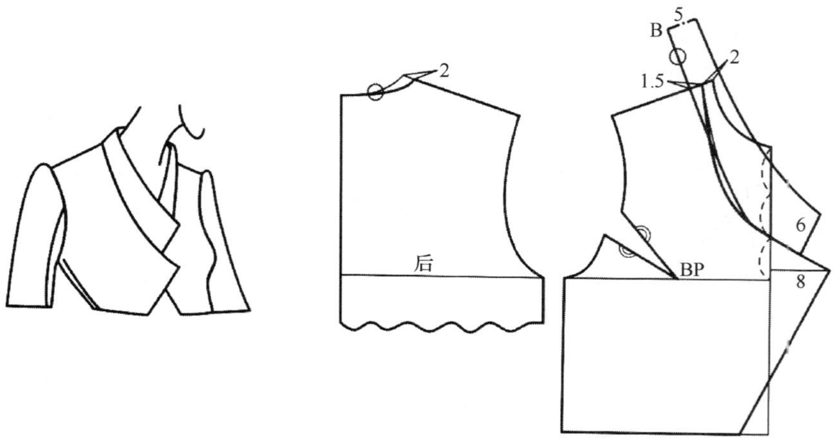

图 5-4-21 低开两用立领结构设计（单位：cm）

2）结构要点：

① 侧颈点开大 2cm，前直开领深在前颈点至胸围线的 2/3 处，画衣身的新领弧线，叠门宽 8cm。

② 过前领弧的中点作领弧的切线，画切线的垂线为后领高，长 5cm，继而画垂线。

③ 根据款式，画前立领部分造型。

5.4.4 翻领结构设计

翻领结构设计

当外倾立领的上口线加长到一定量时，上口线能翻折下来落在肩上，就形成了由领座和领面两部分组成的翻领。根据领座和领面结合的方式，分为分体翻折领和连体翻折领两种领型。

1. 分体翻折领结构设计

（1）分体翻折领结构线名称

分体翻折领结构线名称如图 5-4-22 所示。

（2）分体翻折领结构设计原理

从分体翻折领结构上看，是在合体立领的基础上装上翻领面，因此，先根据衣领窝绘制竖立的领座结构，依照领座上口线作领面的下口线，再绘制领面宽、领外围线和领角线。通常领面宽大于领座高，成型后翻领面盖住领座。

1）领座前中上翘量同合体立领≈2cm，翘势越大，下口线弧度越大，越贴合颈部。

2）领面下口线=领座上口线，两线的间隙量=2×起翘量≈2*a*，当间隙量＜2*a*时，领面下口线弧度＜领座上口线弧度，成型翻领面与领座贴合较紧（图5-4-23）；当间隙量＞2*a*时，领面下口线弧度＞领座上线弧度，成型翻领面与领座间空隙较大。

3）领面宽-领座宽=*c*-*b*≥0.8cm，成型后翻领面才能盖住领座。

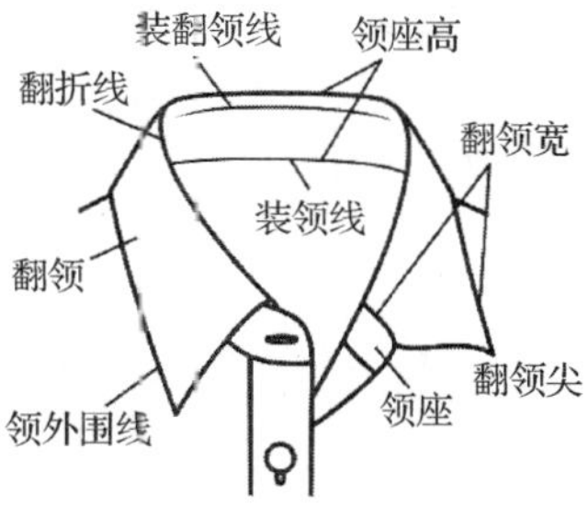

图5-4-22　分体翻折领结构线名称

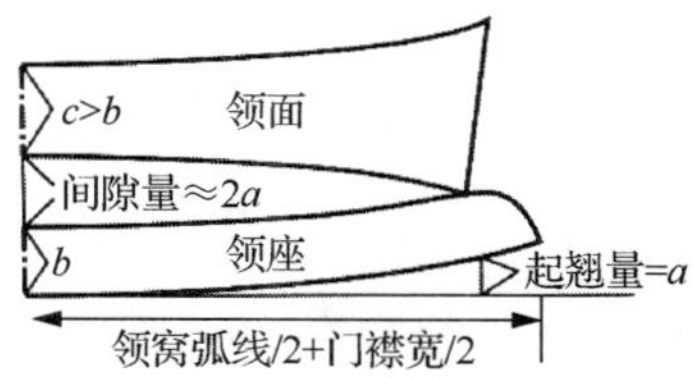

图5-4-23　领面与领座的结构关系

（3）典型分体翻折领结构设计

1）衬衣领结构图如图5-4-24所示。

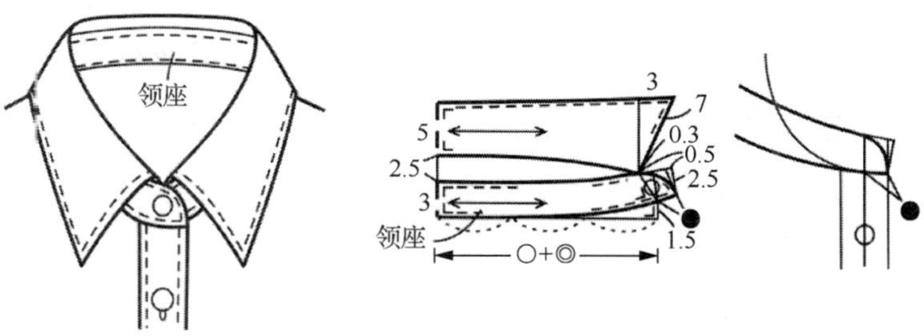

图5-4-24　衬衣领结构设计（单位：cm）

① 款式特点：衬衣领是典型的分体翻折领，与人体的颈部吻合，领面与领座紧贴。

② 结构要点：

a. 基于衣领窝，侧颈点开大0.5～1cm，前直开领下落0.5～1cm，画新领窝弧=○+◎+●。

b. 领座的领下口线=前领弧+后领弧+叠门宽/2=O+◎+●，起翘量1.5cm，后领座高3m，前领座高2.5cm。

c. 领面下口线与领座上口线的间隙量为2.5cm，后领面宽5cm，前领面宽7cm。

2）分体风衣领结构图如图5-4-25所示。

① 款式特点：分体风衣领是领座与翻领面分裁缝接的两片式领型，领与人体的颈部、领面与领座均有一定的空隙。

② 结构要点：

a. 侧颈点开大1.5cm，前后直开领下落1cm，双排扣加叠门量7～8cm，画新领窝弧和驳头。

b. 领座的领下口线=后领弧+前领弧+2=○+●+2，后领座高4cm，前领座高2cm，起翘量2.5cm。

c. 领面下口线与领座上口线的间隙量为 5cm，后领面宽 8cm，绘制领面。

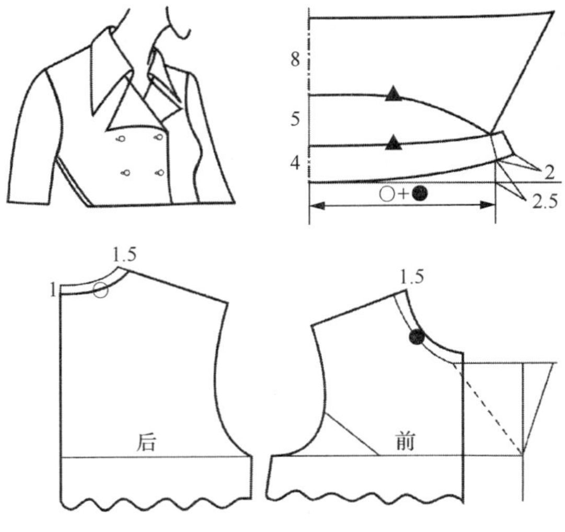

图 5-4-25　分体风衣领结构设计（单位：cm）

2. 连体翻折领结构设计

（1）连体翻折领结构线名称

连体翻折领结构线名称如图 5-4-26 所示。

（2）连体翻折领结构设计原理

1）连体翻折领的两种造型如图 5-4-27 所示。

连体翻折领常见的有 V 形翻折领与 U 形翻折领两种造型。V 形翻折领从侧颈点至前领口为直线翻折状，U 形翻折领从侧颈点至前领口为绕颈型的弯弧翻折线状。

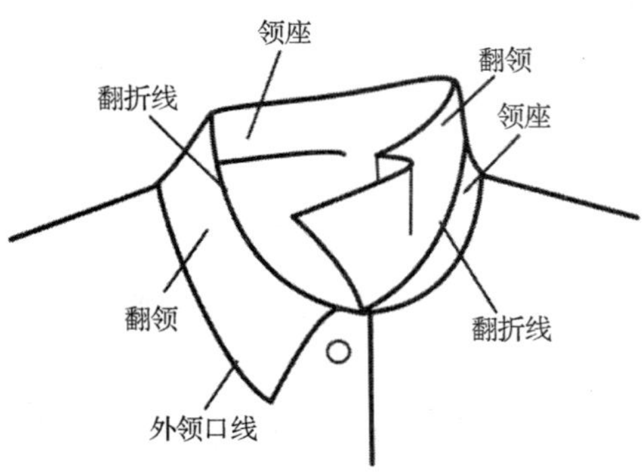

图 5-4-26　连体翻折领结构线名称

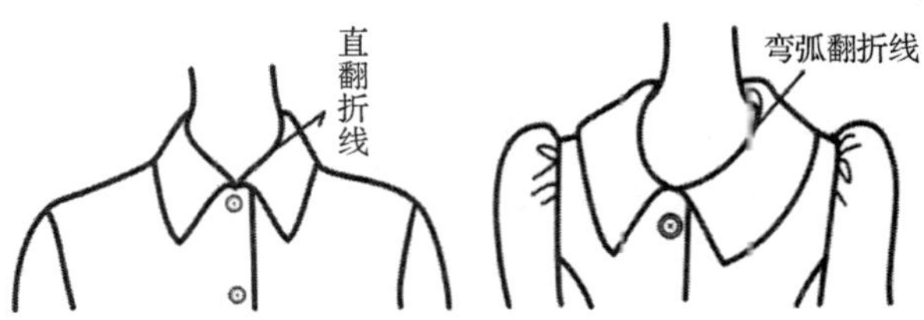

图 5-4-27　连体翻折领的两种造型

① V 形翻折领结构图如图 5-4-28 所示。

a. 衣身的侧颈点开大 1～1.5cm，前直开领下落 3cm，修画前后衣领窝弧线。

b. 翻折线：沿肩线侧颈点偏进 0.7cm，然后延长 2.5cm，定翻折基点，前领深为翻驳点，连接翻折基点画翻折基线。

c. 翻领：侧颈点偏进 0.7cm 点画翻折线的平行线=后领口弧线长=●，倾倒角 β=领座宽/翻领宽=3/5=25°，画等腰三角形，即获后翻领底线=●，顺势画 S 形领下口弧线。画翻领底线的垂线=领座宽+翻领宽，继而画垂线，前领宽 9.5cm，连接前后领外口线，并画前领角。

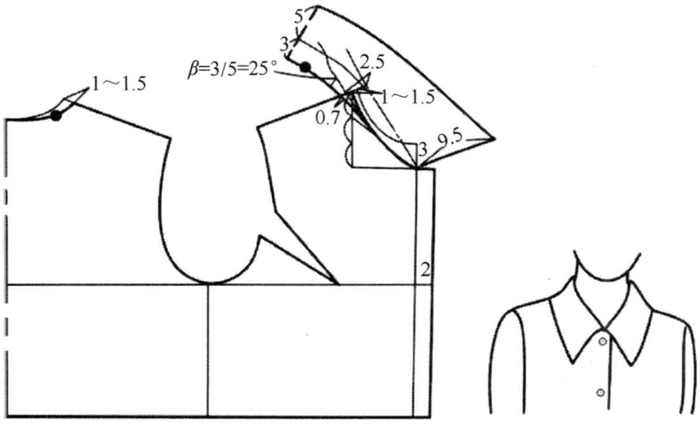

图 5-4-28　V 形翻折领结构图（单位：cm）

② U 形翻折领结构图如图 5-4-29 所示。

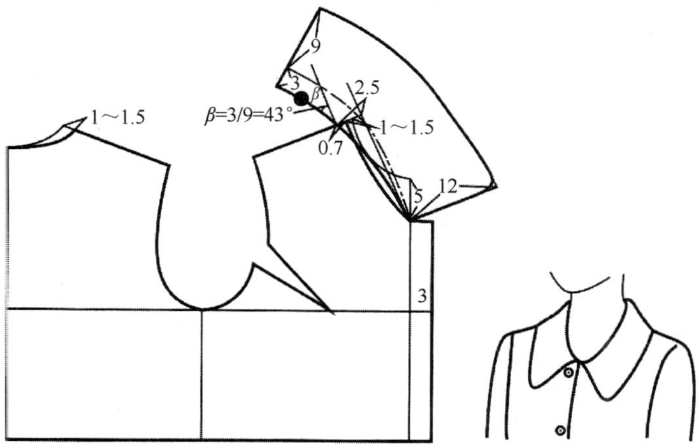

图 5-4-29　U 形翻折领结构图（单位：cm）

a. 衣身的侧颈点开大 1～1.5cm，前直开领下落 5cm，修画前后衣领窝弧线。

b. 翻折线：沿肩线侧颈点偏进 0.7cm，然后延长 2.5cm，定翻折基点，前领深为翻驳点，连接翻折基点画翻折基线。

c. 翻领：侧颈点偏进 0.7cm 点画翻折线的平行线=后领口弧线长=●，倾倒角 β=领座宽/翻领宽=3/9=43°，画等腰三角形，即获后翻领底线=●，顺势画弯弧领下口线，领下口线的垂线=领座宽+翻领宽，继而画垂线，前领宽 12cm，连接前后领外口线，并画前领角。

d. 修画翻折线：根据 U 形翻折领的造型需要，基于翻折基线修画与领下口弧线的弯弧翻折线修画相似。

2）领下口线与翻折线的变化如图 5-4-30 所示。

根据连体翻折领两种造型的需要，领下口线根据翻折线的弯曲程度不同而有差异。当翻折线略呈直线形时，领下口线前部分画成凸弧状，领片缝装后呈直线翻折领；当翻折线略呈弯弧曲线形时，领下口线前部分画成凹弧状，领片缝装后呈曲线翻折领，这是前领窝线与领下口线产生空隙所致（图 5-4-31），翻领会自然地形成围颈型。

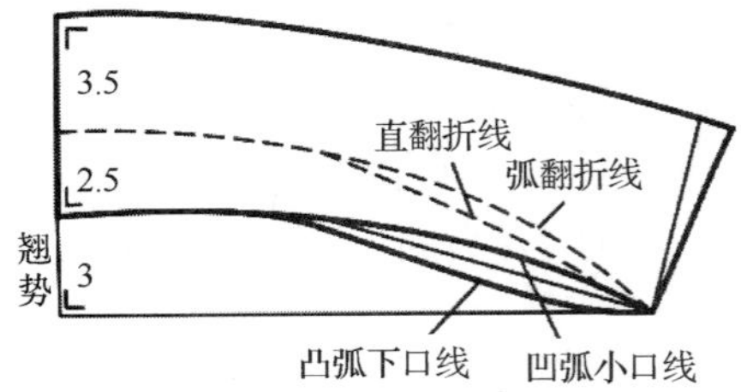

图 5-4-30　领下口线与翻折线的变化（单位：cm）

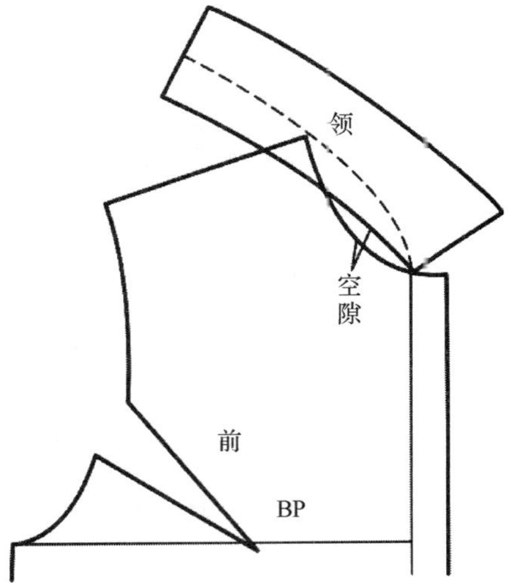

图 5-4-31　前领窝线与领下口线的空隙

3）连体翻折领两种状态的结构图如图 5-4-32 和图 5-4-33 所示。

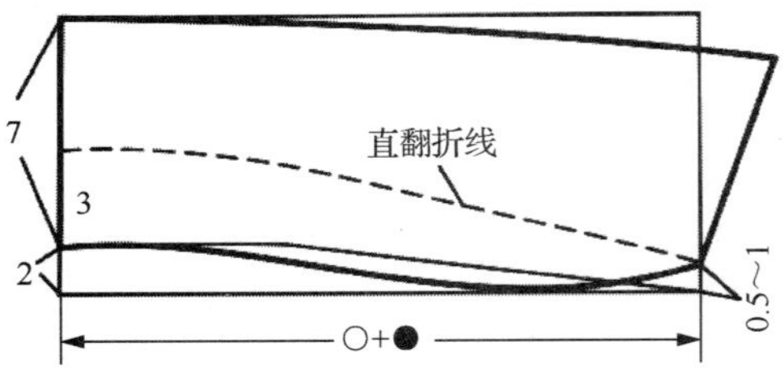

图 5-4-32　直线翻折领结构图（单位：cm）

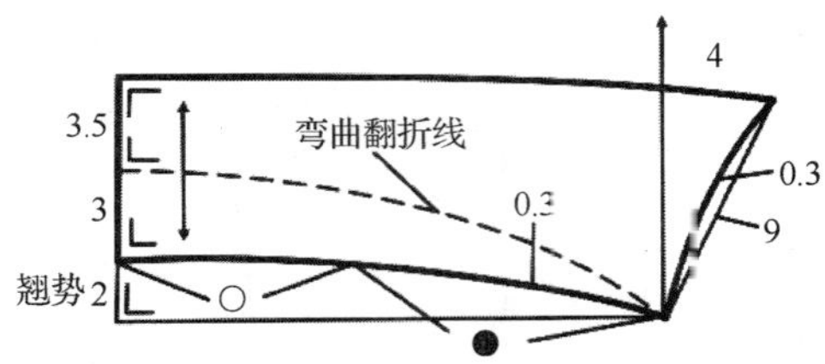

图 5-4-33　曲线翻折领结构图（单位：cm）

4）领后翘势与领型的变化关系如图 5-4-34 所示。

当领宽相同时，领面宽与领座宽的差数越小，领后翘势越小，领外口线与领下口线的长度差也越小，领型围绕颈部呈竖立状；反之，领面宽与领座宽的差数越大，领后翘势越大，领外口线与领下口线的长度差也越大，领型越平坦于颈肩部。一般翘势量与领面宽、领座宽有关，翘量=2～3×（领面宽-领座宽）。

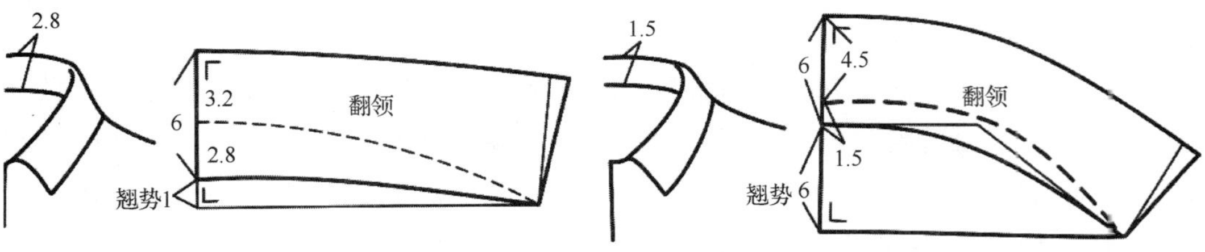

图 5-4-34　领后翘势与领型的变化关系（单位：cm）

5）连体翻折领基于前衣身的结构设计。

为了提高翻折领的领下口线与前领弧的吻合程度，翻折领结构设计可基于前衣身的领弧设计，关键是翻折线和翻领的倾倒角 β 的确定，倾倒角 β 代替了翻领的水平弯弧度（即领后翘势）。倾倒的目的是使翻领后部分符合人的颈部斜度，倾倒量越大，领子最外沿的线就越长，同时底领与面领之间分离的角度也越大。由此可见，倾倒量与翻领领座和领面宽度、翻领的倾斜角度相关联。

倾倒量可以用角度表示，经科学论证，翻领的倾倒角 β 以领座宽与翻领宽的比值计算确定，即倾倒角 β=领座宽/翻领宽。但计算过程较复杂，不易掌握，为了能迅速、简捷地配领，正确地运用数据，可参考表 5-4-1。

表 5-4-1 翻领倾倒角数据表

翻领	1	2	3	4	5	6	7	8
2	27°	0°						
3	39°	29°	0°					
4	45°	30°	14°	0°				
5	49°	38°	25°	11°	0°			
6	51°	42°	32°	21°	10°	0°		
7	53°	45°	37°	29°	19°	9°	0°	
8	55°	48°	41°	33°	26°	18°	8°	0°
9	56°	50°	43°	37°	30°	23°	15°	7°
10	56°	51°	46°	40°	34°	28°	21°	14°
11	57°	52°	48°	43°	37°	31°	26°	20°
12	58°	53°	49°	44°	40°	35°	29°	24°
13	58°	54°	50°	46°	42°	38°	33°	28°
14	59°	55°	51°	48°	43°	39°	35°	31°
15	59°	56°	52°	49°	45°	41°	37°	34°
16	59°	56°	53°	50°	46°	43°	39°	36°
17	59°	57°	53°	50°	47°	44°	41°	37°
18		57°	54°	51°	48°	45°	42°	39°
19		57°	54°	52°	49°	46°	43°	40°
20		57°	55°	52°	50°	47°	44°	42°

5.4.5 平领及变化领结构设计

平领及变化领结构设计

当翻领的翘势大到一定量，几乎平贴于肩上时，领座就变得非常小，领型就变成了平领，也称坦领、扁领、摊领等。随平领外口线型的变化，产生各种款式领（图 5-4-35）。

小坦领　　海军领　　开口平领

图 5-4-35 平领款式

1. 平领结构线名称

平领结构线名称如图 5-4-36 所示。

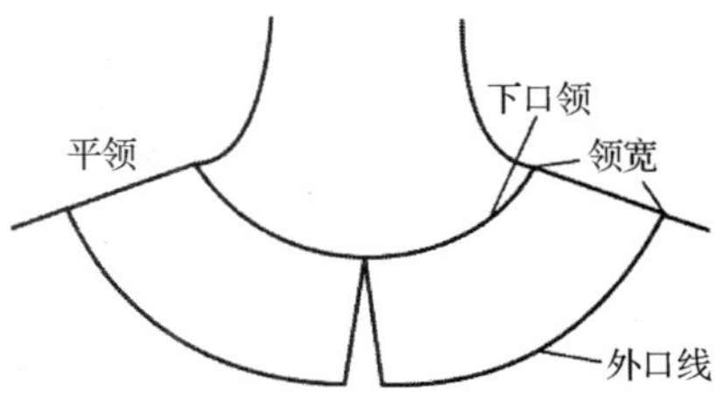

图 5-4-36 平领结构线名称

2. 平领结构设计原理

由于平领平摊在肩部，因此最高效准确的结构设计是将前后衣身肩线叠合绘制领型结构。以侧颈点为重叠基点，为了使外领口能够平贴于肩上，下口线与衣领窝接缝线不外露，前后肩线要有一定重叠量。

肩线重叠量越大，领座越高，趋向翻领状；重叠量越小，领座越低，趋向披肩领。平领肩线重叠量最大值为 5cm（极限值），而重叠量最佳范围为 1.5～3.5cm（或前肩宽/8～前肩宽/4，10°～15°），产生的领座高 0.8～1.5cm。

3. 典型平领结构设计

（1）小坦领结构设计

1）款式特点：常见的圆形领口的平领领座较低，小领片几乎平摊在肩上。

2）结构要点：

① 前后侧颈点重叠，肩线叠合前肩宽/4。

② 基于衣领窝，后颈点、侧颈点沿出 0.5cm，前颈点下落 0.5cm（图 5-4-37），修画领下口线。

③ 后领宽 5.5cm，前领宽 6.5cm，画领外口线并修前领外口圆弧线。

（2）海军领结构设计

1）款式特点：也称水兵领，领片平摊在肩上，前呈 V 形领，后为方形领（图 5-4-38）。

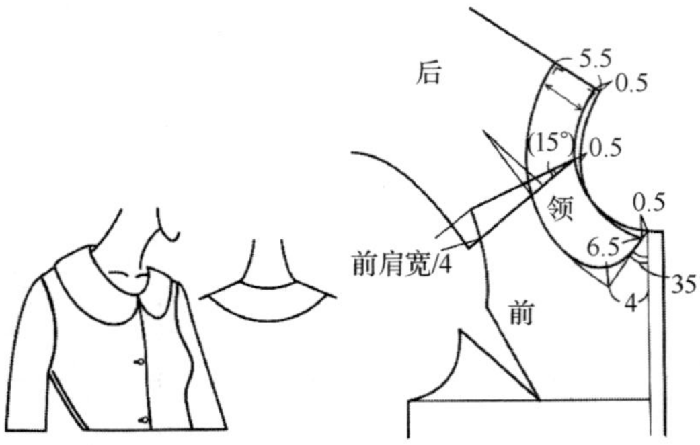

图 5-4-37　小坦领结构设计（单位：cm）

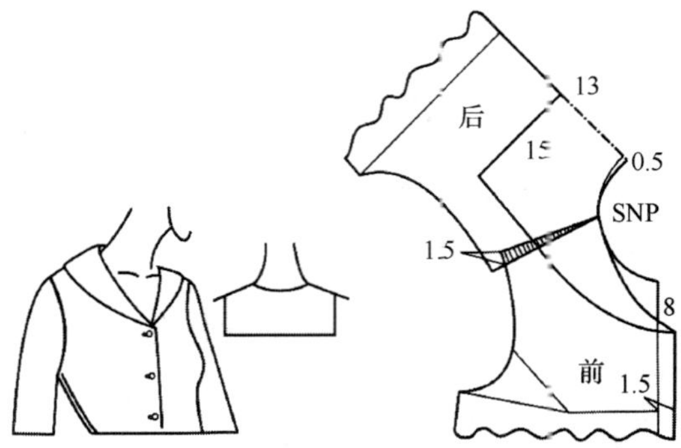

图 5-4-38　海军领结构设计（单位：cm）

2）结构要点：

① 前后侧颈点重叠，肩线叠合 1.5cm，前领深下落 8cm，追加 1.5cm 叠门量，修画新衣领弧。

② 后颈点延出 0.5cm，修画领下口线。

③ 后领 13×15（cm），画后方形领外口线，并延伸连至前领深点画 V 形圆弧线。

领子的结构变化规律：把立领的上口线加长，就得到小翻领；把小翻领的外口线加长，就得到小坦领；把小坦领的外口线加长，就得到波浪领（图 5-4-39）。

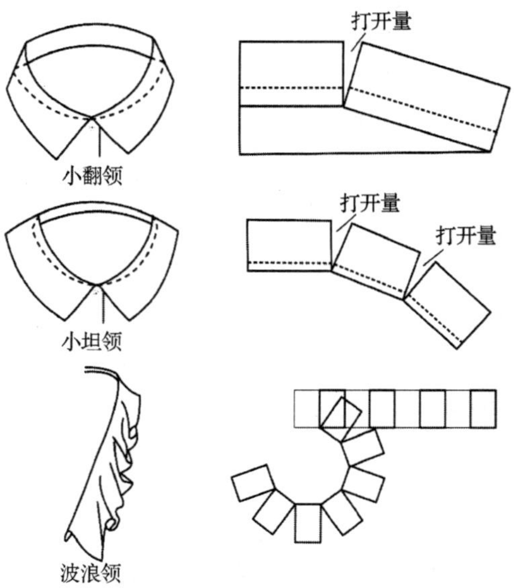

图 5-4-39　领子的结构变化规律

5.4.6　翻驳领结构设计

翻驳领由领窝、领座、翻领及驳头四部分组成，驳头是前衣身的一部分，随翻领一起翻折。翻驳领变化丰富，常见的有平驳领、戗驳领、青果领等（图 5-4-40）。

图 5-4-40　常见翻驳领款式

1. 翻驳领结构线名称

翻驳领结构线名称如图 5-4-41 所示。

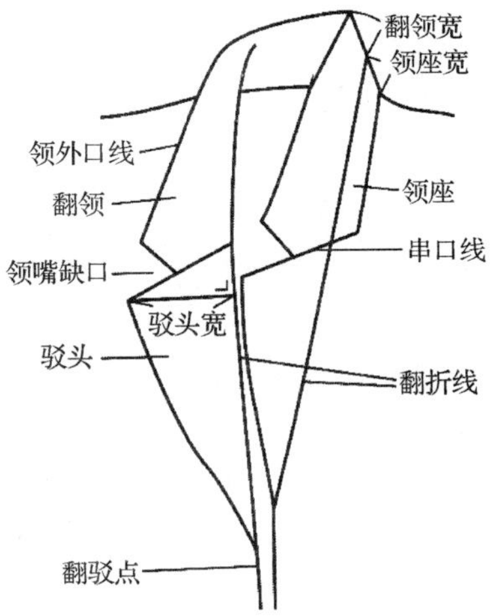

图 5-4-41　翻驳领结构线名称

2. 翻驳领结构制图及结构设计原理

在所有领子中，翻驳领结构最复杂，是几种领型结构的综合体，设计中的关键点、难点较多。翻驳领同翻领一样，也有连体式与分体式的结构。为了便于理解，以平驳领为例，介绍较直观的翻驳领结构制图方法。

（1）连体翻驳领结构制图方法及分析

1）连体翻驳领结构制图方法一。

① 翻折线：将前后衣身的肩线合并，侧颈点沿肩线偏进 0.7cm 为 A 点，以 A 点起，侧领座宽 2.5cm，定翻折基点，叠门宽 2cm，在门襟线上定翻驳点，连接翻折基点画翻折线。

② 翻驳领形状：在肩线上确定侧翻领宽=总领宽−侧领座，在后身定后领座和后翻领画后领窝弧=○，后领外口线=●，并在前衣身上绘制领子的形状。再以翻折线为对称轴，将前领形对称影射过去。

③ 过 A 点作翻折线的平行线，长度为后领口弧线长=○，画垂线长=后领座+后翻领宽，再画垂线连接前领。

④ 沿前后领的界线剪开，以 A 点为中心旋转领子后部分，后领外口线长=▲，可见后领倾倒量=▲−○（图 5-4-42）。

2）连体翻驳领结构制图方法二。

① 翻折线：沿肩线侧颈点偏进 0.7cm，然后延长 2.5cm，定翻折基点，叠门宽 2cm，在门襟线上定翻驳点，连接翻折基点画翻折线。

② 驳领：过小肩的中点画前衣身领窝弧的切线为串口线，驳领宽 8cm，绘制驳领的形状，并在串口线偏进 3.5cm 画领缺嘴角 60°～90°，翻领领角宽 3cm。

③ 翻领：侧颈点偏进 0.7cm 点画翻折线的平行线=后领口弧线长=△，倾倒角=领座宽/翻领宽=14°（图 5-4-43），画等腰三角形，即获后翻领下口线=△，翻领下口线的垂线=领座宽+翻领宽，继而再画垂线，并连接翻领领角。

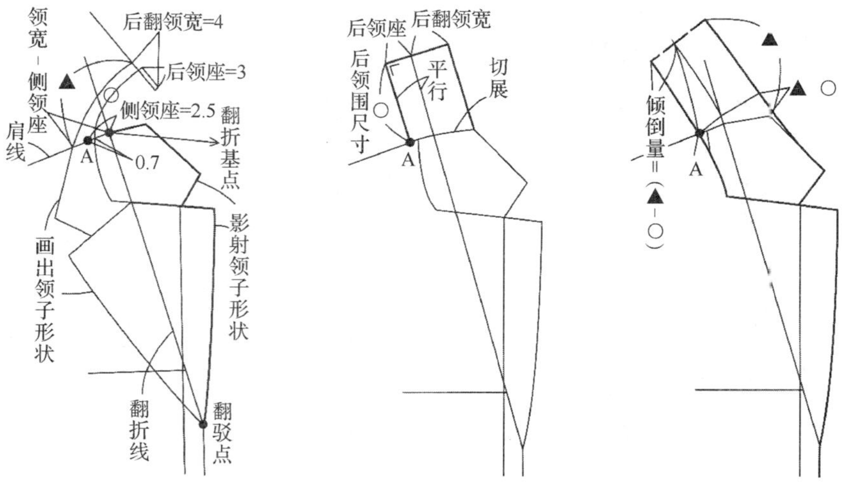

图 5-4-42　连体翻驳领结构制图方法一（单位：cm）

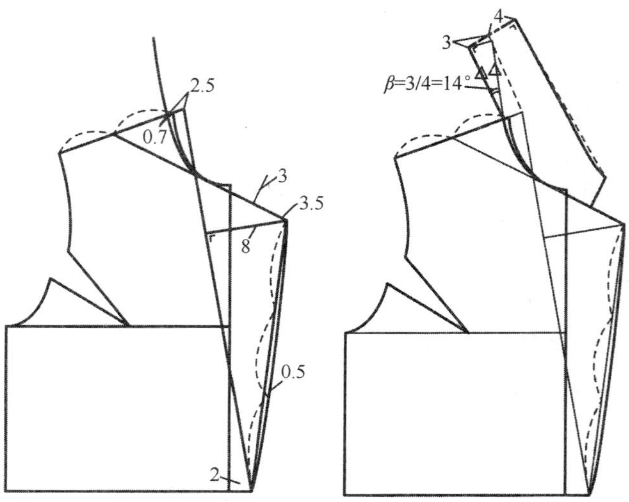

图 5-4-43　连体翻驳领结构制图方法二（单位：cm）

3）连体翻驳领结构分析。

由上述连体翻驳领结构制图可知，翻驳领结构由翻领和驳领两部分组成，两部分相连形成领嘴。

驳领是典型的简单平领结构，确定翻折基点与翻驳点画直翻折线是驳领的基本结构，领子的尺寸、形态是造型设计，然后以翻折线为对称轴，将领子造型对称影射，即可完成驳领结构设计；也可以翻折线为基线，直接设计驳领结构。

翻领具有企领与平领的综合特点，领下口线和领外口线、领座宽和领面宽及产生的后领倾倒量是结构的关键。倾倒量为领下口线与领外口线的差量，而领外口线的位置与长度取决于领座宽和翻领宽。

（2）分体翻驳领结构原理及结构制图

1）分体翻驳领结构原理。

连体翻驳领结构一般在女装中应用，其领底弧下弯造型会使领座与颈部出现空隙不吻合的现象。对于高档女装、男装来讲，这种结构不够理想。在服装实际生产中，大多数服装采取领座和领面的分体结构设计。一是基于连体翻驳领结构，将翻领的领面与领座剪展修整处理；二是对领面与领座进行独立结构设计。为了使翻领结构更加完美，翻领后部更加贴紧于颈部，领面平整服帖而柔软，领面与领座的连接缝不在翻折线上，而在靠近翻折线的 1/3 处断开为两部分，余下部分设计为分体领座进行向上弯曲，领座/3 与领面连成一体进行向下弯曲的伏倒处理，两弯曲度相匹配。这样即可解决与颈部吻合服帖的问题，达到翻驳领的最佳结构造型。

2）分体翻驳领结构制图方法。

分体翻驳领结构制图方法如图 5-4-44 所示。

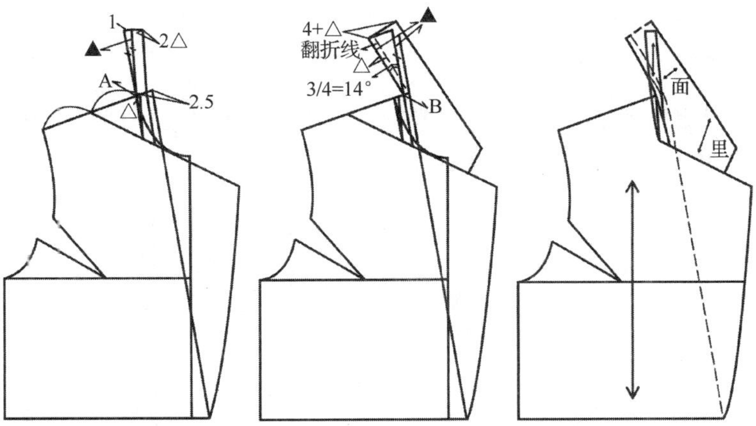

图 5-4-44 分体翻驳领结构制图方法（单位：cm）

① 翻折线：沿肩线侧颈点偏进量△≈1cm，然后延长 2.5cm，定翻折基点，叠门宽 2cm，在门襟线上定翻驳点，连接翻折基点画翻折线。

② 领口：过小肩的中点画前衣身领窝弧的切线为串口线，过侧颈点作翻折线的平行线交串口于 A 点。

③ 领座：侧颈点偏进△的点与 A 点相连并延长后领窝弧长=▲，后领底线前倾 1cm，画此线的垂线 2△，继而画垂线，并画领座底弧的平行弧即完成领座的绘制。

④ 翻领：过 B 点画翻折线的平行线后领口弧线长=▲，倾倒量=领座宽/翻领宽=3/4=14°，画翻领下口弧线，下口弧线的垂线=翻领宽+△，继而画垂线，并连接翻领领角即完成翻领面。

3. 翻驳领造型变化

在常见的翻驳领款式的基础上，通过改变翻驳点高低位置、驳领的宽窄及领角造型、驳领造型、串口线上下位置及倾斜度、领嘴等，可设计出不同样式的翻驳领。

1）翻驳点高低位置变化如图 5-4-45 所示。调整翻驳点高低位置，从造型上看，驳领的长度随之变化；从结构上看，翻驳线的垂直倾斜度受到影响。对常规服装而言，纽扣的位置与个数还有约定俗成的规定：一粒扣的翻驳点一般与大袋口平齐；两粒扣的翻驳点一般在腰节线上 2cm；三粒扣的翻驳点一般与袖窿深线平齐；四粒扣的翻驳点一般靠近胸袋位。

2）驳领的宽窄及领角造型变化如图 5-4-46 所示。在翻驳点高低位置不变的情况下，驳领的宽窄会随着服装时尚流行趋势而变化，翻领的领角造型会有相似或相向的变化，追求统一协调或对比美感。

图 5-4-45　翻驳点位置变化

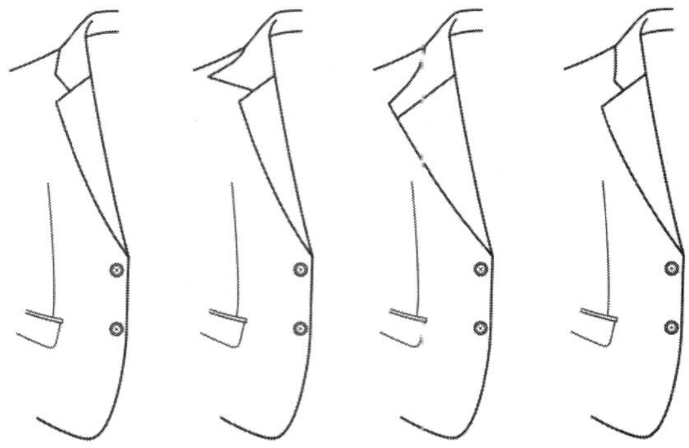

图 5-4-46　驳领的宽窄及领角造型变化

3）驳领造型变化如图 5-4-47 所示。驳领造型的变化方式与手法多种多样，可采用不同的几何形，也可采用分割、展开方式改变驳领的造型。

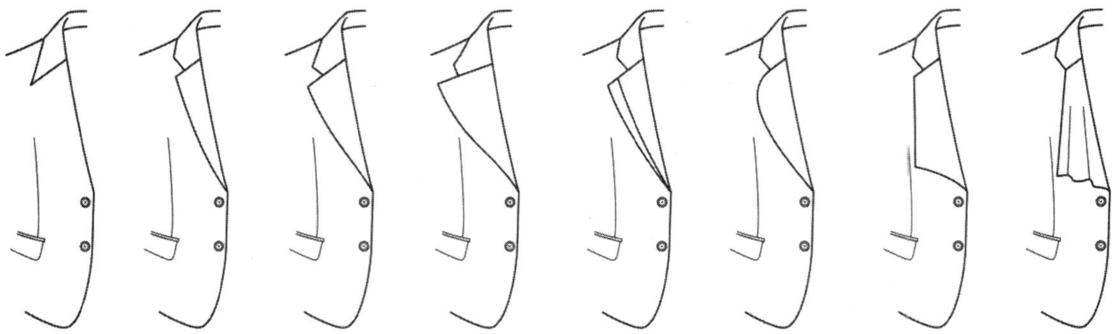

图 5-4-47　驳领造型变化

4）串口线位置及倾斜度变化如图 5-4-48 和图 5-4-49 所示。在翻驳点高低位置不变的情况下，随着串口线上下位置的变化，驳领和翻领的长短会产生相向的变化；随着串口线倾斜度的变化，驳领的造型也会变化。

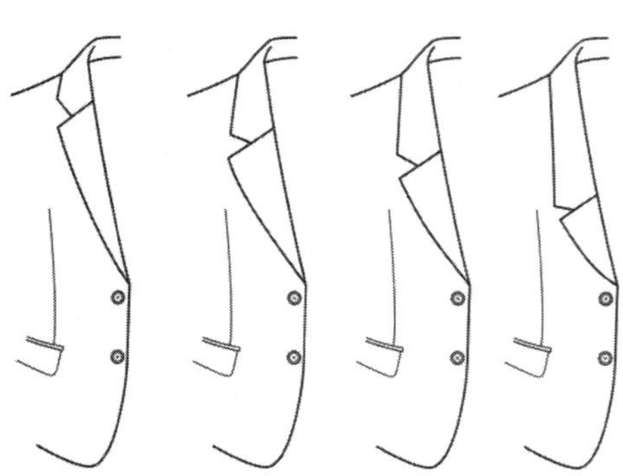

图 5-4-48　串口线位置变化

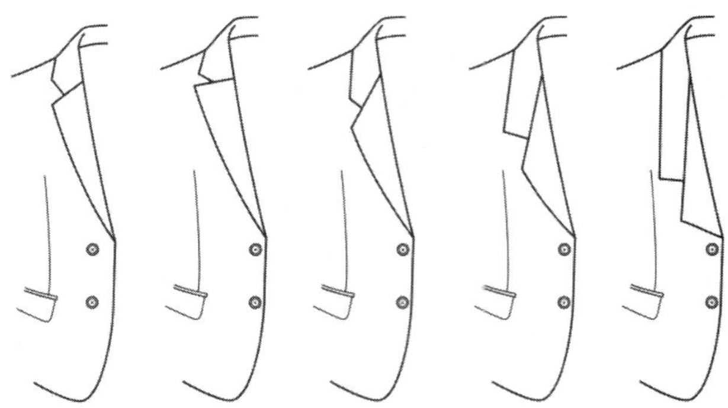

图 5-4-49　串口线倾斜度变化

5）领嘴变化。翻驳领的领嘴常见的有平驳领与戗驳领两种。平驳领的典型领嘴为八字领嘴，领缺嘴夹角为 60°～90°，各尺寸配比为◎>○>△=□；戗驳领的 $\alpha \geq \beta$，各尺寸配比为□=△：○=2：3（图 5-4-50）。

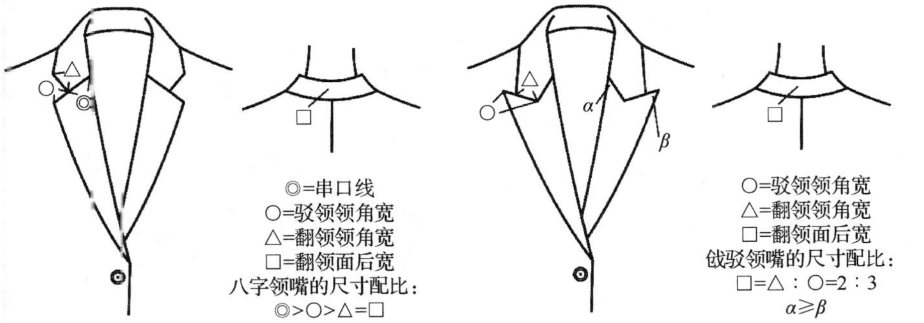

图 5-4-50　平驳领与戗驳领领嘴结构

此外，领缺嘴夹角还可变化为>90°或<60°，甚至变化为 0°，如青果领等（图 5-4-51）。

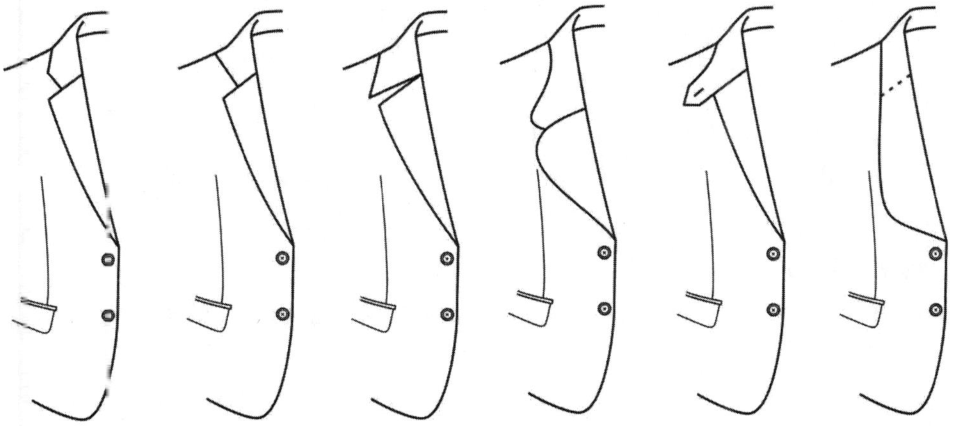

图 5-4-51　领嘴的变化

4. 典型翻驳领结构设计

（1）平驳领结构设计

1）款式特点：为翻驳止点居胸下的单排扣平驳领，是典型的西服领（图 5-4-52）。

2）结构要点：

① 翻折线：原型做合体服胸省分解转移，沿肩线侧颈点偏进 1cm，再偏进 0.7cm 为 A 点，然后延长 2.5cm 即翻折基点，叠门宽 2cm，胸围线下 6cm 的门襟线上定翻驳止点，连接翻折基点画翻折线。

② 绘制驳领：过翻折线与基领窝弧相交下移 1cm，画领窝弧切线为串口线，驳领宽 8cm，绘制驳领形状，并在串口线偏进 3.5cm 画领嘴角约 60°，翻领领角宽 4cm。

③ 翻领：过 A 点画翻折线的平行线即后领口弧线长=◎，倾倒角=3/4=14°（或倾倒量 2.5cm），画后翻领底线=◎，继而画后翻领并连接翻领领角。

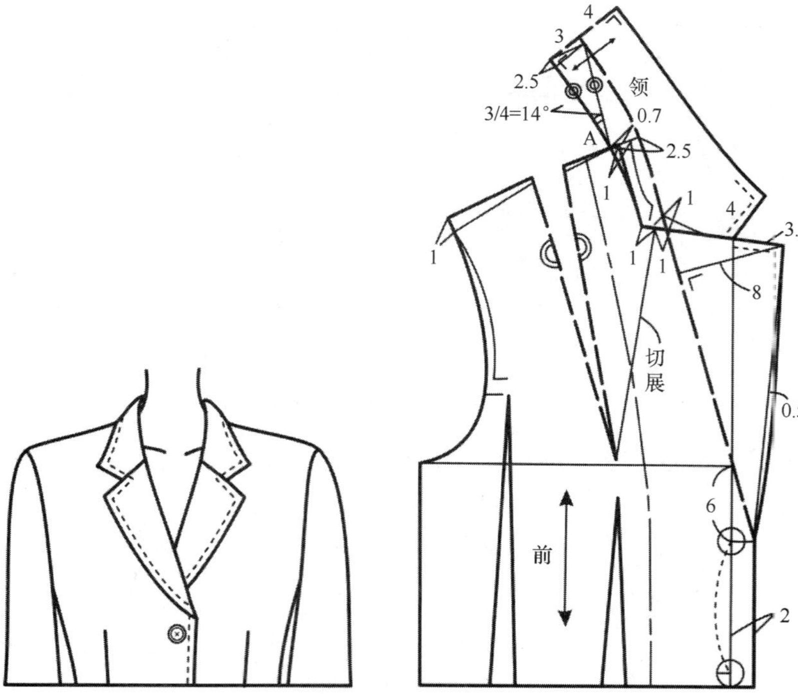

图 5-4-52　平驳领结构设计（单位：cm）

（2）戗驳领结构设计

1）款式特点：为翻驳止点居腰上的双排扣戗驳领，是典型的西服领（图 5-4-53）。

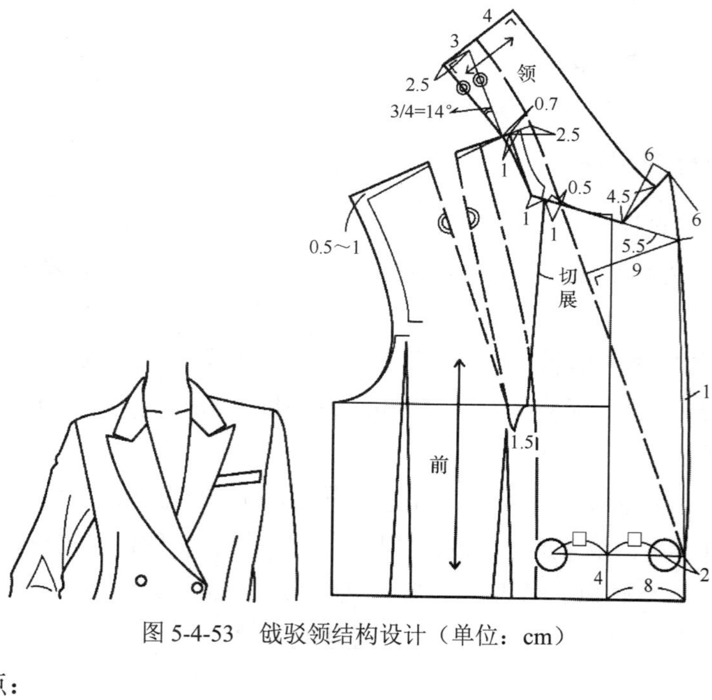

图 5-4-53　戗驳领结构设计（单位：cm）

2）结构要点：

① 翻折线：同平驳领定翻折基点，叠门宽 8cm，在腰围线上 4cm 的门襟线上定翻驳点，连接翻折基点画翻折线。

② 绘制驳领：过翻折线与基领窝弧相交下 0.5cm 处画领窝弧切线为串口线，驳领宽 9cm，角宽 6cm，翻领领角宽 4.5cm，绘制驳领形状。

③ 绘制翻领：同平驳领结构。

（3）青果领结构设计

1）款式特点：翻驳止点居胸线的单排扣，翻驳领形如青果（图 5-4-54 和图 5-4-55）。

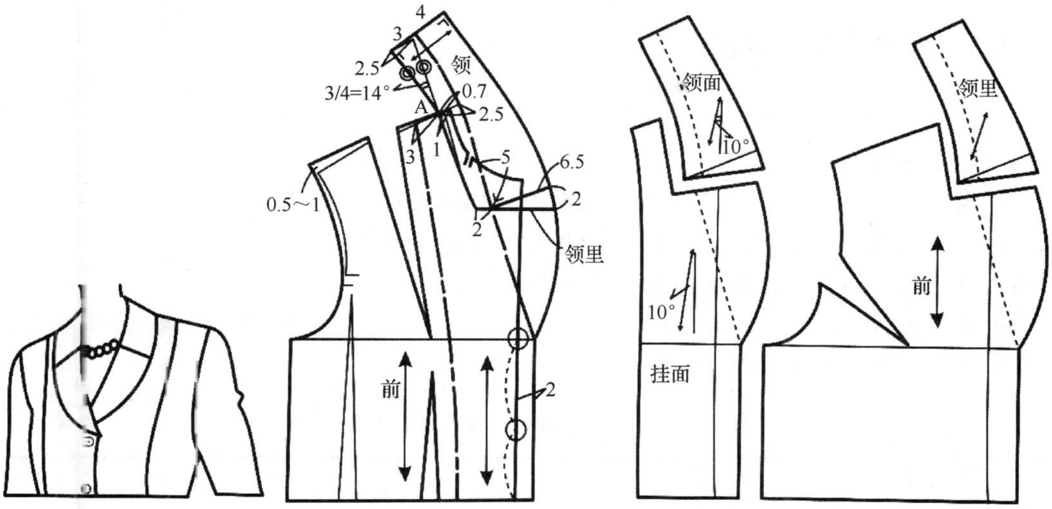

图 5-4-54 有缝青果领结构设计（单位：cm）

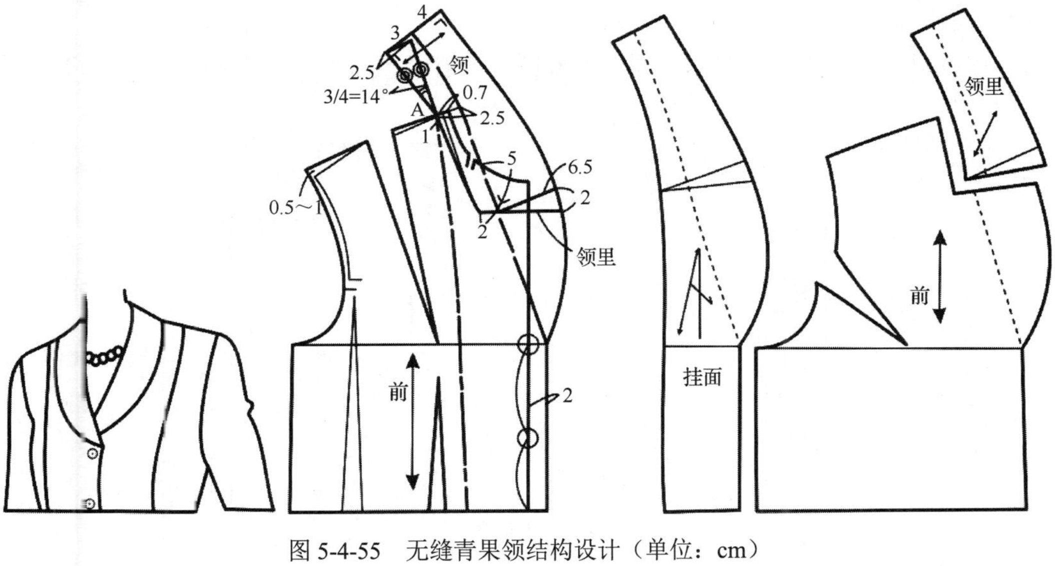

图 5-4-55 无缝青果领结构设计（单位：cm）

2）结构要点：

① 翻折线：同平驳领定翻折基点，叠门宽 2cm，门襟线上胸线位定翻驳点，连接翻折基点折线。

② 驳领：过翻折线与基领窝弧相交下 5cm 处画水平线为串口线，驳领宽 6.5cm，绘制无领果形的驳领形状。

③ 翻领：同平驳领结构。

④ 样板：青果领在驳头处存在接缝与无缝两种状态。当青果领有接缝时，挂面取从肩线 3cm 处至衣底摆的驳头与门襟的形；当青果领无缝时，挂面是翻领片连前衣片的驳头与门襟至衣底摆的形。

5.5 衬衣结构制图

5.5.1 女衬衣结构制图

1. 长袖女衬衣结构制图

（1）款式分析

图 5-5-1 长袖女衬衣款式图

长袖女衬衣（图 5-5-1）为两片领、长袖六粒扣女衬衣，袖口开衩，袖头较长。衣身前片为肩部公主线分割且与门襟连接做弧形分割，后衣片在肩部位置进行公主线分割。

（2）规格设计

长袖女衬衣尺寸规格如表 5-5-1 所示。

表 5-5-1 长袖女衬衣尺寸规格 单位：cm

尺寸名称	衣长	胸围	腰围	肩宽	袖长	袖口围	袖头
净体尺寸	37	84	66	38.5	52	—	—
成品尺寸	60	92	76	39	56	22	12

（3）结构制图

1）根据尺寸规格绘制衣身基本原型框架图，前肩线比后肩线短 0.3cm（图 5-5-2）。

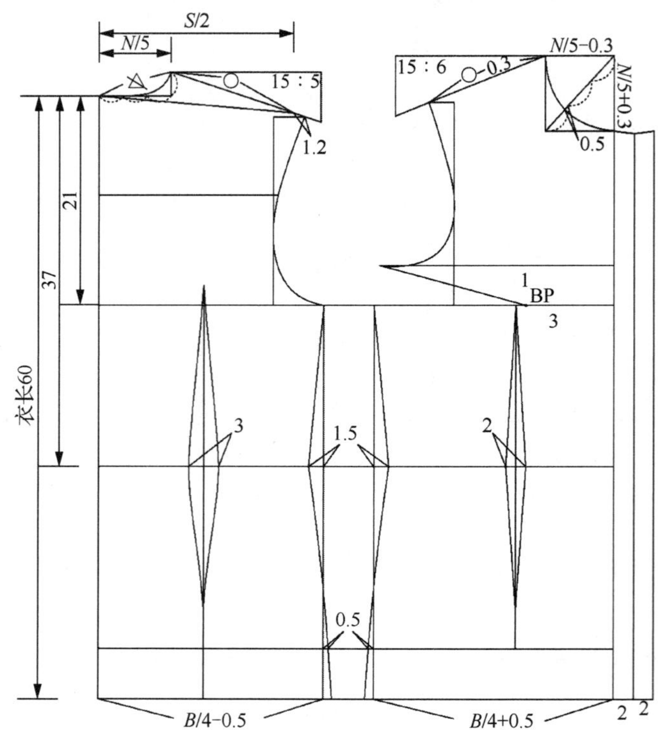

图 5-5-2 长袖女衬衣结构框架图（单位：cm）

2）根据款式特点进行衣身的结构分割设计，后衣片采用公主线分割设计，并适当增加衣摆重叠量以加大衣摆；前片除采用公主线分割设计外，还进行门襟处弧形分割并与公主线分割连接，分割线向侧缝偏移 3cm 避开 BP（图 5-5-3）。

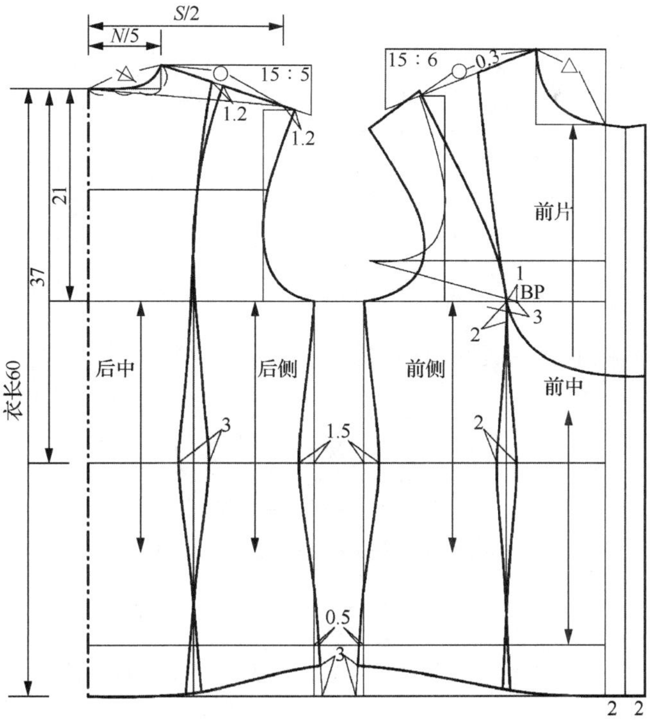

图 5-5-3　长袖女衬衣结构图（单位：cm）

3）根据衣身的结构绘制袖子结构框架线，袖山高=AH/2×0.67，后袖山辅助线=后袖窿弧线，前袖山辅助线=前袖窿弧线−0.5（cm）（图 5-5-4）。

4）根据款式特征进行袖子结构设计，袖头高 12cm，围度 24cm，袖子后侧收一个褶裥（图 5-5-5）。

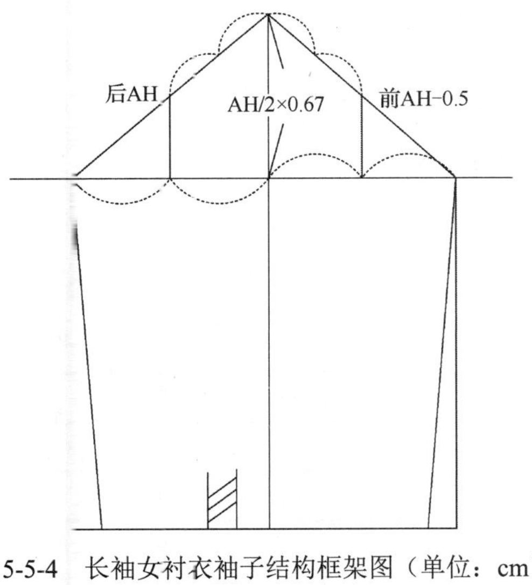

图 5-5-4　长袖女衬衣袖子结构框架图（单位：cm）

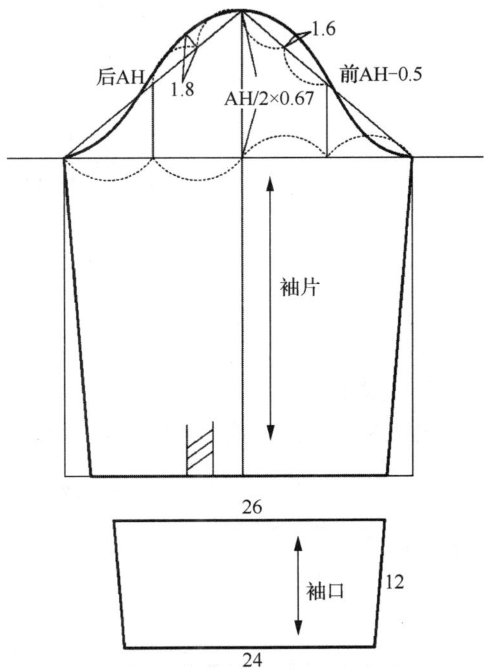

图 5-5-5　长袖女衬衣袖子结构图（单位：cm）

5）根据款式特征绘制两片领结构框架线，领座长度=前领圈+后领圈，底领高 3cm，翻领高 4.5cm（图 5-5-6）。

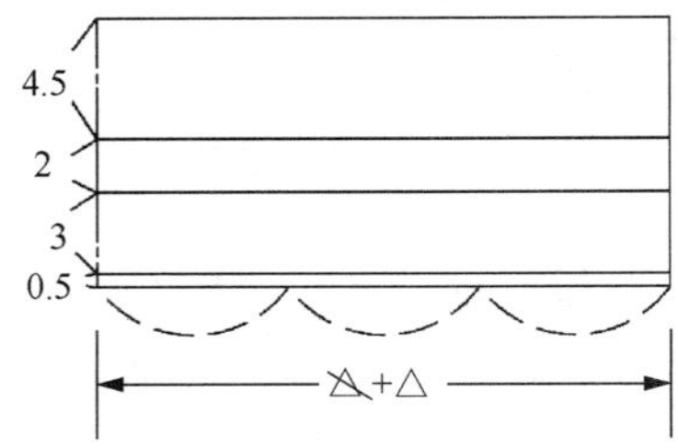

图 5-5-6　长袖女衬衣领子结构框架图（单位：cm）

6）按照领子的结构框架完成领子结构制图（图 5-5-7）。

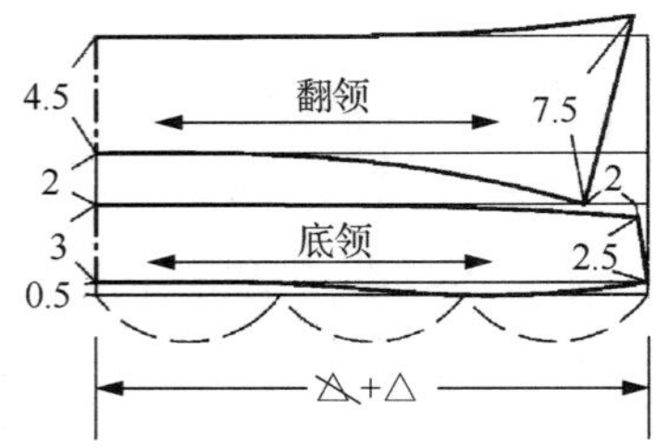

图 5-5-7　长袖女衬衣领子结构图（单位：cm）

2. 短袖女衬衣结构制图

（1）款式分析

短袖女衬衣款式（图 5-5-8）为领子窄小、短袖六粒扣女衬衣，显得休闲大气。本款式衣身前片为普通腰省和腋下省组合，后衣片在袖窿位置做刀背线分割。

图 5-5-8　短袖女衬衣款式图

（2）规格设计

短袖女衬衣尺寸规格如表 5-5-2 所示。

表 5-5-2　短袖女衬衣尺寸规格　　单位：cm

尺寸名称	衣长	胸围	腰围	肩宽	袖长	袖口围	袖头
净体尺寸	37	84	66	38.5	52	—	—
成品尺寸	60	92	76	39	21	29.5	2

（3）结构制图

1）按照已有的尺寸规格绘制女衬衣的原型框架图（图 5-5-9）。

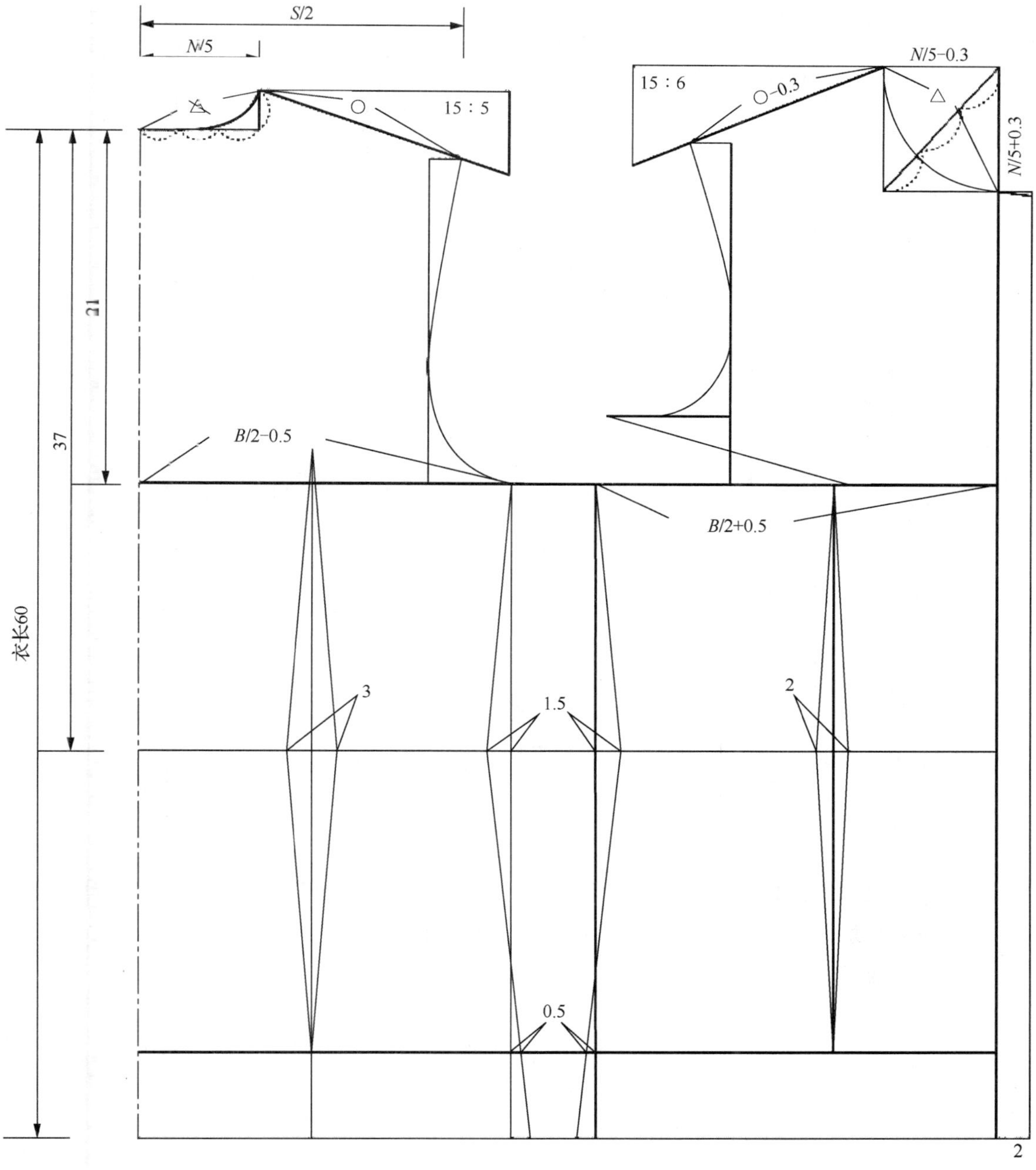

图 5-5-9　短袖女衬衣结构框架图（单位：cm）

2）根据款式特征将后片进行刀背分割设计，下摆设置重叠量以拓宽下摆围度，前片将原有的省道转移至腋下，并绘制门襟的重合部位，衣身整体呈两边高、中间低的圆弧状（图 5-5-10）。

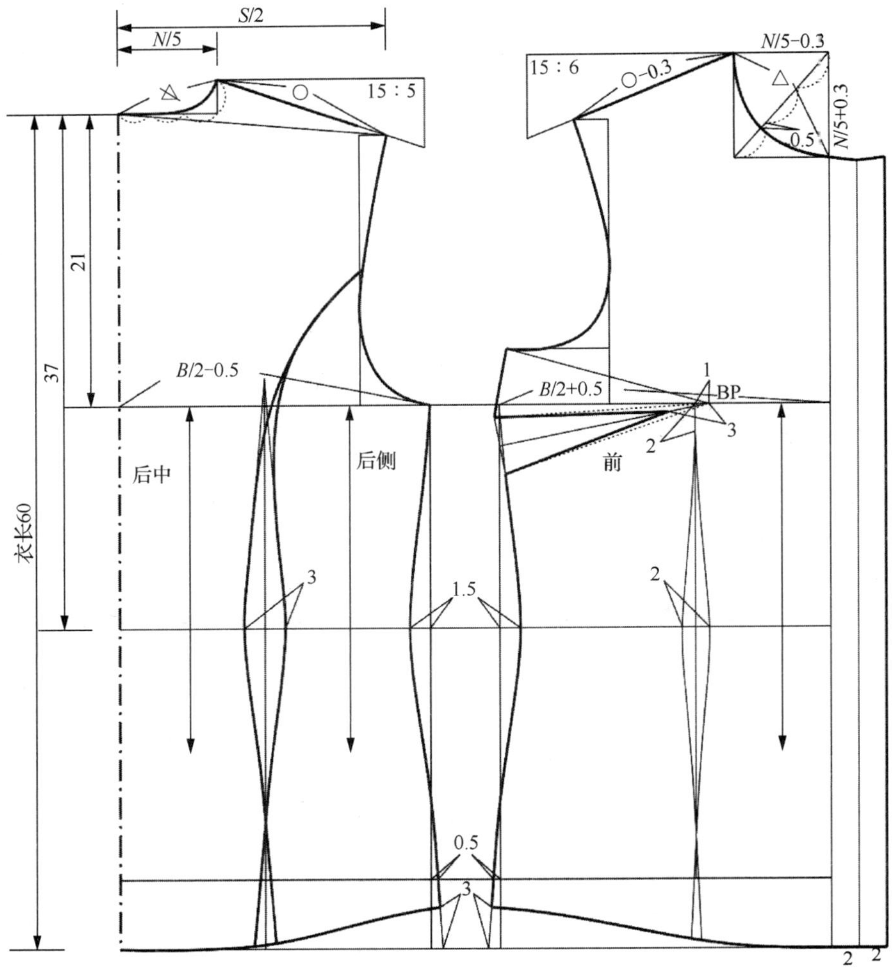

图 5-5-10　短袖女衬衣结构图（单位：cm）

3）根据衣身的结构绘制袖子结构框架线，袖山高=AH/2×0.67，后袖山辅助线=后袖窿弧线，前袖山辅助线=前袖窿弧线−0.5（cm）（图 5-5-11）。

4）根据款式特征进行袖子结构设计（图 5-5-12）。

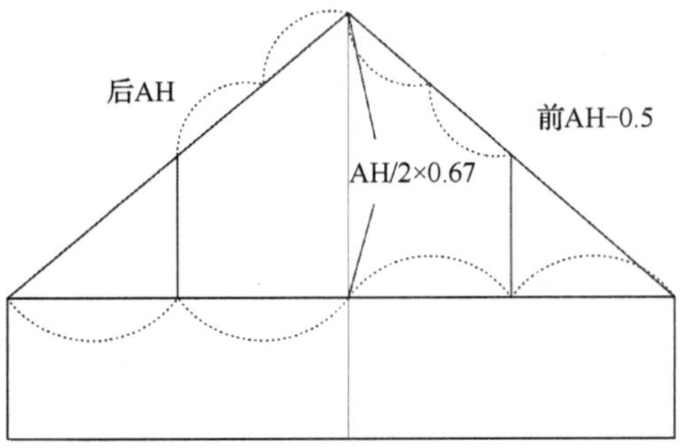

图 5-5-11　短袖女衬衣袖子结构框架图（单位：cm）

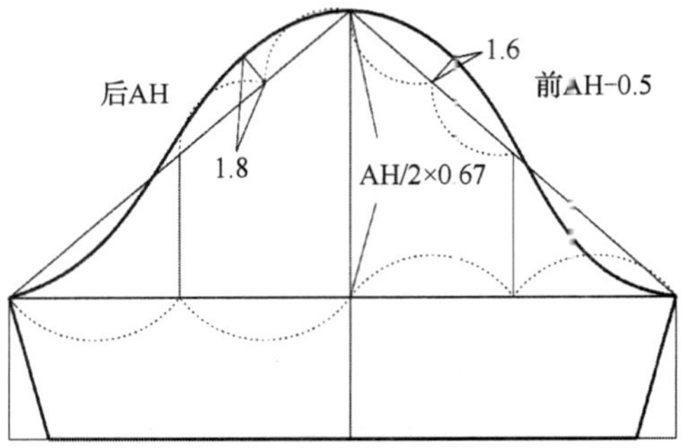

图 5-5-12　短袖女衬衣袖子结构图（单位：cm）

5）根据款式特征绘制两片领结构框架线，领座长度=前领圈+后领圈，底领高 3cm，翻领高 4.5cm（图 5-5-13）。

6）按照领子的结构框架完成领子结构制图（图 5-5-14）。

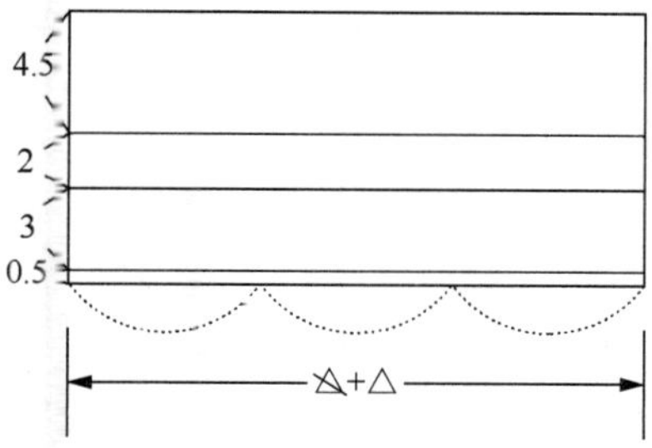

图 5-5-13　短袖女衬衣领子结构框架图（单位：cm）

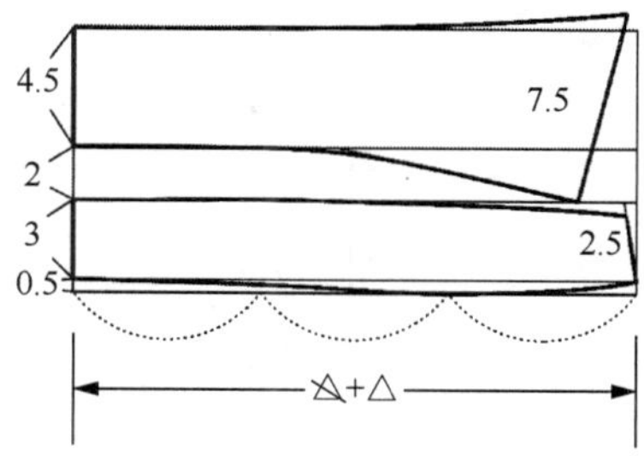

图 5-5-14　短袖女衬衣领子结构图（单位：cm）

5.5.2　男衬衣结构制图

1. 长袖男衬衣结构制图

（1）款式分析

长袖男衬衣（图 5-5-15）适合各种场合穿着。本款式衣身前片下摆做弧形处理，肩部分割 2.5～3cm 作为过肩部分；后衣片对称为衣片并在肩部做两层过肩。

图 5-5-15　长袖男衬衣款式图

（2）规格设计

长袖男衬衣尺寸规格如表 5-5-3 所示。

表 5-5-3　长袖男衬衣尺寸规格　　单位：cm

尺寸名称	衣长	胸围	腰围	肩宽	袖长	袖口围	袖头
净体尺寸	42	90	88	43	62	—	—
成品尺寸	72	100	100	43	62	25	5

（3）结构制图

1）根据尺寸规格表绘制出长袖男衬衣的结构原型框架图，与女装原型框架相比，男装除长度、围度有变化外，还无胸省（图 5-5-16）。

2）根据款式特征进行衣身结构设计，由于本款式属于直筒型，无须做腰身设计，在后片育克设计过程中，在袖窿位置收 0.5cm 作为肩省，并在前片肩部分割 3cm 作为后育克的一部分，使肩线往前移动，确定纽扣位置（图 5-5-17）。

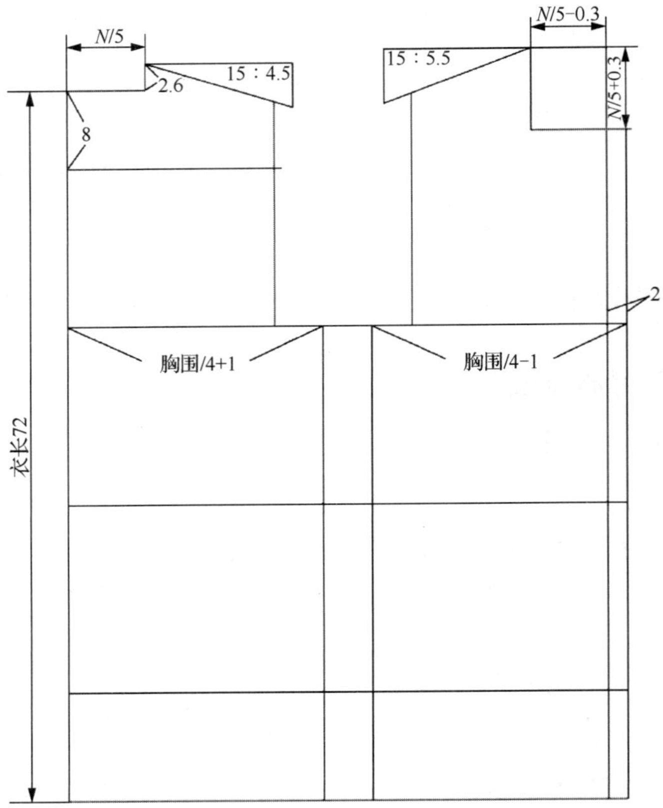

图 5-5-16　长袖男衬衣结构原型框架图（单位：cm）

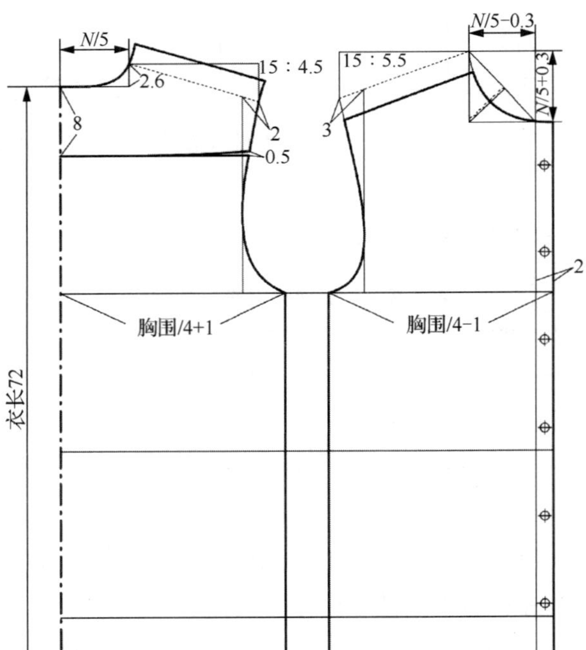

图 5-5-17　长袖男衬衣结构图（单位：cm）

3）绘制袖子结构框架图，确定袖山高、袖长、袖肥（图 5-5-18）。

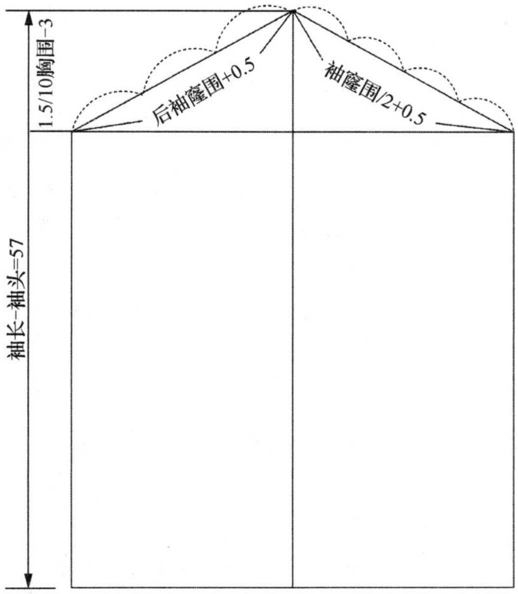

图 5-5-18　长袖男衬衣袖子结构框架图（单位：cm）

4）根据袖子的款式特征完成袖子的结构设计（图 5-5-19）。

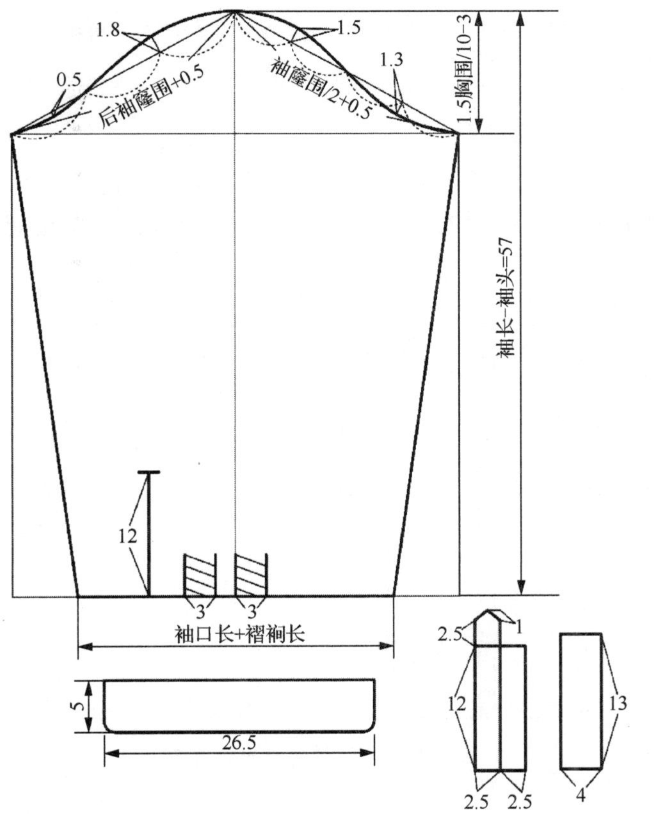

图 5-5-19　长袖男衬衣袖子结构图（单位：cm）

5）绘制领子结构框架图（图 5-5-20）。

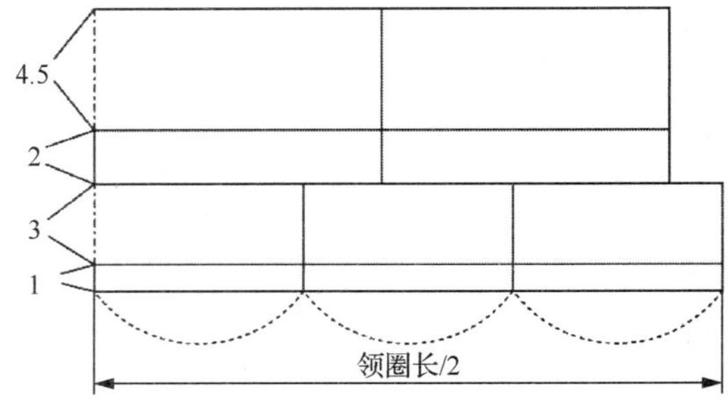

图 5-5-20　长袖男衬衣领子结构框架图（单位：cm）

6）根据款式要求完成领子结构设计（图 5-5-21）。

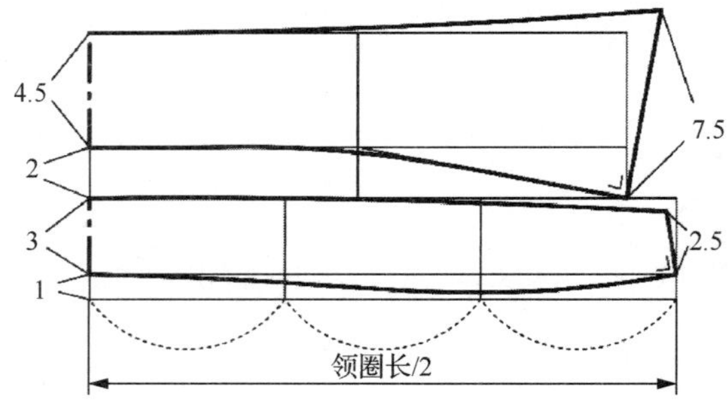

图 5-5-21　长袖男衬衣领子结构图（单位：cm）

2. 短袖男衬衣结构制图

（1）款式分析

短袖男衬衣（图 5-5-22）适合各种场合穿着。本款式衣身前片下摆进行圆弧处理，肩部分割 2.5～3cm 作为过肩部分；后衣片对称为衣片并在肩部做两层过肩；袖子长度为 22cm 左右。

图 5-5-22　短袖男衬衣款式图

（2）规格设计

短袖男衬衣尺寸规格如表 5-5-4 所示。

表 5-5-4　短袖男衬衣尺寸规格　　单位：cm

尺寸名称	衣长	胸围	腰围	肩宽	袖长	袖口围	袖头
净体尺寸	42	90	88	43	62	—	—
成品尺寸	72	100	100	43	22	39	3

（3）结构制图

1）根据尺寸规格表绘制短袖男衬衣结构原型框架图（图 5-5-23）。

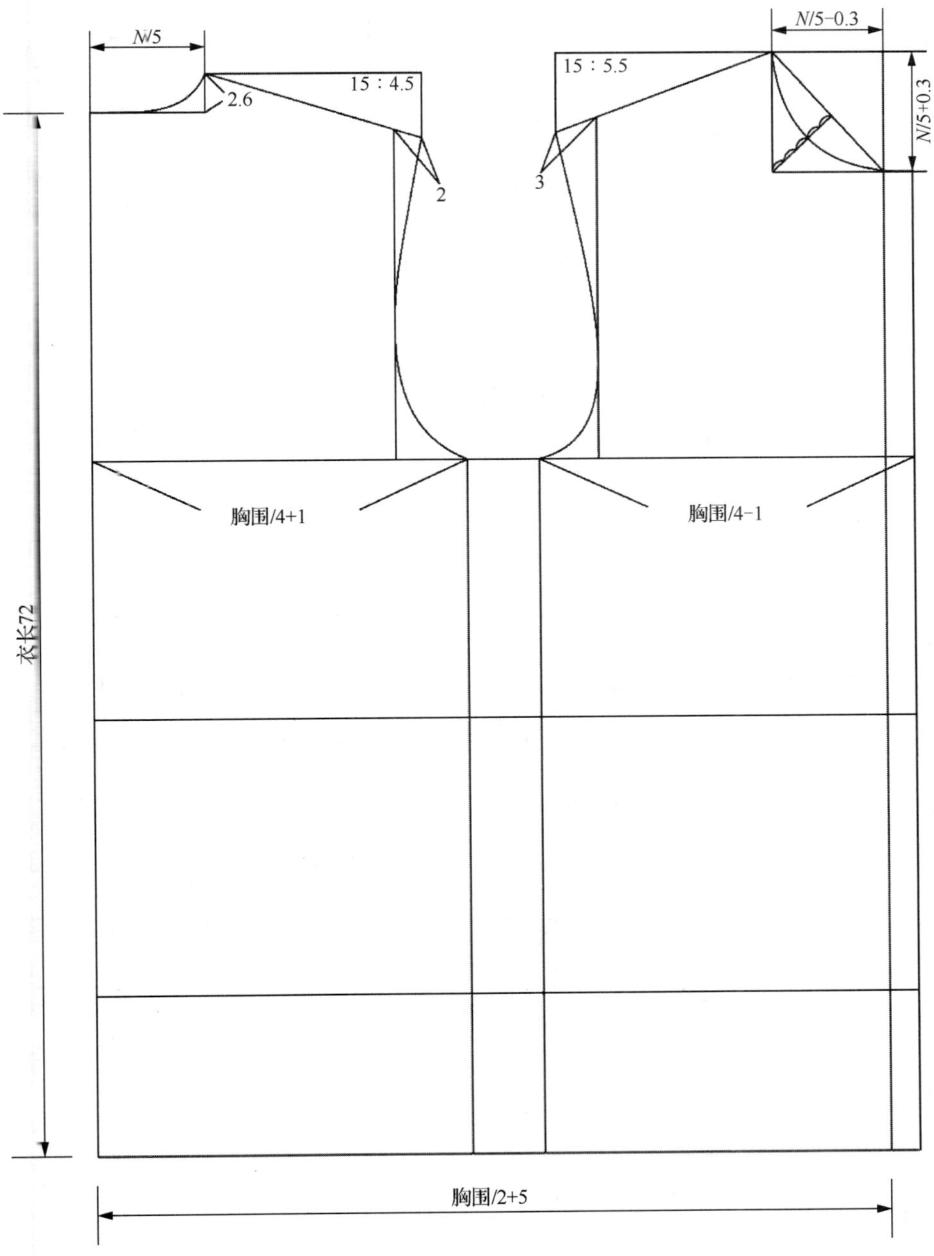

图 5-5-23　短袖男衬衣结构原型框架图（单位：cm）

2）根据款式特征进行衣身结构设计。由于本款式属于直筒型，无须做腰身设计，育克宽 8cm，在后片育克设计过程中，在袖窿位置收 0.5cm 作为肩省，前肩斜为 15∶5.5，后肩斜为 15∶4.5，前肩比后肩倾斜，确定纽扣位置（图 5-5-24）。

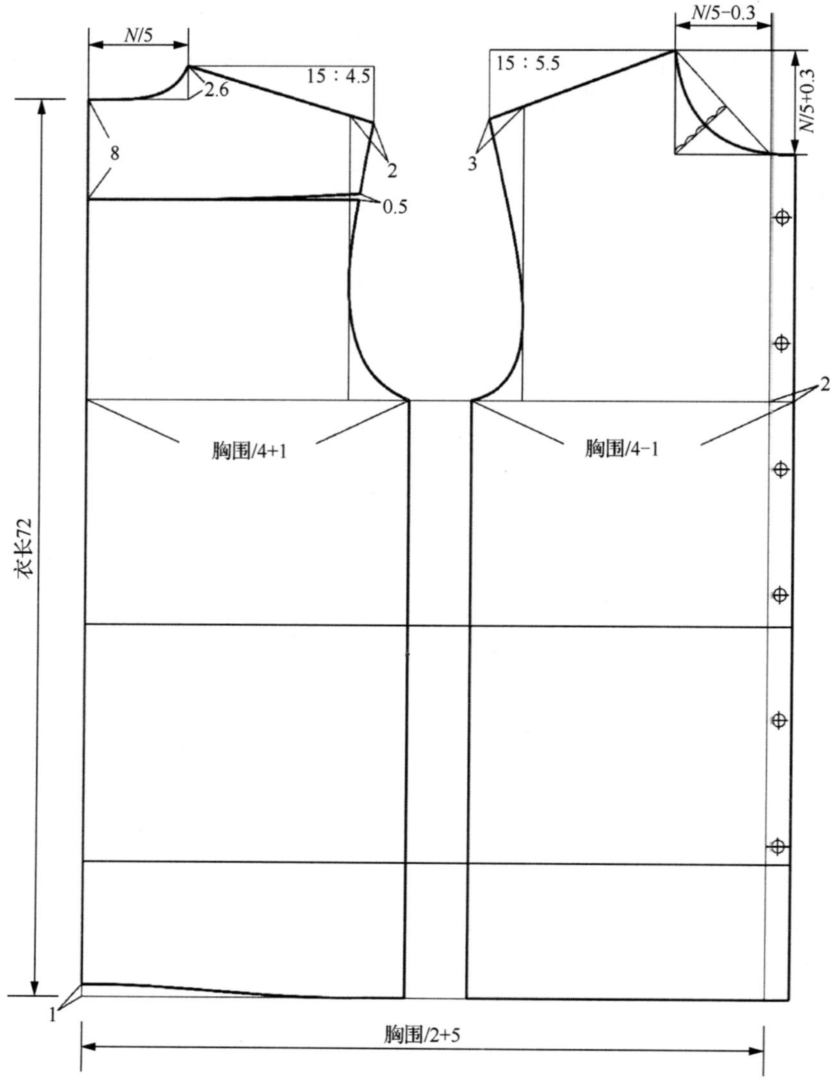

图 5-5-24　短袖男衬衣结构图（单位：cm）

3）绘制袖子结构框架图，确定袖山高、袖长、袖肥（图 5-5-25）。

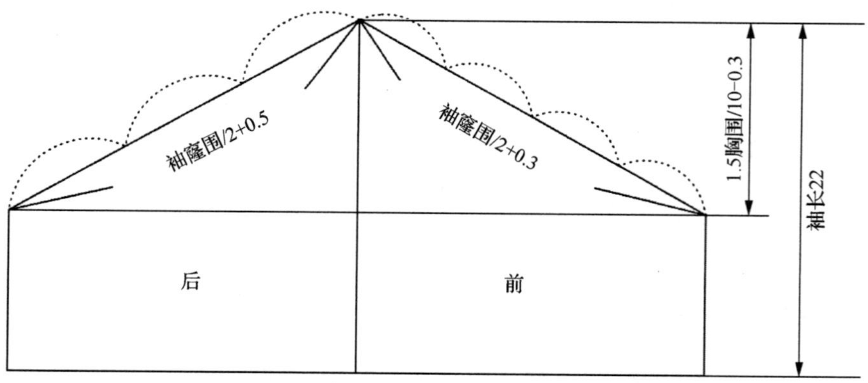

图 5-5-25　短袖男衬衣袖子结构框架图（单位：cm）

4）根据袖子的款式特征完成袖子的结构设计（图 5-5-26）。

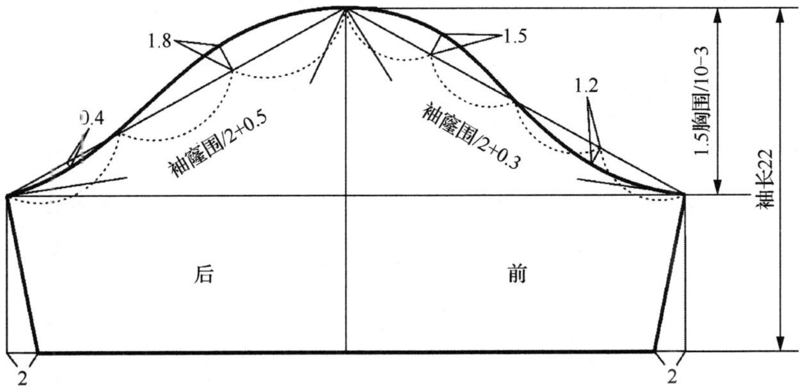

图 5-5-26　短袖男衬衣袖子结构图（单位：cm）

5）绘制领子结构框架图（图 5-5-27）。

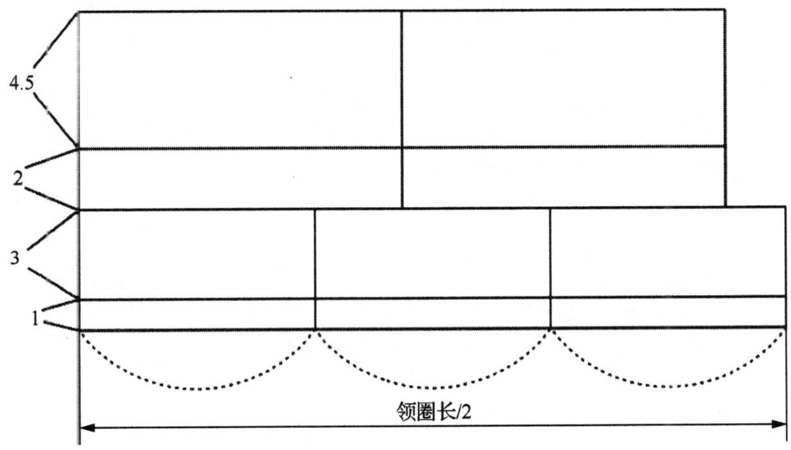

图 5-5-27　短袖男衬衣领子结构框架图（单位：cm）

6）根据款式要求完成领子结构设计（图 5-5-28）。

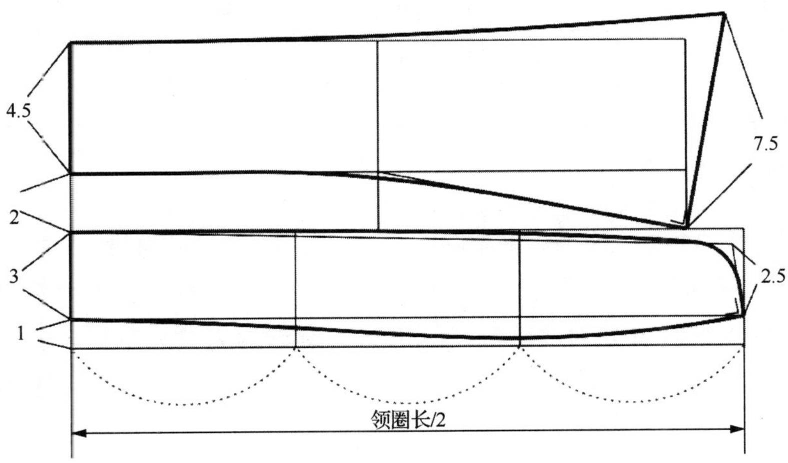

图 5-5-28　短袖男衬衣领子结构图（单位：cm）

5.6 西服制图

5.6.1 女西服结构制图

1. 款式分析

女西服（图 5-6-1）采用四开身九片裁结构，前片为刀背分割并在腰部加入嵌袋，后片除刀背分割线外，另将后中片进行上下分割，并把上半部分进行对称分割处理；袖子为中长袖，袖口位置做三粒扣开衩设计。

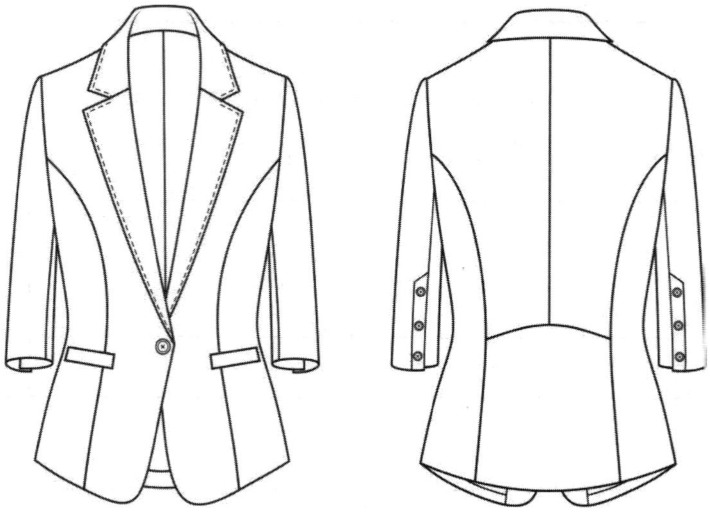

图 5-6-1 女西服款式图

2. 规格设计

女西服尺寸规格如表 5-6-1 所示。

表 5-6-1 女西服尺寸规格　　单位：cm

尺寸名称	衣长	胸围	腰围	肩宽	袖长	袖口宽
净体尺寸	38	84	68	38.5	52	—
成品尺寸	58	89	72	39	40	13.5

3. 结构制图

1）根据尺寸规格绘制衣身原型框架图，并进行省道大小、位置设计（图 5-6-2）。

2）根据女西服的款式特点进行结构设计，后片刀背分割设计并将后肩省量做袖窿的吃势量；前片将袖窿省分为两部分，一部分省量作为刀背分割量，另一部分省量转移至肩部隐藏于领子下方，标注好尺寸等信息，完成女西服款式结构制图（图 5-6-3）。

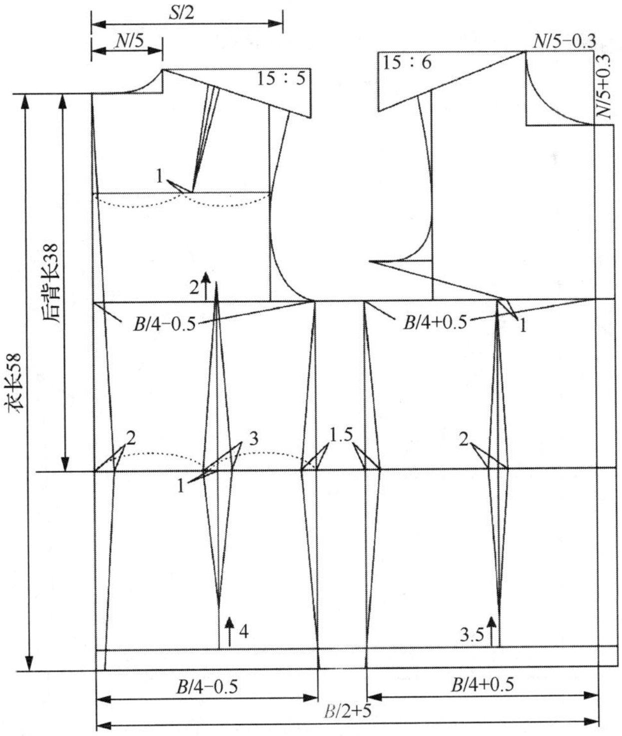

图 5-6-2　女西服衣身结构原型框架图（单位：cm）

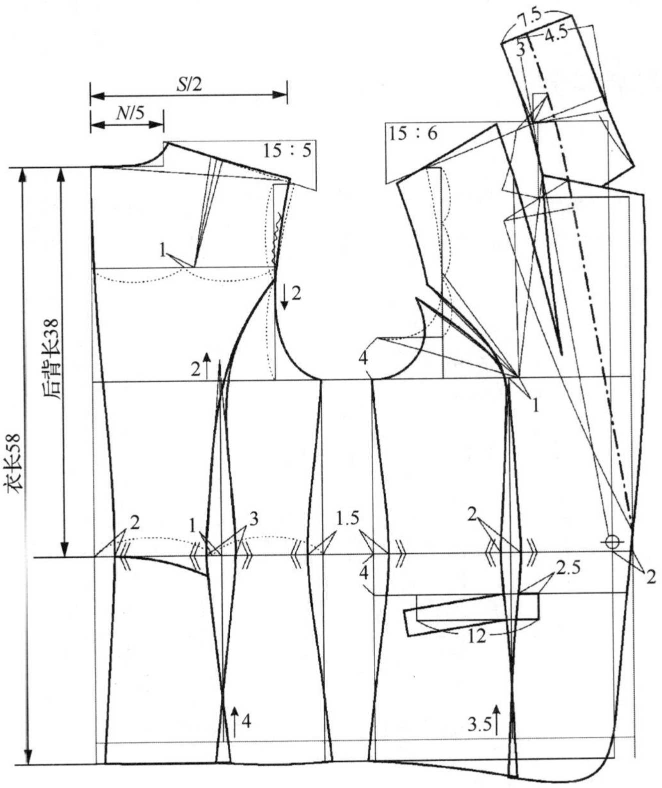

图 5-6-3　女西服衣身结构图（单位：cm）

3）绘制袖子结构框架线，确定袖子尺寸（图 5-6-4）。

4）绘制袖子结构线，完成袖子结构设计（图 5-6-5）。

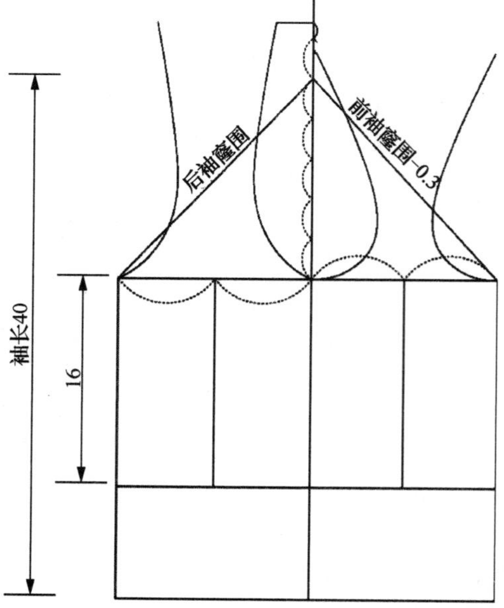

图 5-6-4　女西服袖子原型结构框架图

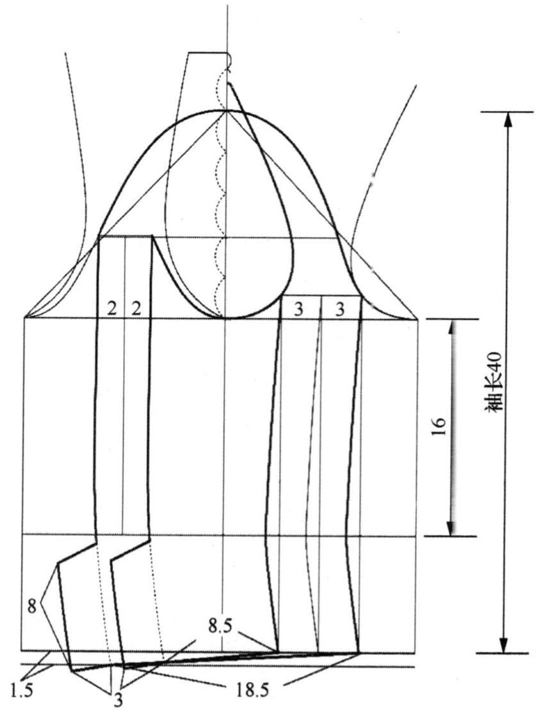

图 5-6-5　女西服袖子结构图

5.6.2　男西服结构制图

1．款式分析

男西服（图 5-6-6）采用三开身六片裁结构，衣身前片做腰省收腰处理并在腰部加入嵌袋，后片做对称分割处理，前衣长略长于后衣长；袖子为大小两片袖，袖口位置做两粒扣开衩设计。

图 5-6-6　男西服款式图

2．规格设计

男西服尺寸规格如表 5-6-2 所示。

表 5-6-2　男西服尺寸规格　　单位：cm

尺寸名称	衣长	胸围	腰围	肩宽	袖长	袖口宽
净体尺寸	42	88	80	45	58	—
成品尺寸	74	102	92	45.2	63	15

3. 结构制图

1）根据尺寸规格绘制衣身结构原型框架图（图 5-6-7）。

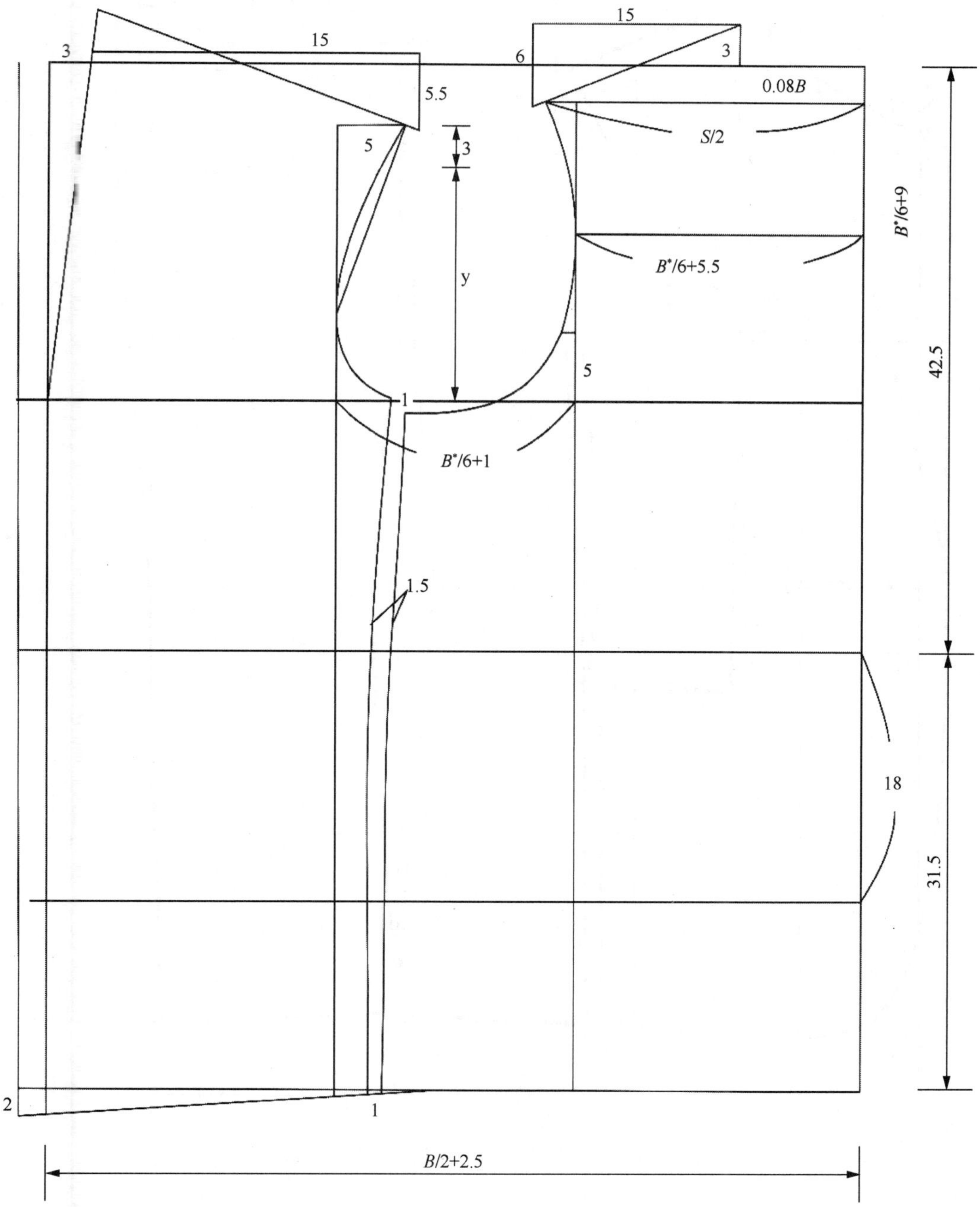

图 5-6-7　男西服衣身结构原型框架图（单位：cm）

2）衣身结构设计按照男西服的款式特点进行基础结构设计，将衣身进行三开身设计，为保证前腰省的结构合理，需在侧缝开缝，并将侧缝线多余的量省去，前肩线略微向上弧起，后肩线则略微向下弧，后中收省 2.5cm，下摆收进 3.5cm（图 5-6-8）。

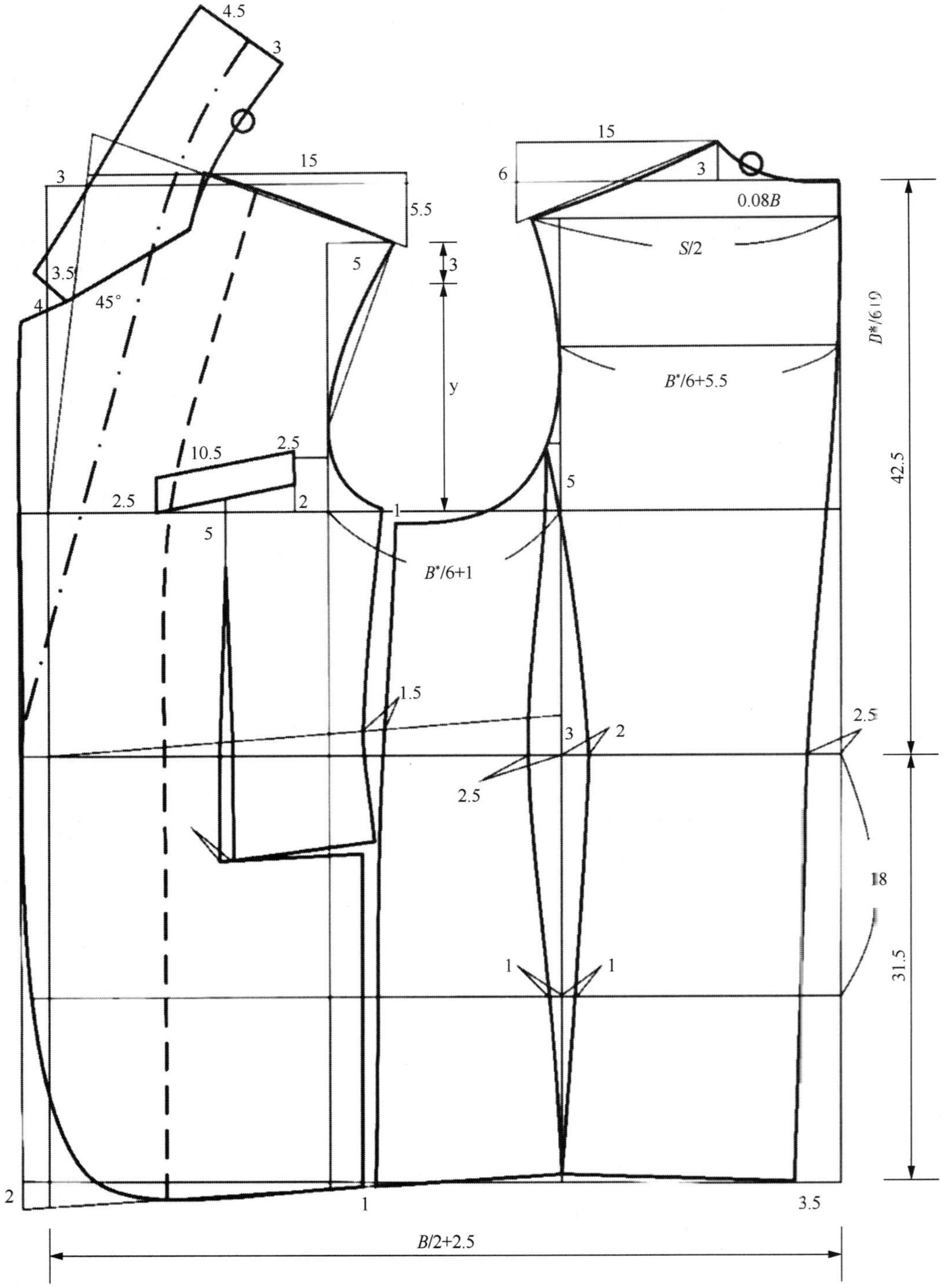

图 5-6-8　男西服衣身基础结构（单位：cm）

3）根据款式特点完成男西服衣身结构设计，在前衣身侧缝开口处进行挖袋和袋盖设计，并进行后中开衩设计（图 5-6-9）。

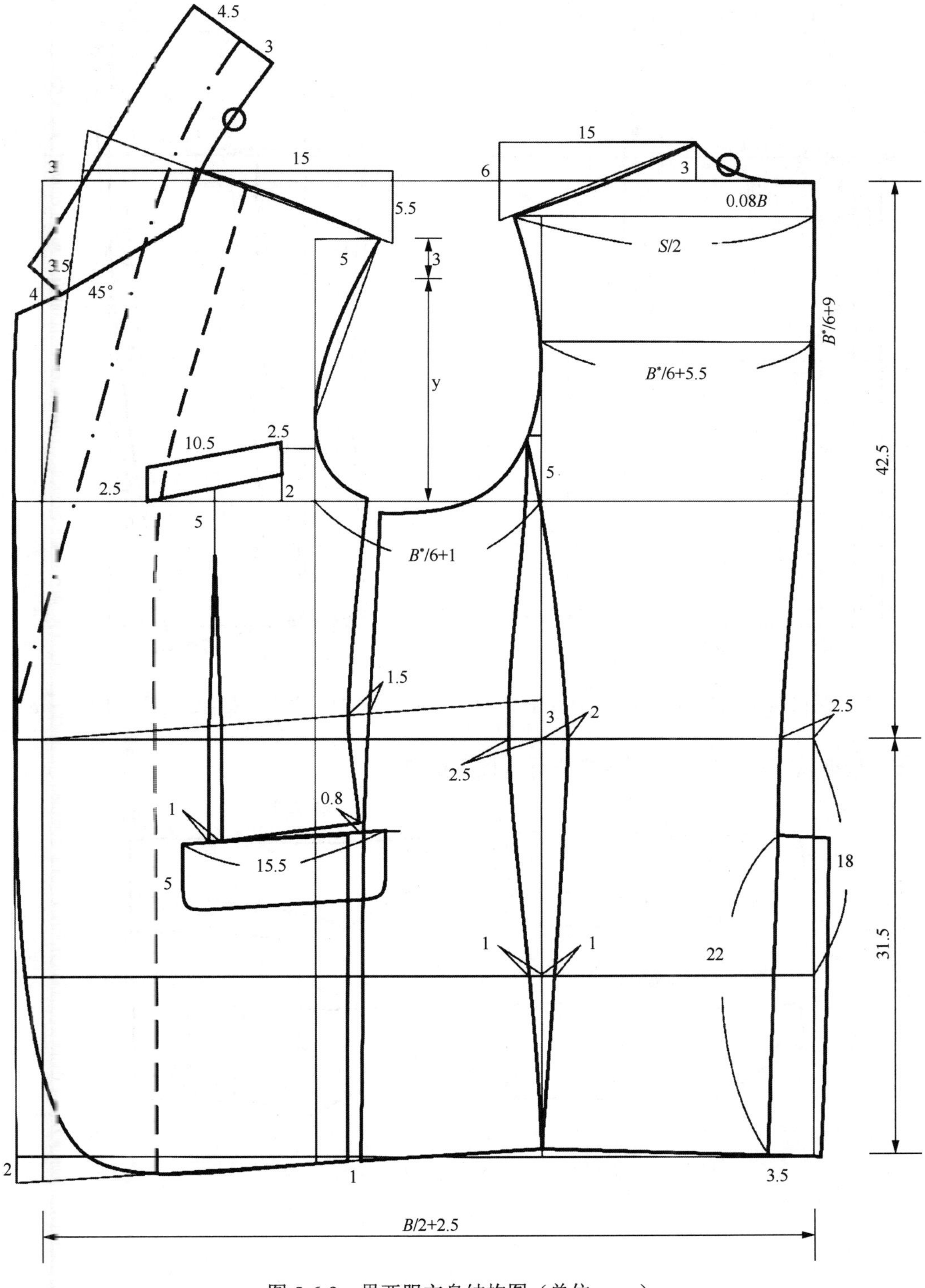

图 5-6-9　男西服衣身结构图（单位：cm）

4）根据款式特征绘制袖子框架图，确定袖长、袖肥等袖子基本造型（图 5-6-10）。

5）绘制袖子结构线，完成袖子结构设计（图 5-6-11）。

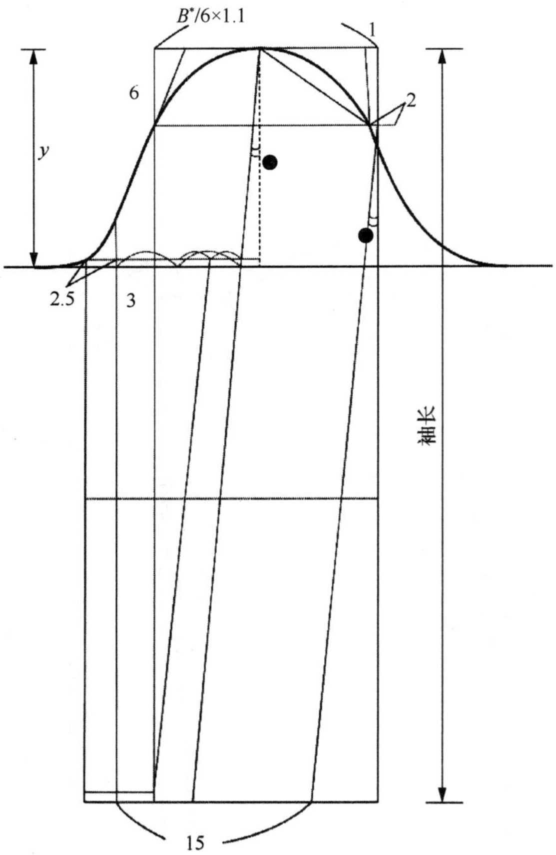

图 5-6-10 男西服衣袖结构框架图（单位：cm）

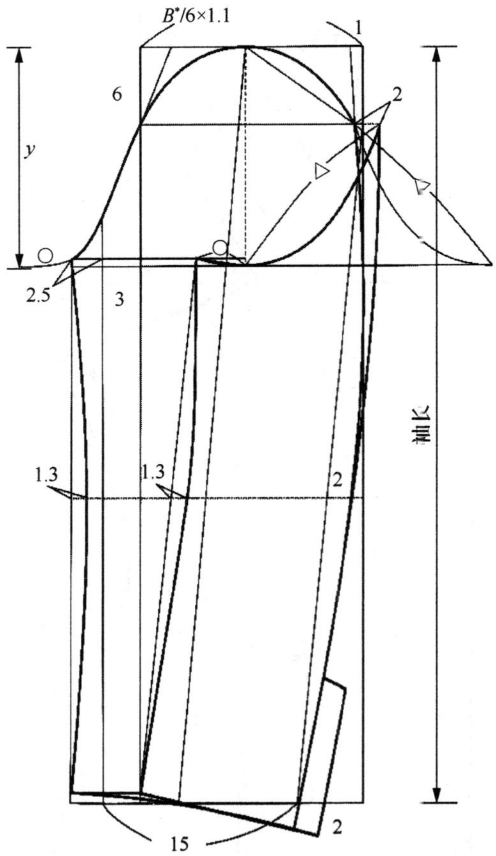

图 5-6-11 男西服衣袖结构图（单位：cm）

6）根据款式要求完成领子结构设计（图 5-6-12）。

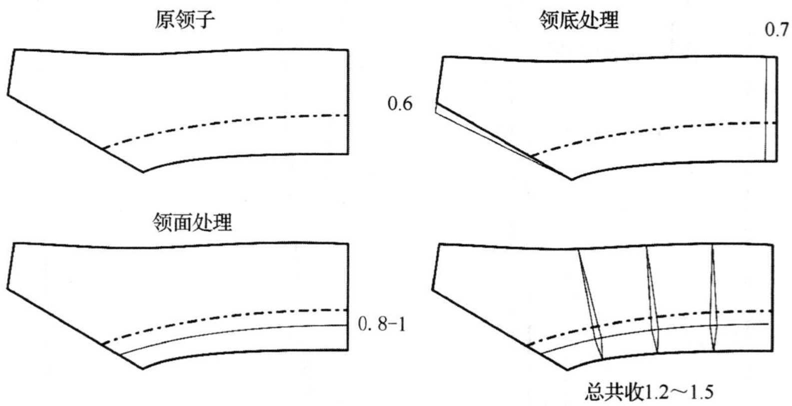

图 5-6-12 男西服领子结构图（单位：cm）

模块3 变化款式结构制图

通过学习本模块，拓展学习裙装、裤装、上装的变化款式结构制图，巩固服装结构制图相关知识，同时熟练掌握裙装、裤装、上装变化款式结构制图技能，在今后的职业生涯中能够轻松应对不同款式结构的服装变化；提高裙装、裤装、上装变化款式的结构设计和综合运用能力，做到专业结构制图比例准确、线条清晰流畅、标注规范合理；能够举一反三，完成当下新潮的不同服装款式的结构设计，并最终完成相应的结构制图设计。

项目 6

裙装变化款式结构制图

知识目标

1）了解低腰裙、高腰裙、育克裙、鱼尾裙、节裙的款式特点。

2）掌握低腰裙、高腰裙、育克裙、鱼尾裙、节裙的结构制图技能。

能力目标

1）能够根据相应尺寸规格绘制低腰裙、高腰裙、育克裙、鱼尾裙、节裙的原型结构框架图。

2）能够根据低腰裙、高腰裙、育克裙、鱼尾裙、节裙的款式特征对其进行结构设计。

素养目标

1）解析我国传统服饰典型案例，激发民族自豪感，增强文化自信。

2）培养友善合作、团结互助的团队精神，增强动手能力、沟通能力等职业素养。

6.1 低腰裙结构制图

6.1.1 款式分析

低腰裙（图 6-1-1）为牛仔迷你小短裙，其款式特点显著，裙身前裙片模仿裤子造型将裙片分为两片并做门襟设计，两侧为插袋结构；裙身后片同样分为左右两片，同时做裙育克设计，与贴袋搭配更具时尚风格。

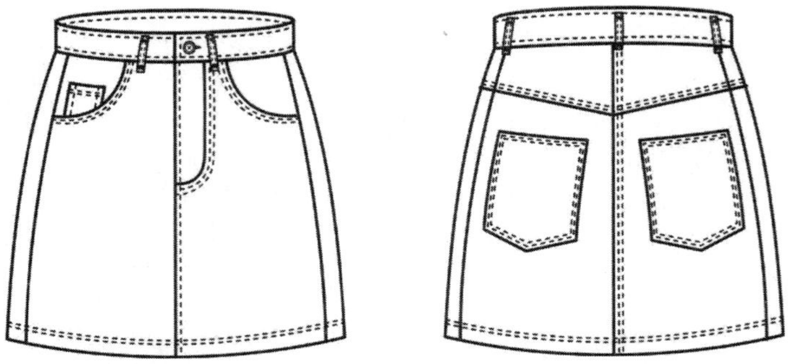

图 6-1-1 低腰裙款式图

6.1.2 规格设计

低腰裙尺寸规格如表 6-1-1 所示。

表 6-1-1 低腰裙尺寸规格

单位：cm

尺寸名称	裙长	腰围	臀围	臀长	腰头
净体尺寸	100	66	92	18	—
成品尺寸	35	68	94	14	3

6.1.3 结构制图

1）以原型法绘制低腰裙原型结构框架图（图 6-1-2）。

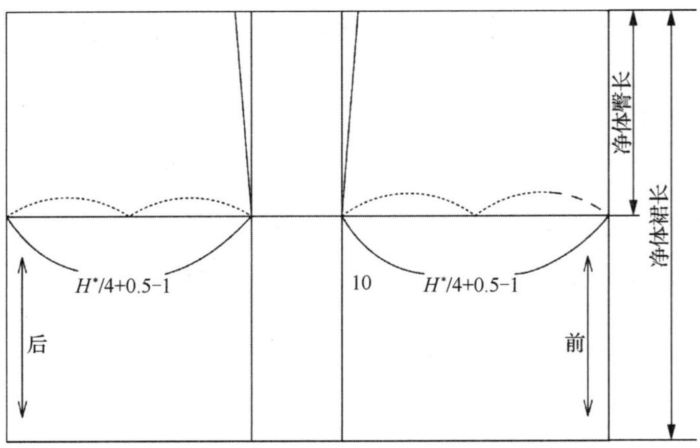

图 6-1-2 低腰裙原型结构框架图（单位：cm）

2）根据款式的结构特点完成低腰裙的结构设计，将前后片腰部位置下降 4cm，并直接在裙片处分割 4cm 作为弯腰头，后片育克做分割设计，并将后片腰省剩余的量在侧缝线去除，前片直插袋设计，裙摆两侧根据侧缝的倾斜度适当加宽（图 6-1-3）。

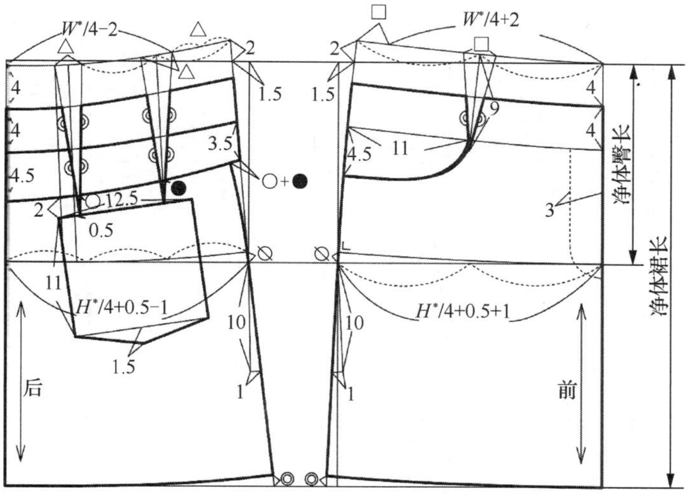

图 6-1-3　低腰裙结构图（单位：cm）

6.2 高腰裙结构制图

6.2.1　款式分析

六片式高腰中长裙（图 6-2-1）的前片模仿裤子造型将裙片分为两片并做门襟设计，两侧为插袋结构；裙身后片同样分为左右两片，同时做裙育克设计，与贴袋搭配更具时尚风格。

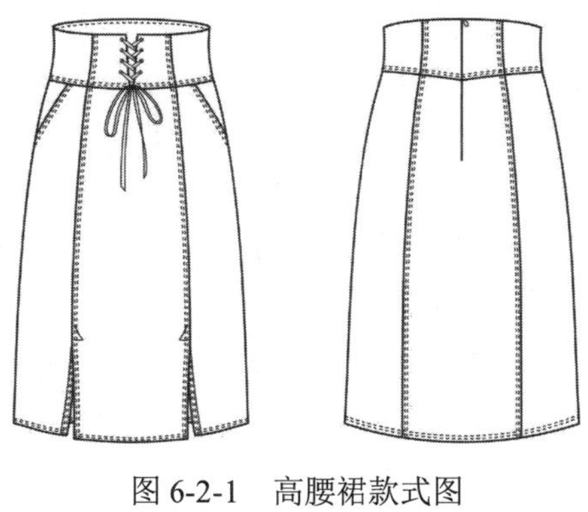

图 6-2-1　高腰裙款式图

6.2.2　规格设计

高腰裙尺寸规格如表 6-2-1 所示。

表 6-2-1　高腰裙尺寸规格　　单位：cm

尺寸名称	裙长	腰围	臀围	臀长	腰头
净体尺寸	100	66	92	18	—
成品尺寸	95	68	94	18	3

6.2.3 结构制图

1）以原型法绘制高腰裙原型结构框架图（图 6-2-2）。

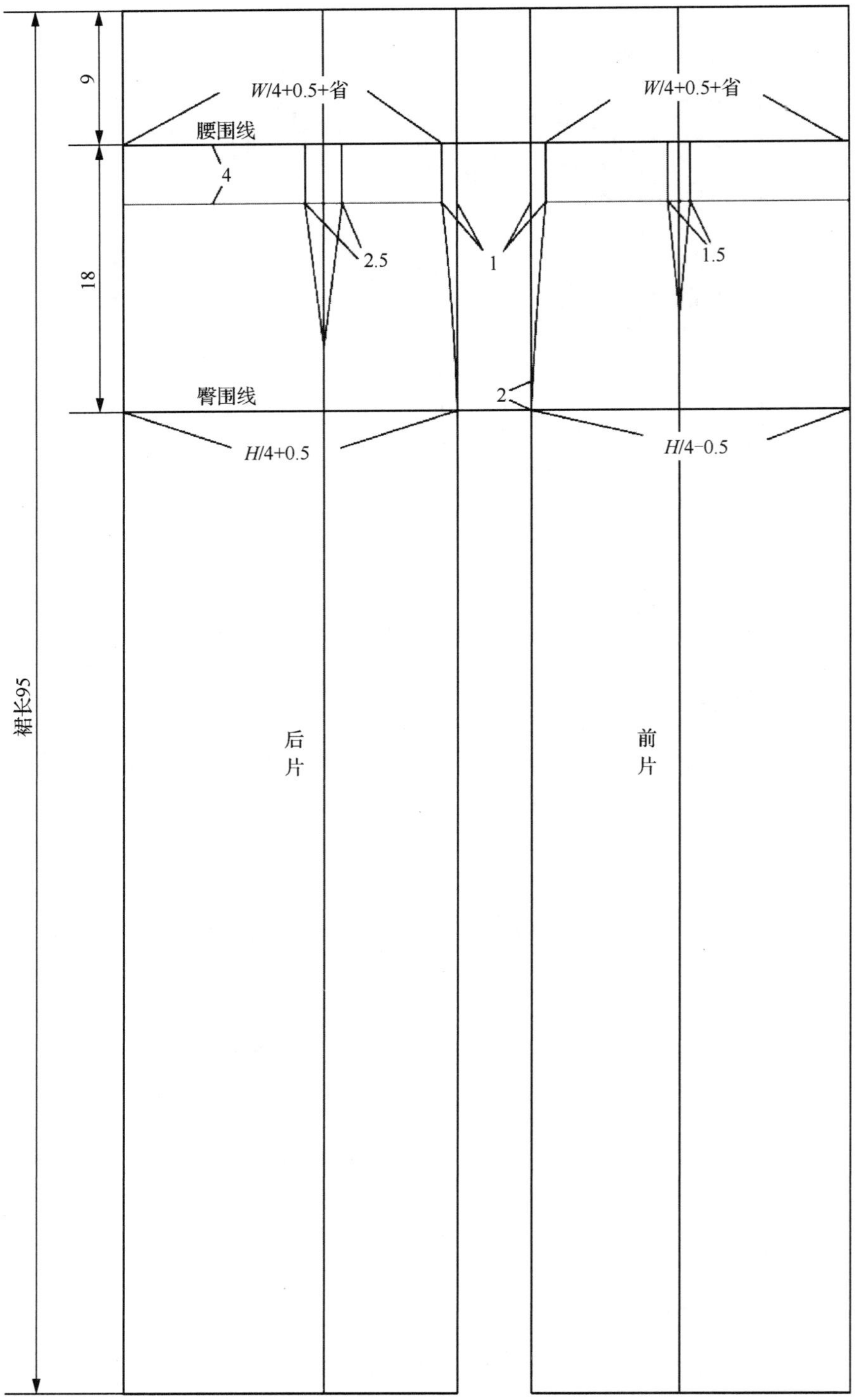

图 6-2-2 高腰裙原型结构框架图（单位：cm）

2）根据款式的结构特点完成高腰裙的结构设计，后片将省道并入分割线中，裙身重叠扩大裙摆的围度并分别连接底摆线，抬高腰部 9cm，注意省道和分割设计；前片处分割设计外腰部育克位置适当向两边偏移 1cm，侧缝斜插袋（图 6-2-3）。

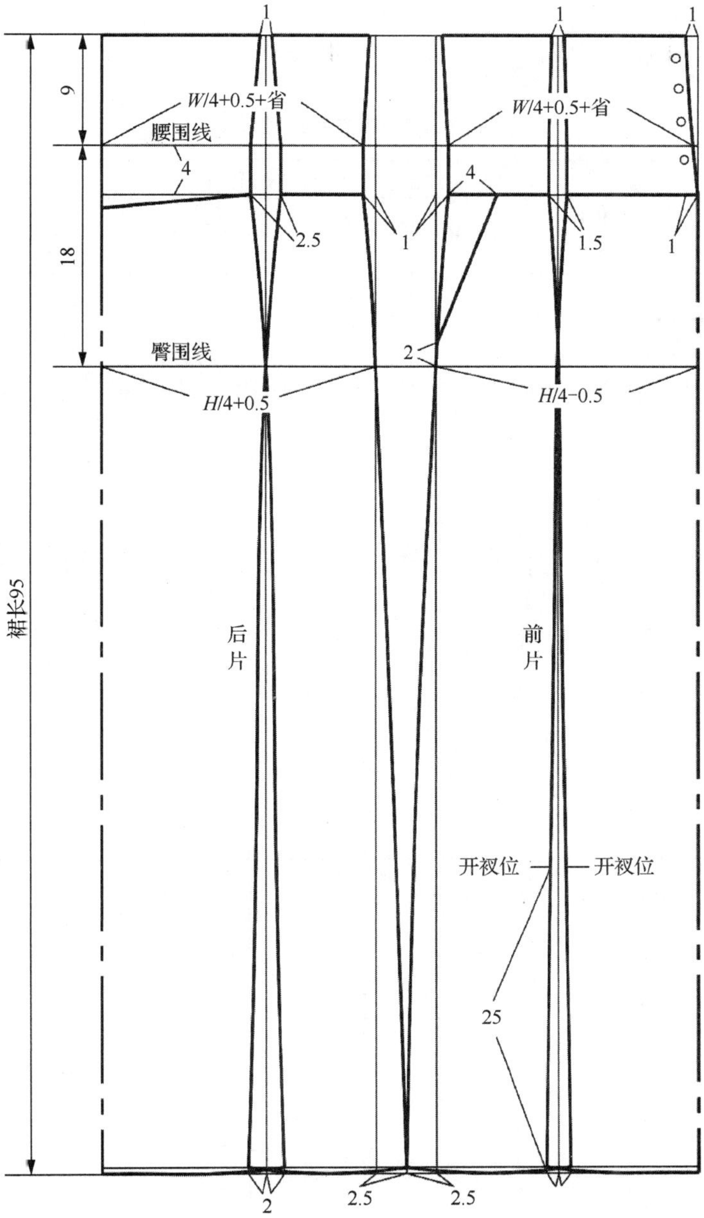

图 6-2-3　高腰裙结构图（单位：cm）

6.3 育克裙结构制图

6.3.1　款式分析

育克裙（图 6-3-1）整体呈 A 形，裙身前片在原型的基础上重叠展开，裙身分为三片，腰腹处设计宝剑头育克分割；裙身后片同样采用三片分割设计，与前裙片不同的是，后裙片育克设计为圆顺分割，与前片区别设计。

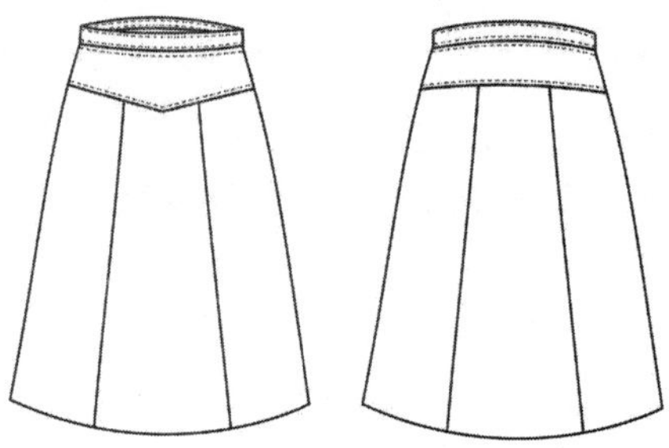

图 6-3-1　育克裙款式图

6.3.2 规格设计

育克裙尺寸规格如表 6-3-1 所示。

表 6-3-1 育克裙尺寸规格 单位：cm

尺寸名称	裙长	腰围	臀围	臀长	腰头
净体尺寸	100	66	92	18	—
成品尺寸	50	68	94	17	3

6.3.3 结构制图

1）利用原型法绘制育克裙原型结构框架图，其中裙片后中下落 2cm，侧缝线抬升 0.7cm（图 6-3-2）。

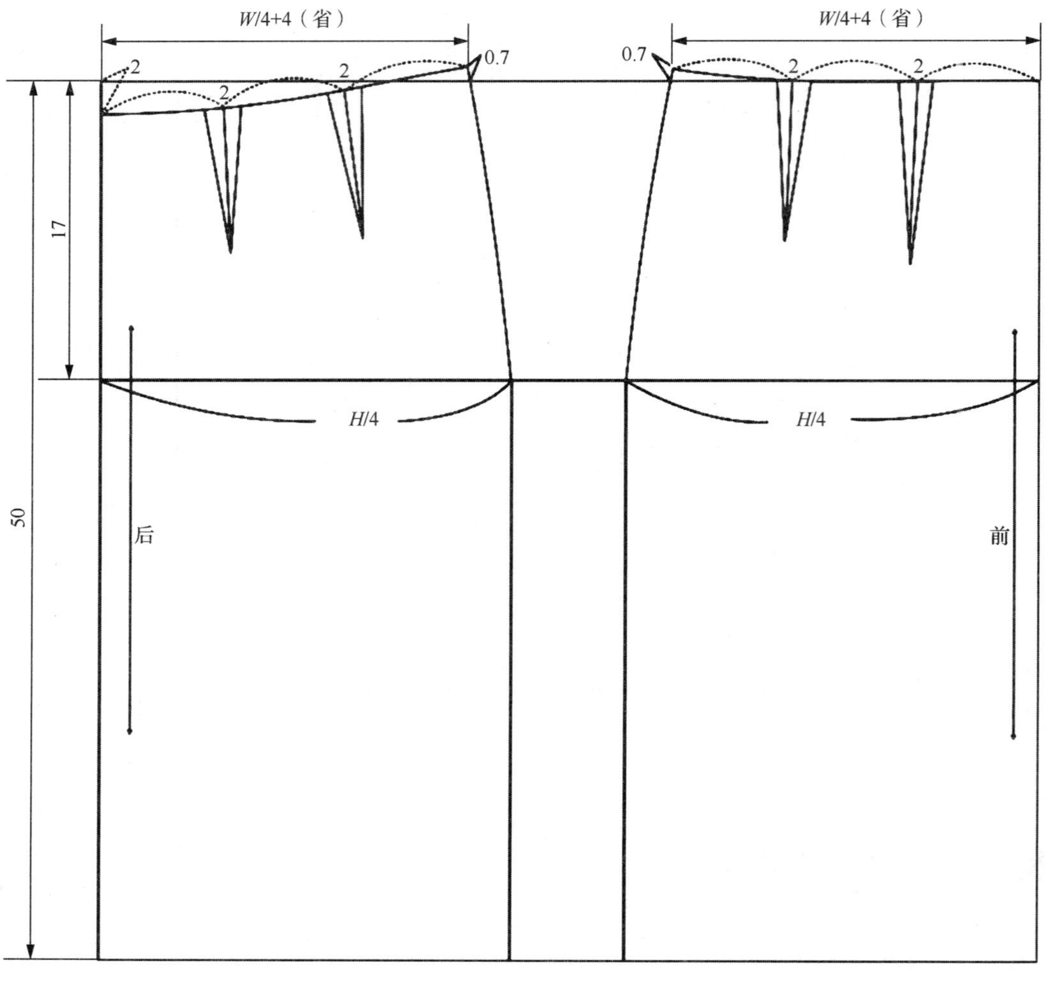

图 6-3-2 育克裙原型结构框架图（单位：cm）

2）根据育克裙的款式特点进行结构分割等设计（图 6-3-3）。

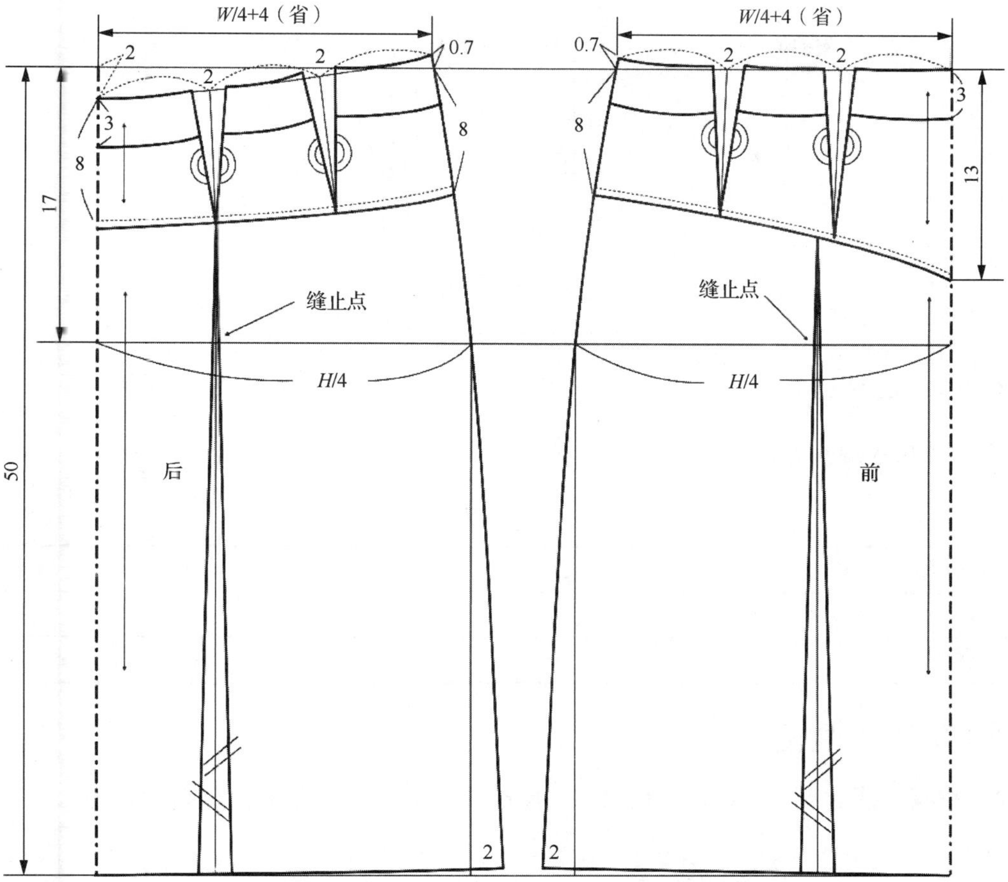

图 6-3-3　育克裙结构图（单位：cm）

3）进行育克裙零部件结构修正设计（图 6-3-4）。

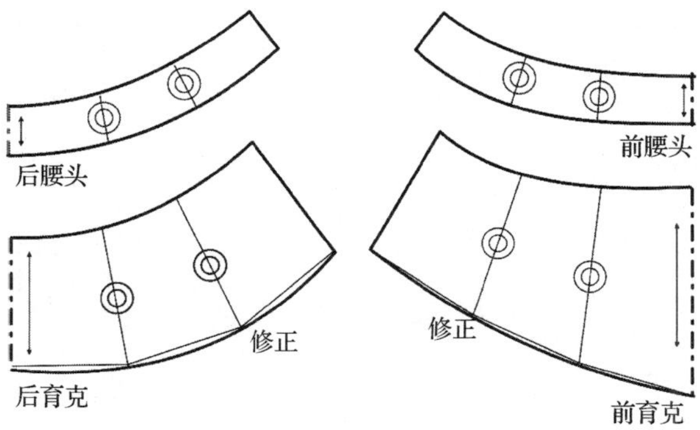

图 6-3-4　育克裙零部件结构图

6.4 鱼尾裙结构制图

6.4.1　款式分析

鱼尾裙（图 6-4-1）的前后裙片都为四片分割设计，外观效果一致，每块裙片都在膝部以下两边做鱼尾波浪的重叠设计，并在裙侧做隐形拉链。

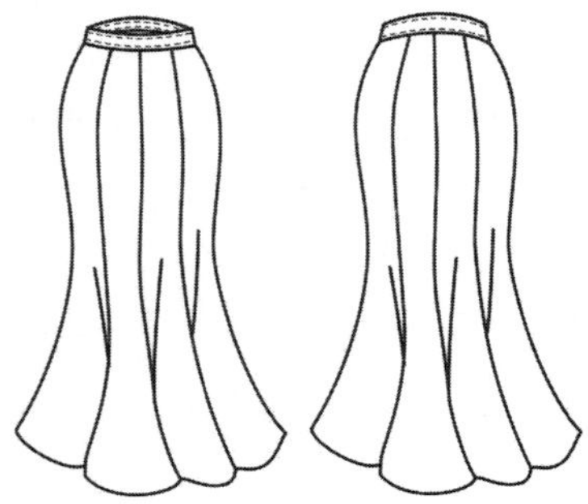

图 6-4-1　鱼尾裙款式图

6.4.2　规格设计

鱼尾裙尺寸规格如表 6-4-1 所示。

表 6-4-1　鱼尾裙尺寸规格　　单位：cm

尺寸名称	裙长	腰围	臀围	臀长	腰头
净体尺寸	100	66	92	18	—
成品尺寸	85	68	94	18	3

6.4.3　结构制图

1）根据鱼尾裙尺寸规格，利用原型法绘制鱼尾裙原型结构框架图（图 6-4-2）。

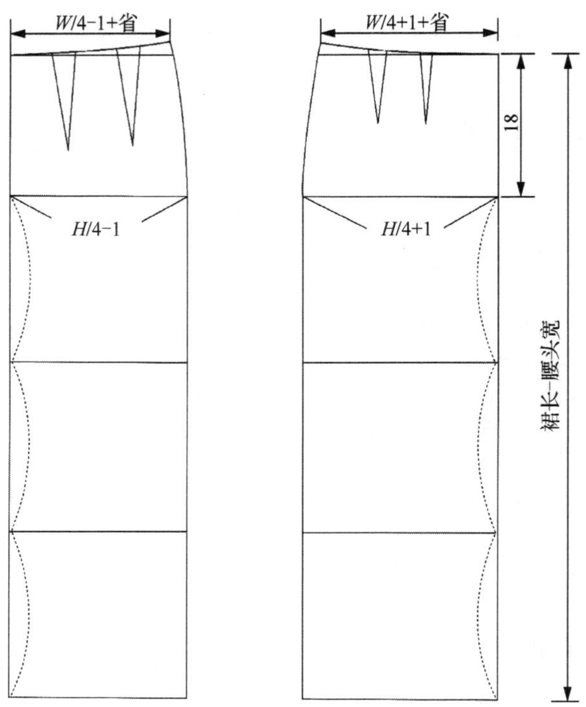

图 6-4-2　鱼尾裙原型结构框架图（单位：cm）

2）根据款式的结构特点进行鱼尾裙的结构设计，将裙子原型原有的其中一个腰省并入两边侧缝线，另一个腰省进行位置移动，将臀围线以下 2/3 处设置为鱼尾长度，分别向两边重叠 8cm 作为鱼尾大小，并将鱼尾两边做 0.5cm 的鱼尾造型弧度（图 6-4-3）。

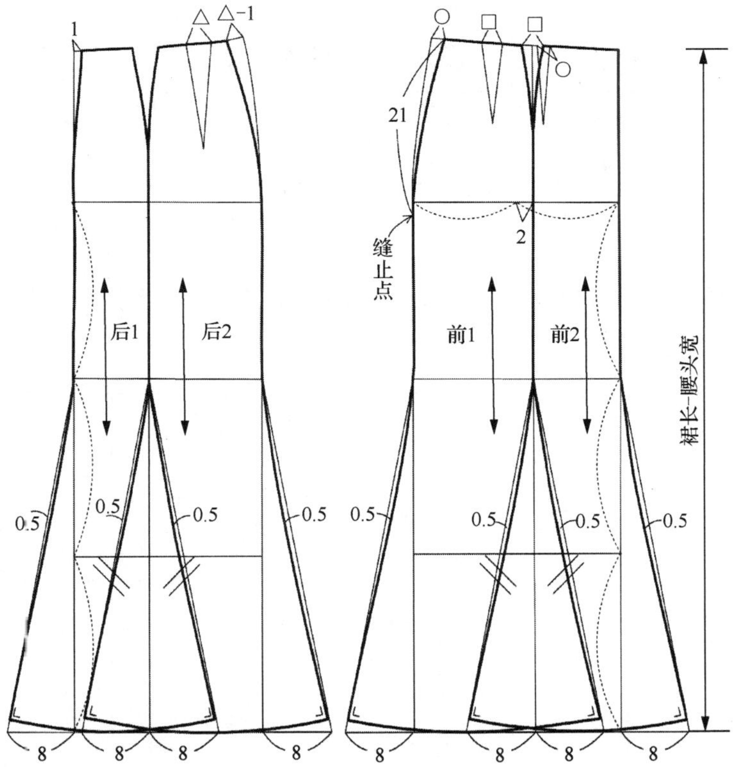

图 6-4-3　鱼尾裙结构图（单位：cm）

6.5 节裙结构制图

6.5.1　款式分析

节裙（图 6-5-1）的前后裙片做三节横向分割设计，下节裙片抽褶与上节裙片拼接，裙摆从上至下逐渐增大，到小腿位置截止，并在裙侧做隐形拉链。

图 6-5-1　节裙款式图

6.5.2　规格设计

节裙尺寸规格如表 6-5-1 所示。

表 6-5-1　节裙尺寸规格　　单位：cm

尺寸名称	裙长	腰围	臀围	臀长	腰头
净体尺寸	100	66	92	18	—
成品尺寸	73	68	94	18	3

6.5.3　结构制图

1）利用多节裙的特征和抽褶量的计算，绘制节裙原型结构框架图（图 6-5-2）。

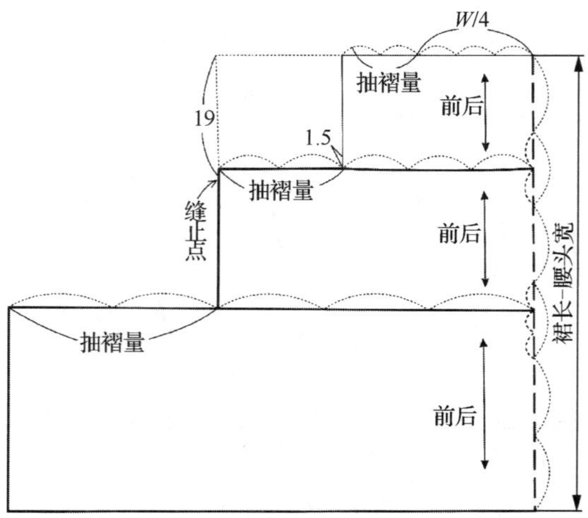

图 6-5-2　节裙原型结构框架图（单位：cm）

2）根据裙子款式的结构特点进行腰头抬高和后中的下落设计，完成多节裙结构制图（图 6-5-3）。

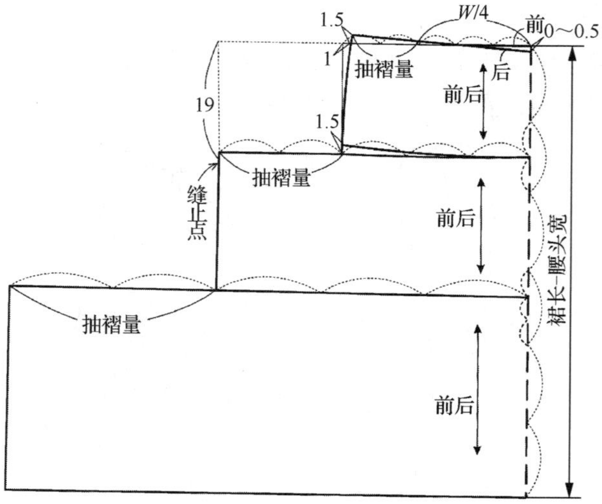

图 6-5-3　多节裙结构图（单位：cm）

项目 7

裤装变化款式结构制图

知识目标

1）了解灯笼裤、铅笔裤、哈伦裤、背带裤、短裤的款式特点。

2）掌握灯笼裤、铅笔裤、哈伦裤、背带裤、短裤的结构制图技能。

能力目标

1）能够根据相应尺寸规格绘制灯笼裤、铅笔裤、哈伦裤、背带裤、短裤的原型结构框架图。

2）能够根据灯笼裤、铅笔裤、哈伦裤、背带裤、短裤的款式特征对其进行结构设计。

素养目标

1）客观辩证地看待服装发展，培养敏锐的观察力和洞察力。

2）树立创新意识，勇于进行创新设计，提升创新能力。

7.1 灯笼裤结构制图

7.1.1 款式分析

灯笼裤（图 7-1-1）为齐膝短裤，腰头合体，自臀围线往下逐渐加大呈喇叭形，脚口处用镶边缝合，使脚口收缩产生灯笼状效果。

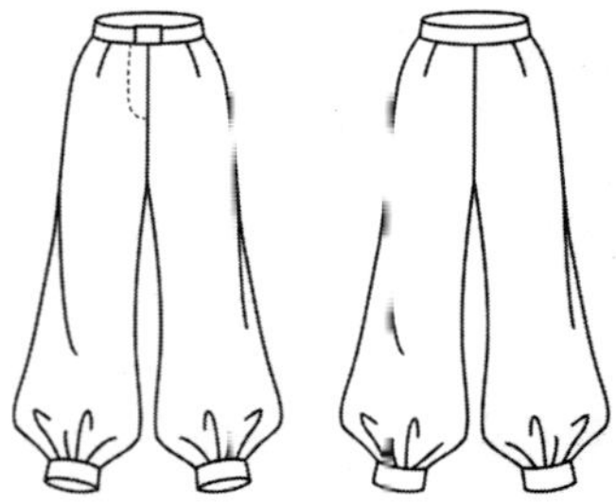

图 7-1-1 灯笼裤款式图

7.1.2 规格设计

灯笼裤尺寸规格如表 7-1-1 所示。

表 7-1-1 灯笼裤尺寸规格 单位：cm

尺寸名称	裤长	腰围	臀围	上裆长	臀长	脚口宽	腰头宽
净体尺寸	100	66	92	27	18	—	—
成品尺寸	63	68	94	27	18	14	3

7.1.3 结构制图

1）按照尺寸规格绘制灯笼裤原型结构框架图，以侧缝线为共同线，前后龙门朝向两边，裤子长度应除去腰头与脚口镶边的宽度（图 7-1-2）。

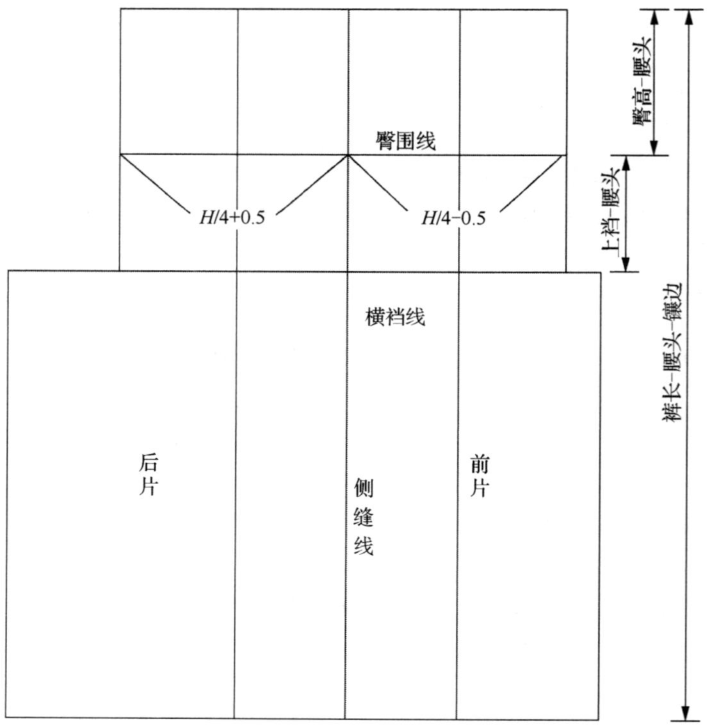

图 7-1-2 灯笼裤原型结构框架图（单位：cm）

2）根据灯笼裤的款式特点进行裤子结构设计，裤子前后片各设一个省道，在内侧缝线和外侧缝线分别进行 3cm 和 4cm 的展开设计，以扩大裤脚的围度；裤脚镶边长 28cm、宽 4cm，腰头以直腰头设计，完成灯笼裤的结构设计（图 7-1-3）。

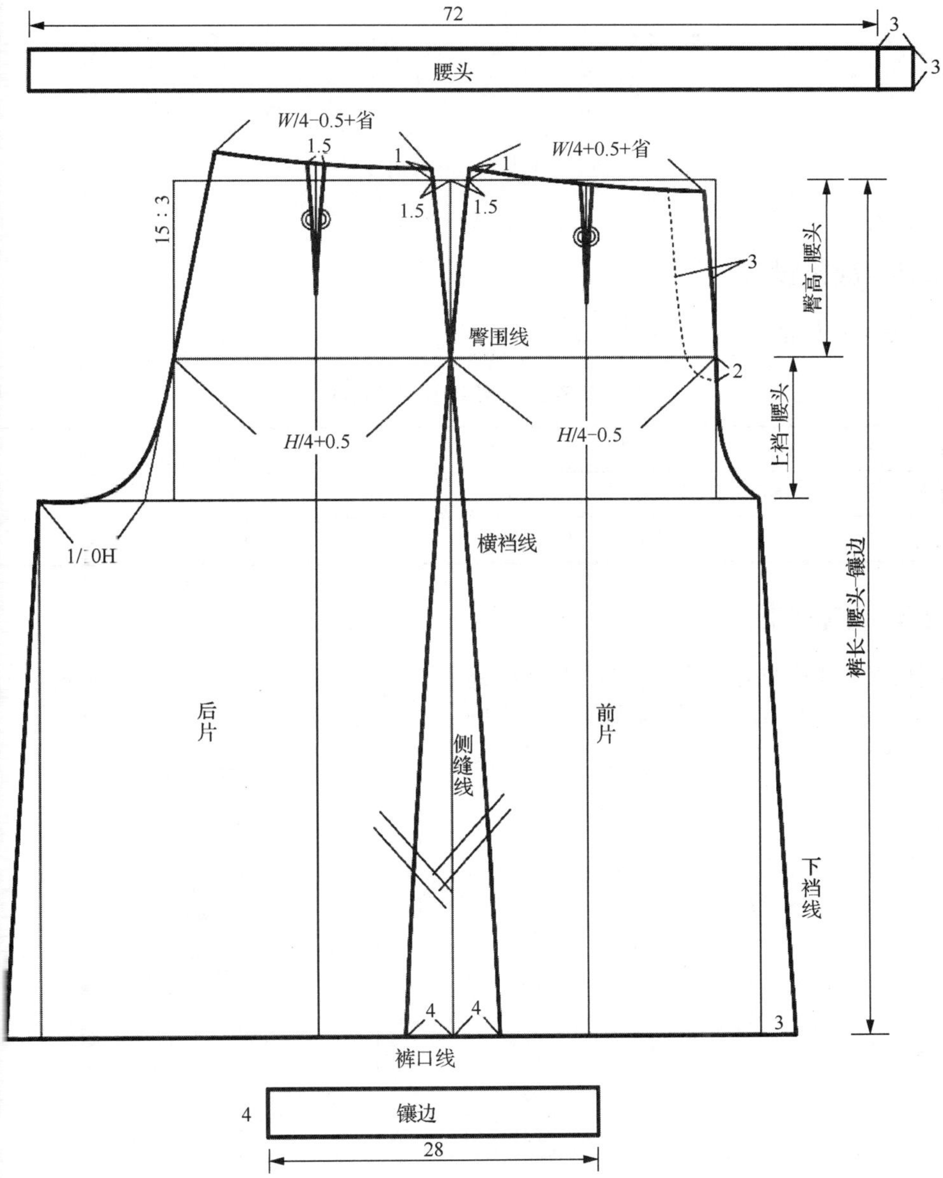

图 7-1-3　灯笼裤结构图（单位：cm）

7.2　铅笔裤结构制图

7.2.1　款式分析

铅笔裤（图 7-2-1）是小腿裤的一种，腰头抬高 5cm，前裤片腰头分为两片，并在侧面做插袋设计，后裤片腰头为一片，在腰围处各收一个省道，并做嵌袋设计；裤身整体呈贴体紧身效果，凸显腿部细长。

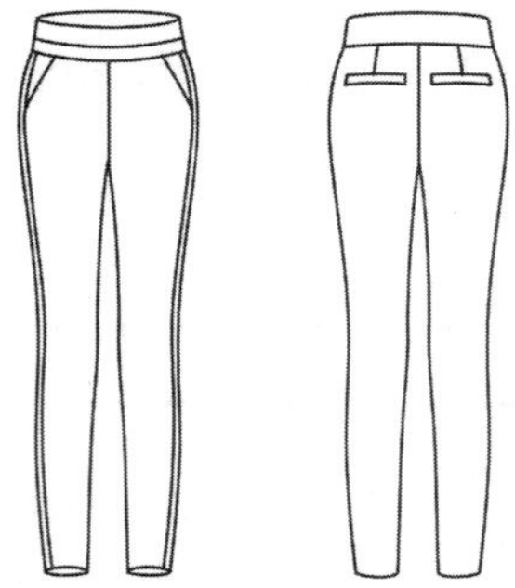

图 7-2-1　铅笔裤款式图

7.2.2　规格设计

铅笔裤尺寸规格如表 7-2-1 所示。

表 7-2-1　铅笔裤尺寸规格　　单位：cm

尺寸名称	裤长	腰围	臀围	上裆长	臀长	脚口宽	腰头宽
净体尺寸	100	66	92	27	18	—	—
成品尺寸	95	66	88	33	18	12.5	5

7.2.3　结构制图

1）按照尺寸规格绘制铅笔裤原型结构框架图，立裆高 25cm，臀长 13cm，前立裆宽 0.04*H*，后立裆宽 0.1*H*，后立裆弧线下落 0.7cm（图 7-2-2）。

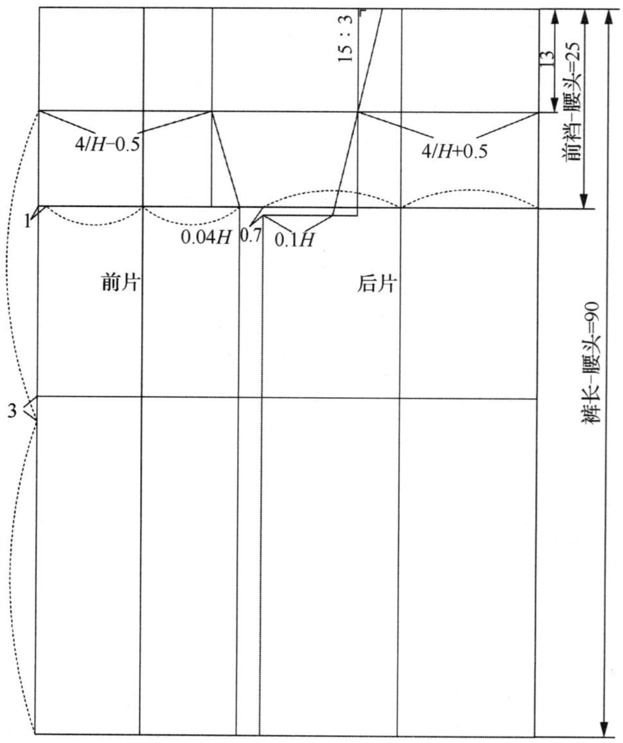

图 7-2-2　铅笔裤原型结构框架图（单位：cm）

2）根据铅笔裤的款式特点进行裤子的结构设计，前腰头由上下两部分组成，上半部分 5cm 与后片腰头 5cm 为一个整体，下半部分 3.5cm 为前片独有的分割设计；后片省道宽 1.8cm，脚口相对较小（图 7-2-3）。

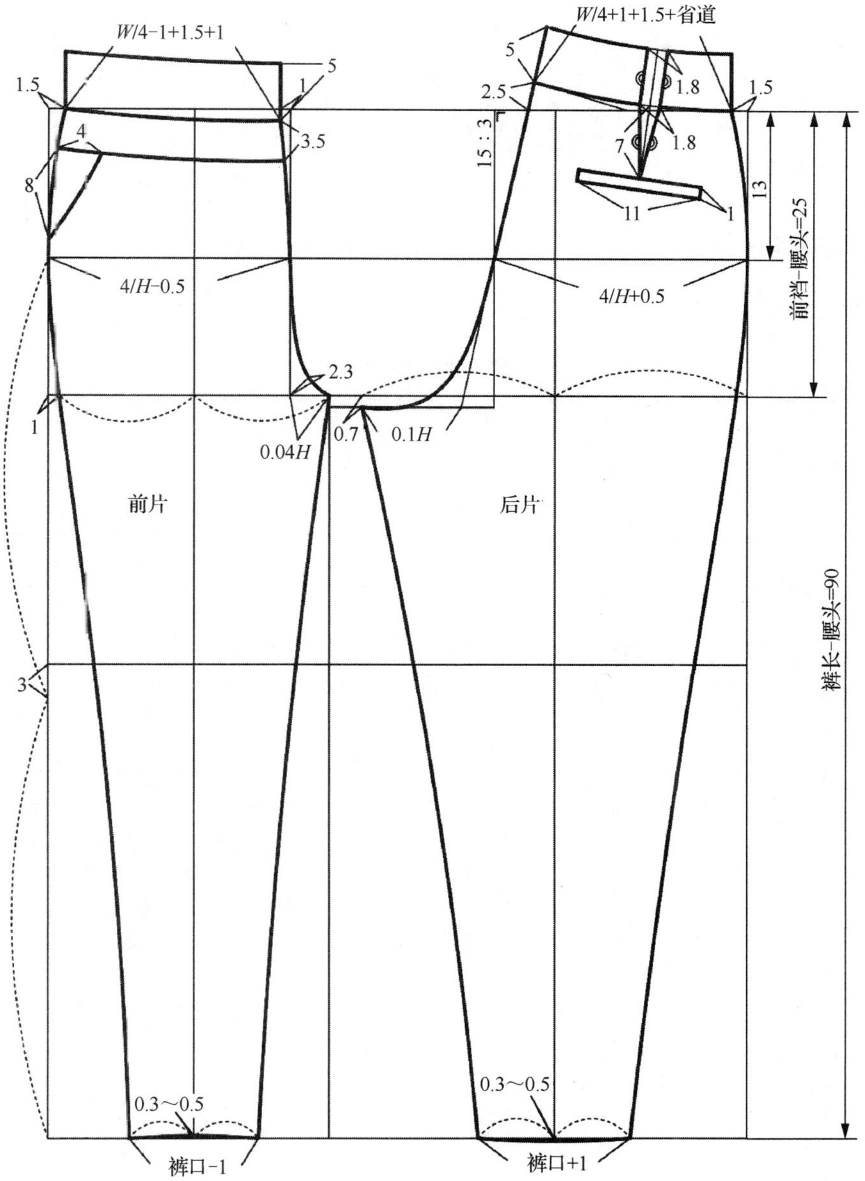

图 7-2-3　铅笔裤结构图（单位：cm）

7.3 哈伦裤结构制图

7.3.1　款式分析

哈伦裤（图 7-3-1）是在脚踝处用布条或松紧带抽紧的蓬松裤型，整体效果宽松，腿部展开扩大裤片，在脚口处做收缩设计呈碎褶状，前后裤片效果无明显的特征区别。

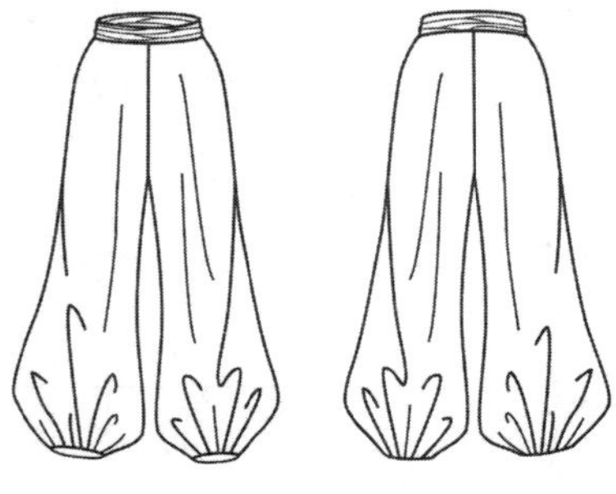

图 7-3-1　哈伦裤款式图

7.3.2　规格设计

哈伦裤尺寸规格如表 7-3-1 所示。

表 7-3-1　哈伦裤尺寸规格　　单位：cm

尺寸名称	裤长	腰围	臀围	上裆长	臀长	脚口宽	腰头宽
净体尺寸	100	66	92	27	18	—	—
成品尺寸	100	68	94	26	17	12	3

7.3.3　结构制图

1）利用尺寸规格绘制哈伦裤原型结构框架图（图 7-3-2）。

2）结合哈伦裤的款式特征绘制基本结构线，设置裤子展开线（图 7-3-3）。

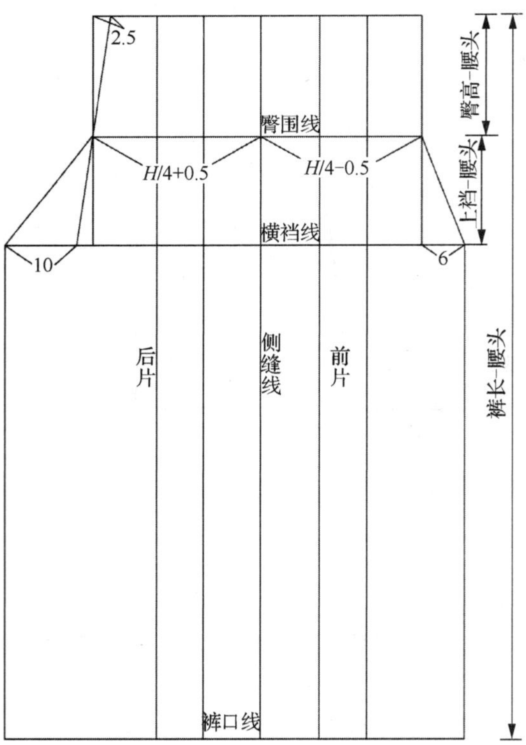

图 7-3-2　哈伦裤原型结构框架图（单位：cm）

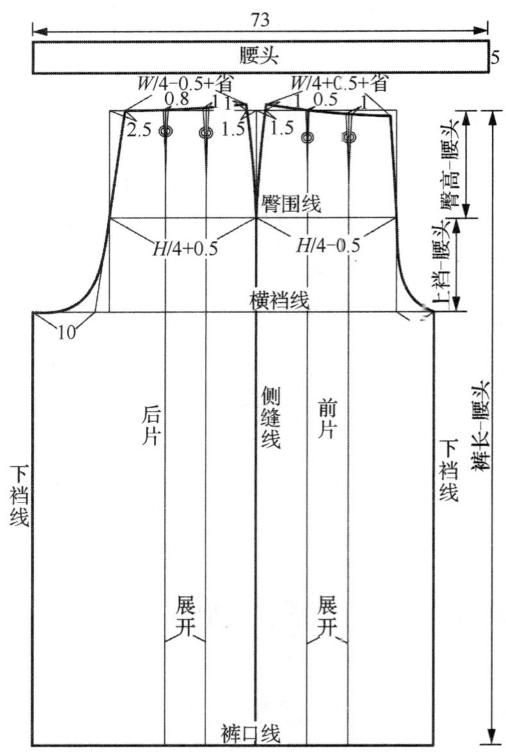

图 7-3-3　哈伦裤结构图（单位：cm）

3）根据哈伦裤的款式特点做裤身的结构展开设计（图 7-3-4）。

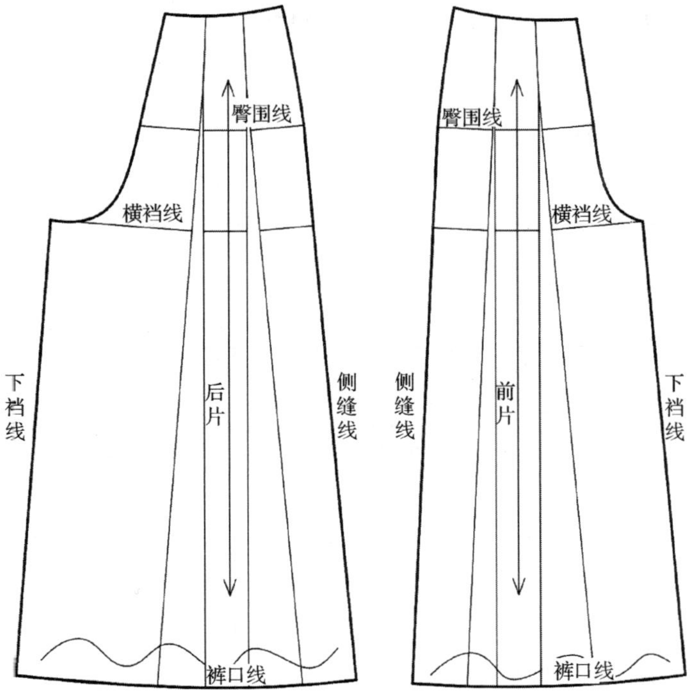

图 7-3-4　哈伦裤结构展开图

7.4 背带裤结构制图

7.4.1 款式分析

背带裤（图 7-4-1）是由裤子与上衣的部分结构组合的裤型，下身裤子为宽松型直筒裤，长度至小腿处，前片腰腹部收两个活褶，并在侧缝做插袋设计；上衣背带为原型上衣分割而成，并在前、后中心线的位置做重叠设计。

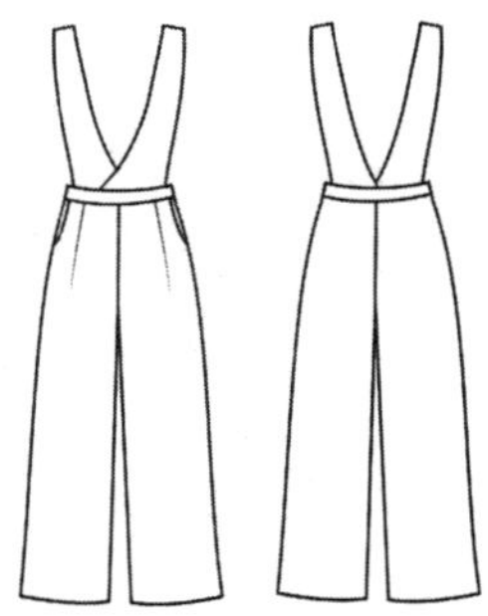

图 7-4-1　背带裤款式图

7.4.2 规格设计

背带裤尺寸规格如表 7-4-1 所示。

表 7-4-1　背带裤尺寸规格　　单位：cm

尺寸名称	裤长	腰围	臀围	上档长	臀长	脚口宽	腰头宽
净体尺寸	100	66	92	27	18	—	—
成品尺寸	116	76	104	27	18	29.5	5

7.4.3 结构制图

1）按照尺寸规格绘制背带裤原型结构框架图（图 7-4-2）。

2）根据背带裤的款式特征进行上身背带部分的分割设计与裤身的结构设计（图 7-4-3）。

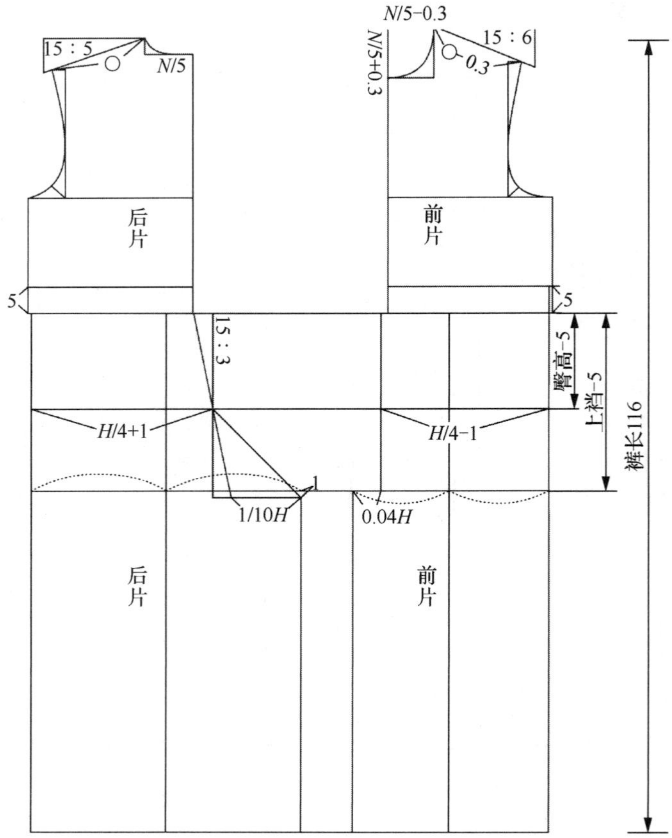

图 7-4-2　背带裤原型结构框架图（单位：cm）

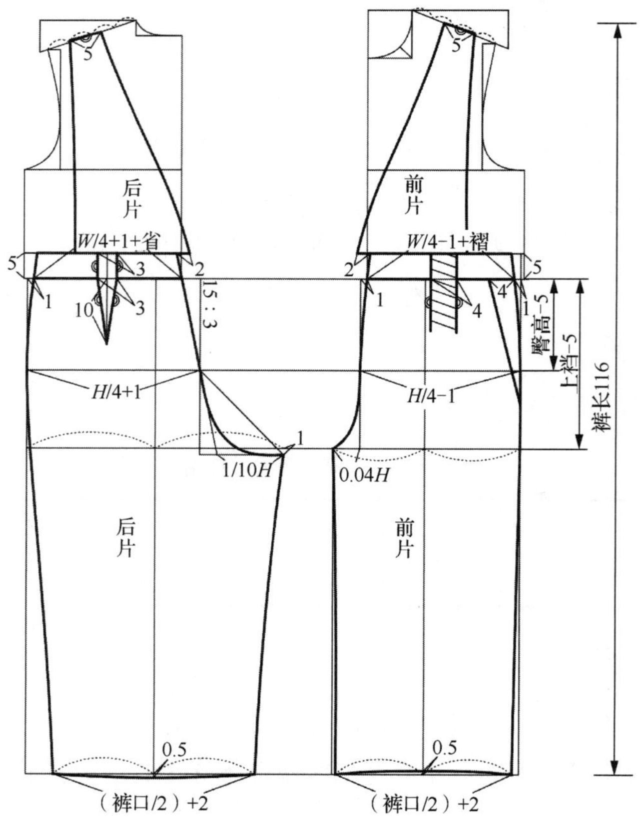

图 7-4-3　背带裤结构图（单位：cm）

7.5 短裤结构制图

7.5.1　款式分析

短裤（图 7-5-1）的结构同低腰牛仔裤，只是将裤长缩短至大腿根部，是受现代女性青睐的裤装之一；其款式特点为前片直插袋设计，后片育克分割与贴袋设计，裤子所有部位都压缉明线设计。

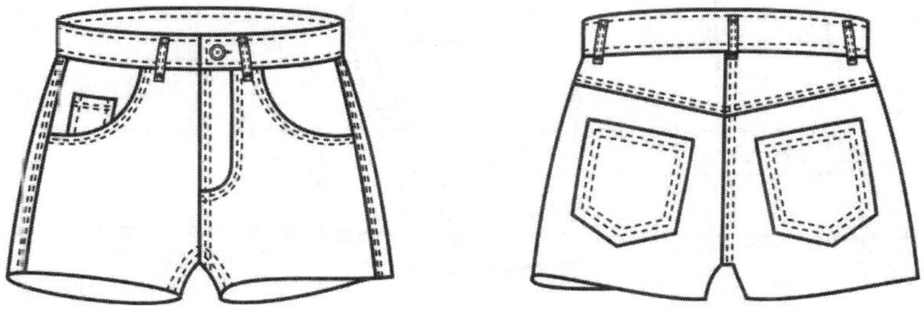

图 7-5-1　短裤款式图

7.5.2　规格设计

短裤尺寸规格如表 7-5-1 所示。

表 7-5-1　短裤尺寸规格　　单位：cm

尺寸名称	裤长	腰围	臀围	上裆长	臀长	脚口宽	腰头宽
净体尺寸	100	66	92	27	18	—	—
成品尺寸	27	—	94	21	14	25	3

7.5.3　结构制图

1）根据尺寸规格绘制短裤原型结构框架图（图 7-5-2）。

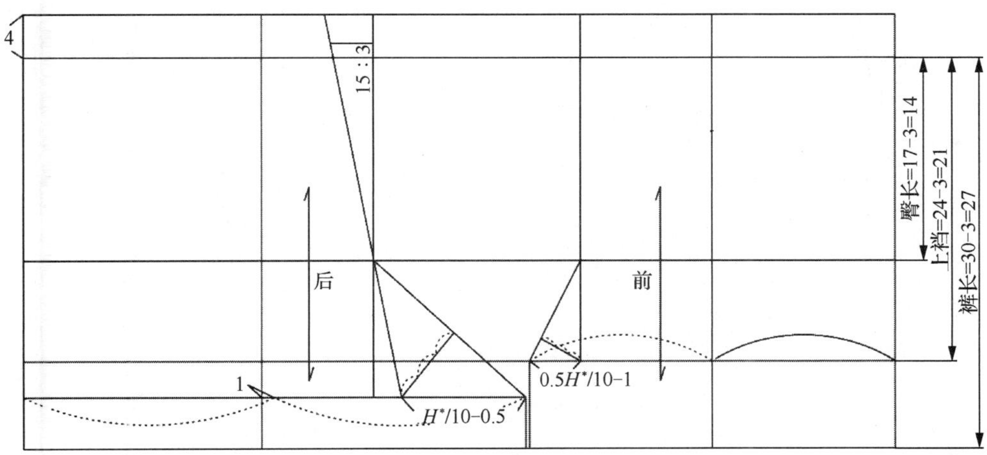

图 7-5-2　短裤原型结构框架图（单位：cm）

2）根据短裤的款式特征与结构原理进行短裤的结构设计（图 7-5-3）。

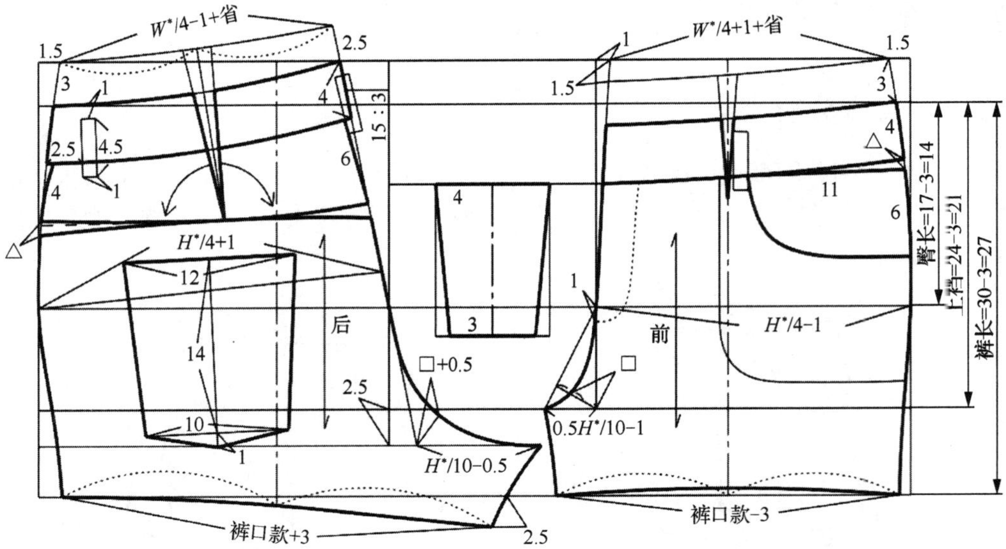

图 7-5-3　短裤结构图（单位：cm）

项目 8　其他变化款式结构制图

知识目标

1）了解夹克、连衣裙、旗袍、大衣的款式特点。

2）掌握夹克、连衣裙、旗袍、大衣的结构制图技能。

能力目标

1）能够根据相应尺寸规格绘制夹克、连衣裙、旗袍、大衣的原型结构框架图。

2）能够根据夹克、连衣裙、旗袍、大衣的款式特征对其进行结构设计。

素养目标

1）树立人文意识、美学意识，培养发现美、欣赏美、感受美的能力。

2）厚植家国情怀，激发使命担当，发扬一丝不苟、精益求精的工匠精神。

8.1 夹克结构制图

8.1.1 款式分析

夹克（图 8-1-1）前衣片在胸围线往上做分割设计，在胸口处两边各做一个有口袋盖的贴袋，同时将衣身的下半部分做纵向三片分割；后衣片做面积较大的育克分割设计，衣身的下半部分做纵向两片分割；领子做翻领设计，在前衣身无领座设计，在后衣身则做领座设计。

图 8-1-1 夹克款式图

8.1.2 规格设计

夹克尺寸规格如表 8-1-1 所示。

表 8-1-1 夹克尺寸规格 单位：cm

尺寸名称	衣长	胸围	腰围	臀围	肩宽	袖长	袖口宽
净体尺寸	38	84	66	90	38.5	52	—
成品尺寸	48	88	78	—	39	58	12

8.1.3 结构制图

1）按照尺寸规格绘制夹克原型结构框架图（图 8-1-2）。

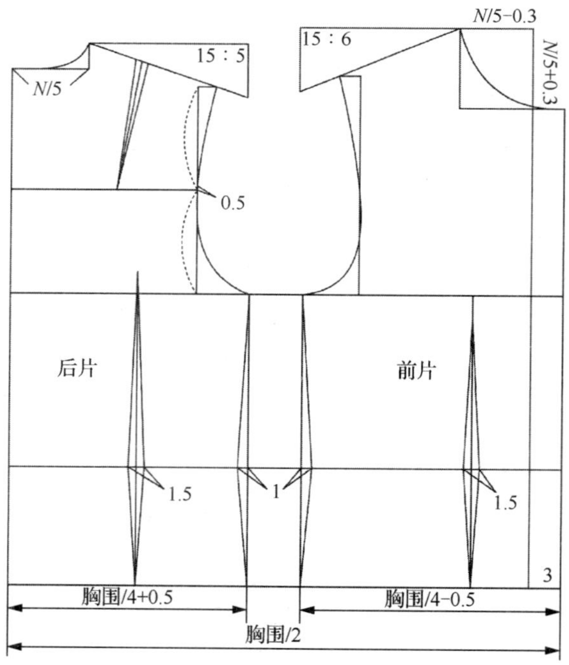

图 8-1-2 夹克原型结构框架图（单位：cm）

2）根据夹克的款式特征进行夹克的结构设计，在一片式翻领的基础上分离出领座（图 8-1-3）。

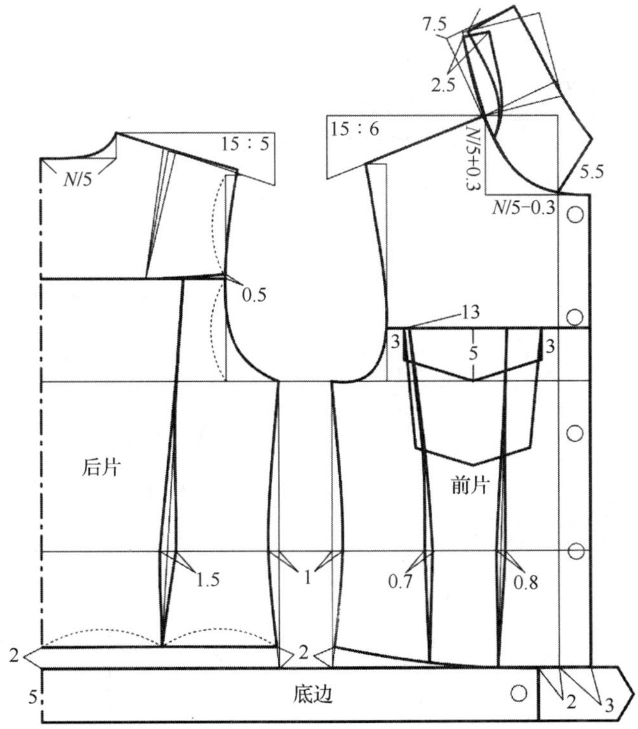

图 8-1-3　夹克衣身结构图（单位：cm）

3）绘制夹克衣袖结构图（图 8-1-4）。

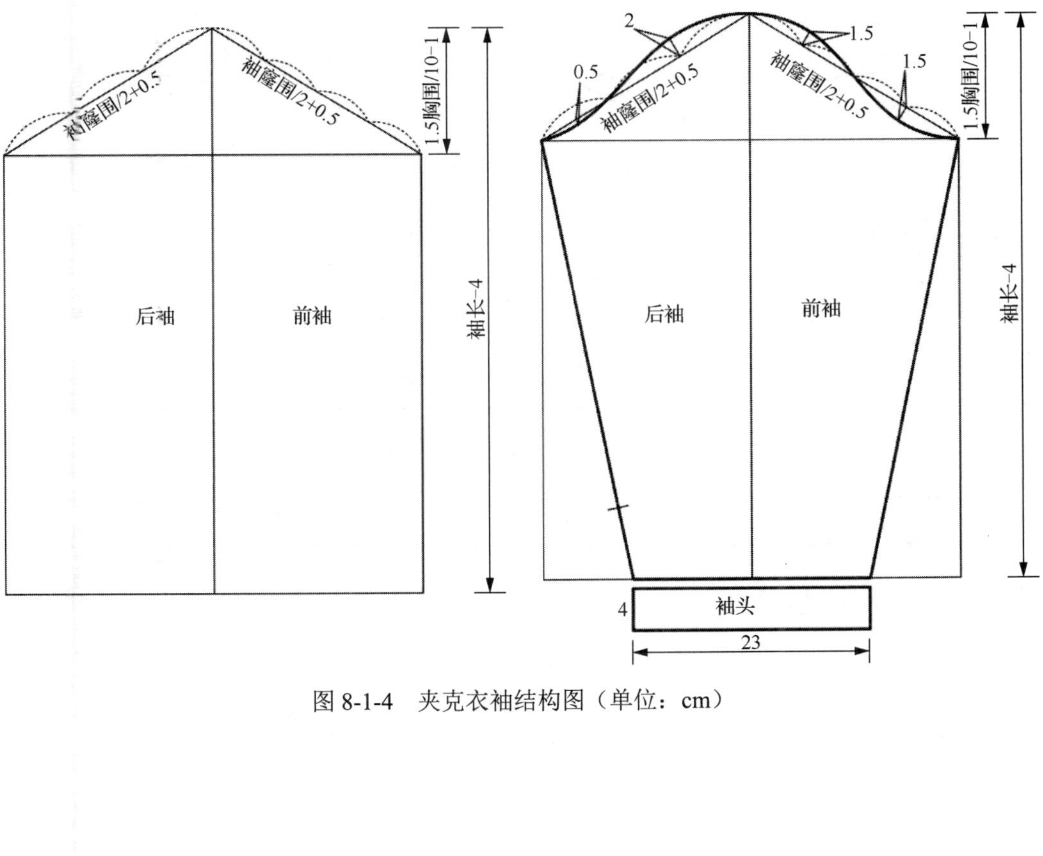

图 8-1-4　夹克衣袖结构图（单位：cm）

8.2 连衣裙结构制图

8.2.1 款式分析

连衣裙（图 8-2-1）为上衣与裙子结合而形成的款式，为腰节分割连衣裙，衣身部分为上衣原型的基础结构，领型为 V 形领；裙身为简单的 A 形款式；短袖设计后中开隐形拉链。

图 8-2-1　连衣裙款式图

8.2.2 规格设计

连衣裙尺寸规格如表 8-2-1 所示。

表 8-2-1　连衣裙尺寸规格　　单位：cm

尺寸名称	衣长	胸围	腰围	臀围	肩宽	袖长	袖口宽
净体尺寸	38	84	66	90	38.5	52	—
成品尺寸	93	88	76	—	39	20	15

8.2.3 结构制图

1）按照规格表尺寸绘制连衣裙原型结构框架图（图 8-2-2）。

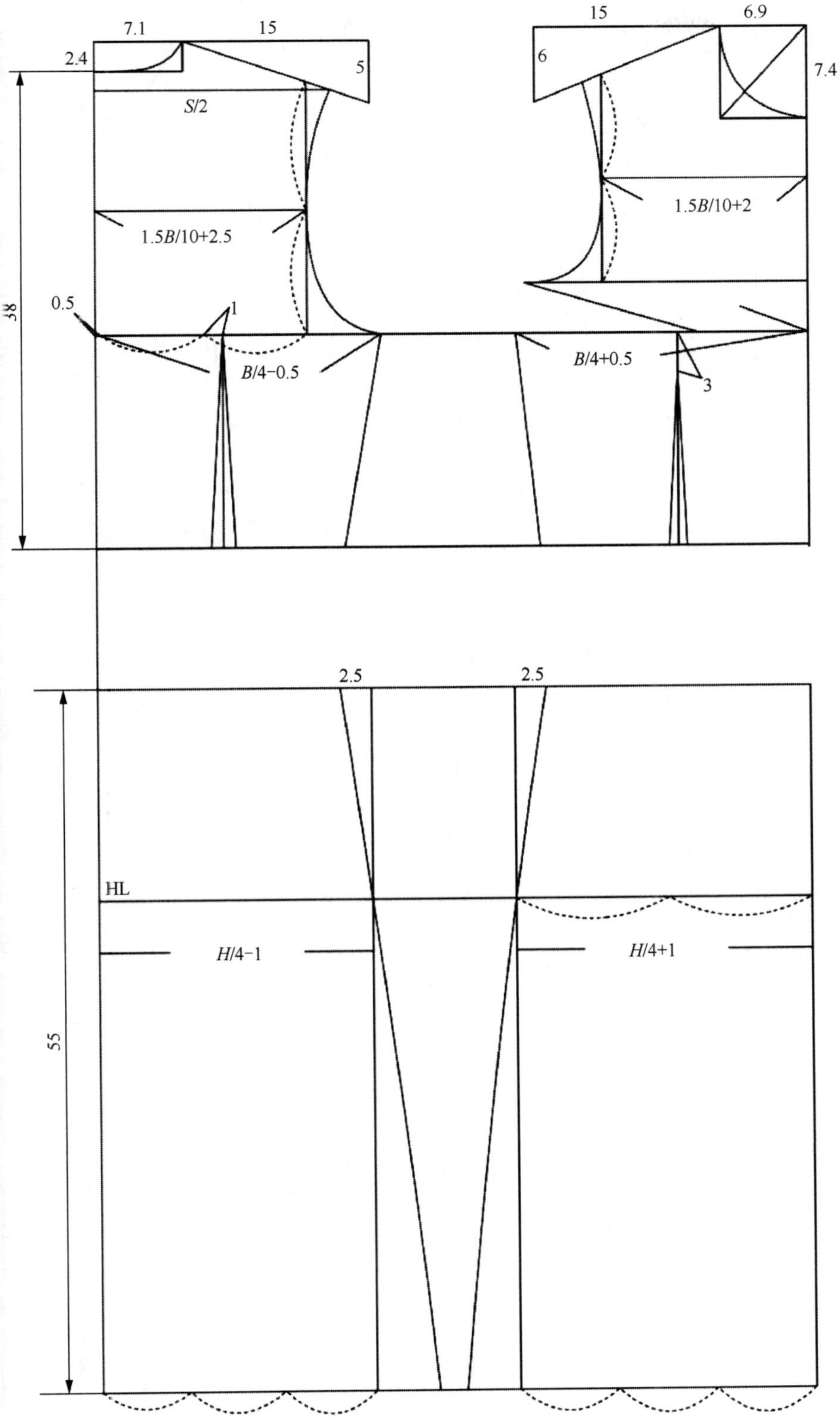

图 8-2-2　连衣裙原型结构框架图（单位：cm）

2）根据连衣裙的款式特征进行连衣裙的结构设计（图 8-2-3）。

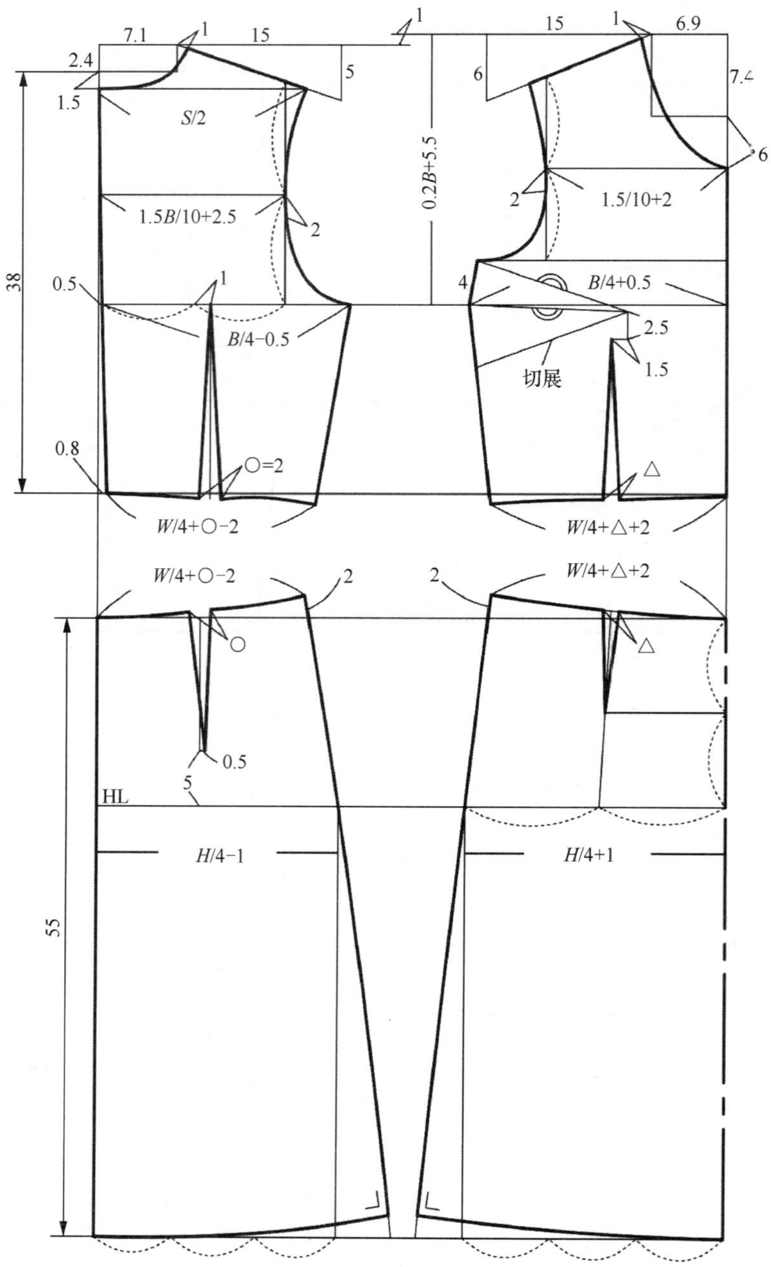

图 8-2-3 连衣裙结构图（单位：cm）

3）绘制连衣裙袖子结构图（图 8-2-4）。

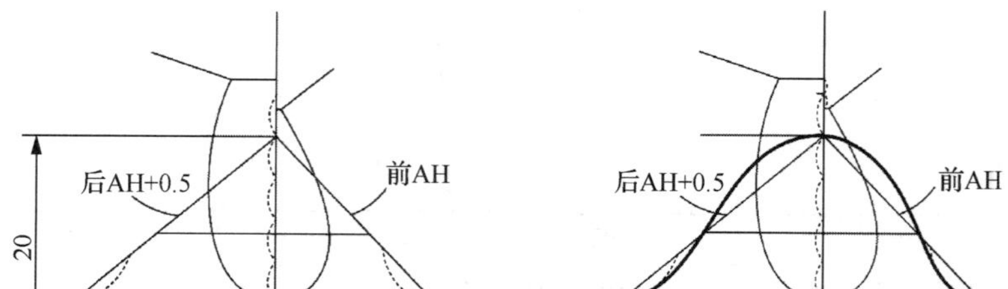

图 8-2-4 连衣裙袖子结构图（单位：cm）

8.3 旗袍结构制图

8.3.1　款式分析

旗袍（图 8-3-1）是中华女性传统服装，采用传统的立领结构，前衣片右半身做斜向分割盘扣设计，腋下、腰部收省，后衣片腰部收省，后中隐形拉链设计，裙摆两侧开衩设计。

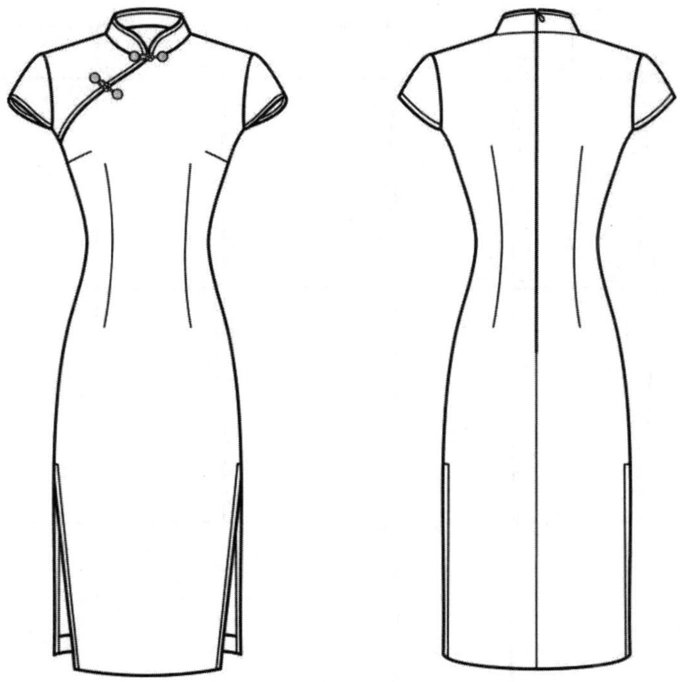

图 8-3-1　旗袍款式图

8.3.2　规格设计

旗袍尺寸规格如表 8-3-1 所示。

表 8-3-1　旗袍尺寸规格　　单位：cm

尺寸名称	衣长	胸围	腰围	臀围	肩宽	袖长	袖口宽
净体尺寸	38	84	66	90	38.5	52	—
成品尺寸	101	88	68	92	39	14	—

8.3.3　结构制图

1）按照给定的尺寸规格设计绘制旗袍原型结构框架图（图 8-3-2）。

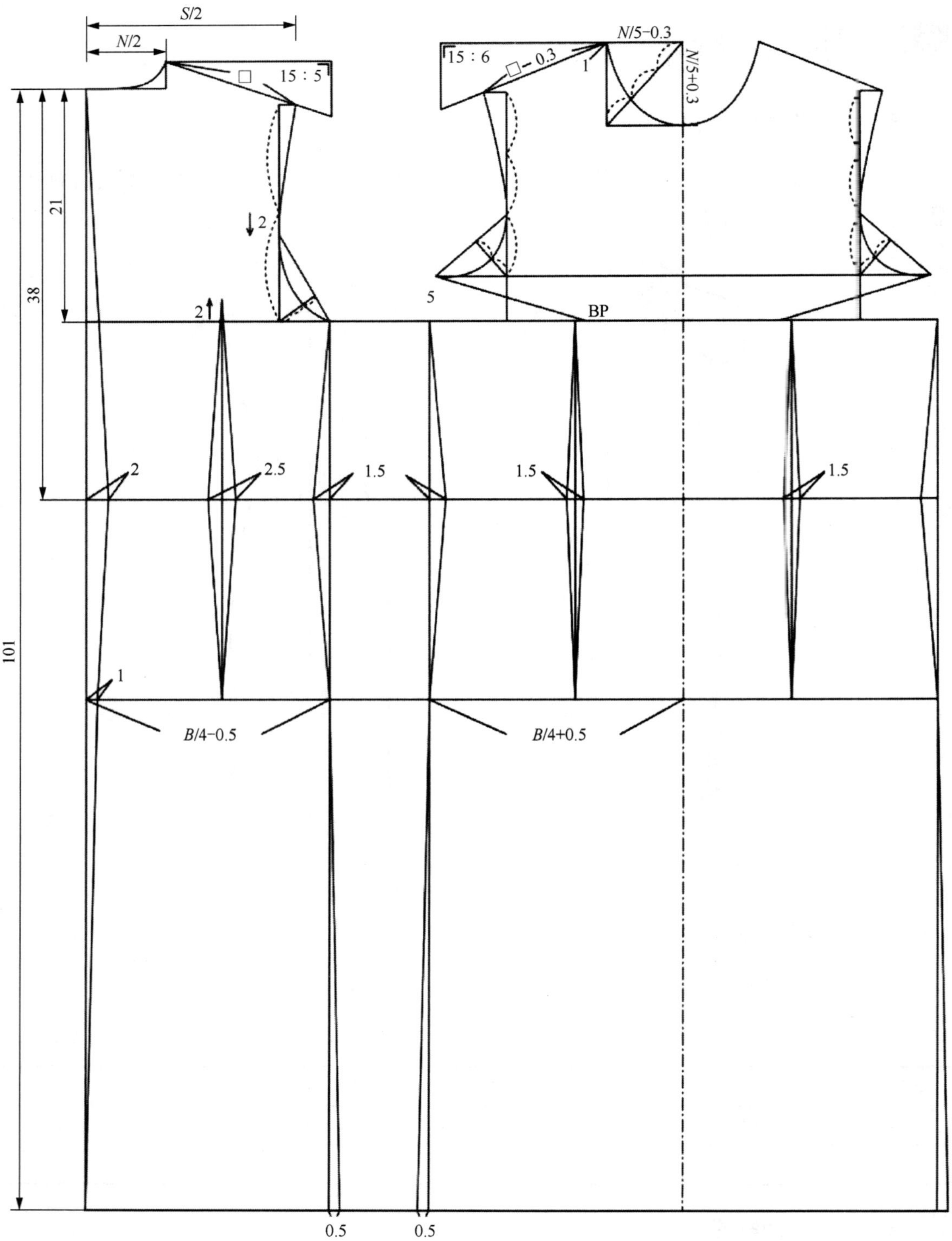

图 8-3-2　旗袍原型结构框架图（单位：cm）

2）根据旗袍的款式特点对旗袍的结构进行设计。由于旗袍的袖子特别短，刚好在腋下位置，为避免走光，袖窿线应适当抬高，旗袍开衩的位置不得超过臀围线（图 8-3-3）。

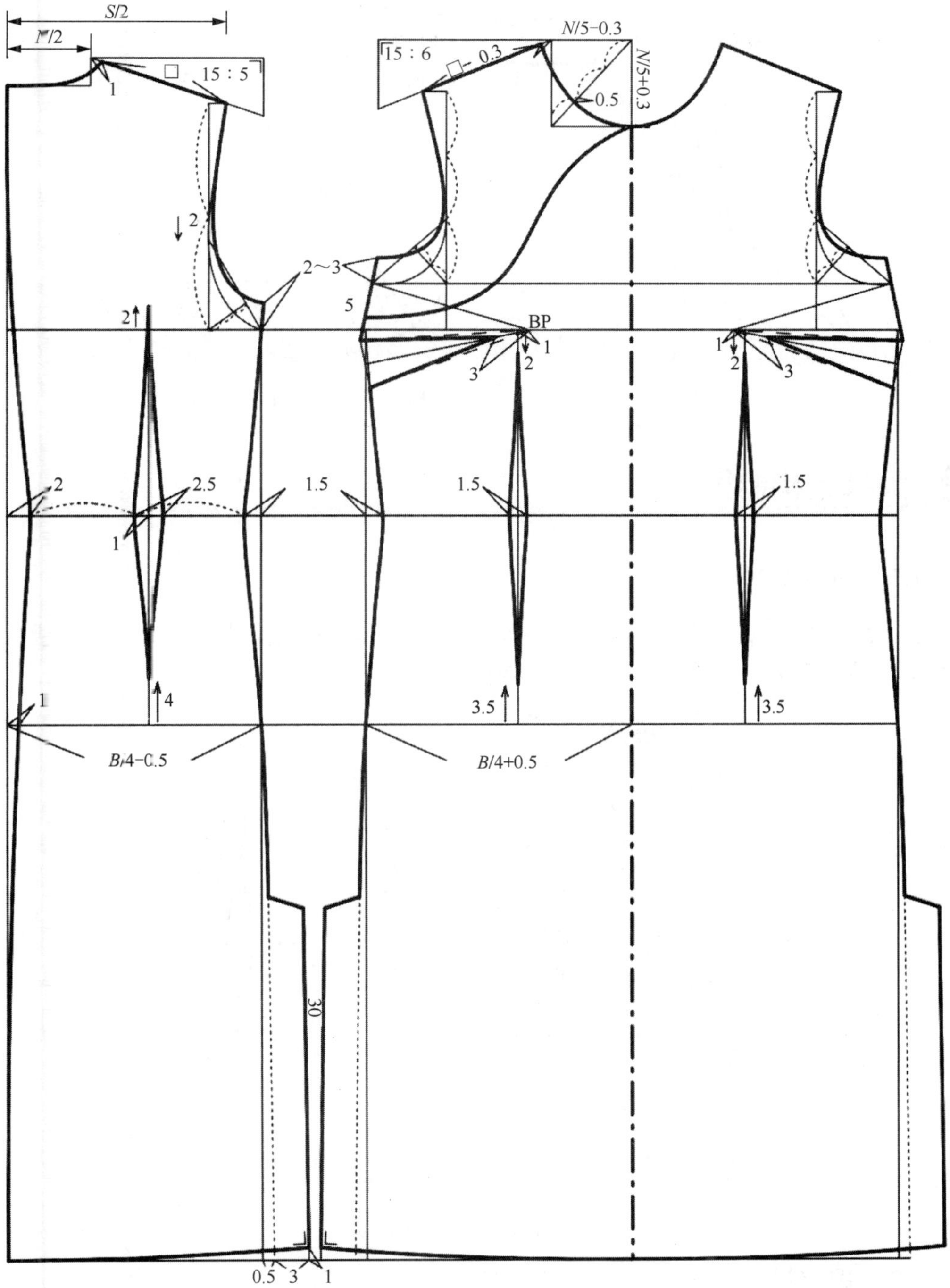

图 8-3-3　旗袍结构图（单位：cm）

3）进行领子、袖子的结构设计。为了保证立领达到所需效果，领子的起翘量不宜过低，袖子部分无须保留袖窿底部（图 8-3-4）。

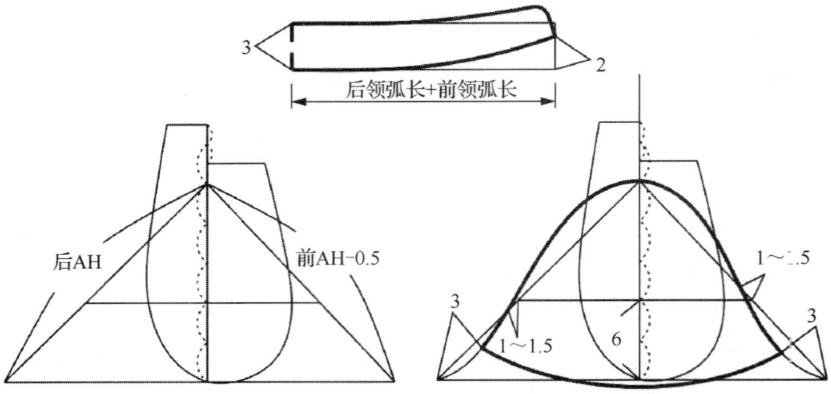

图 8-3-4　旗袍领子、袖子结构图（单位：cm）

8.4 大衣结构制图

8.4.1　款式分析

大衣（图 8-4-1）是人们冬季所喜欢的服装，采用大翻驳领、两片袖设计，前片腰身位置设置两个贴袋，后中采用中心分割，并加腰带。

图 8-4-1　大衣款式图

8.4.2　规格设计

大衣尺寸规格如表 8-4-1 所示。

表 8-4-1　大衣尺寸规格　　单位：cm

尺寸名称	衣长	胸围	腰围	臀围	肩宽	袖长	袖口宽
净体尺寸	38	84	66	90	38.5	52	—
成品尺寸	98	92	92	—	39	58	13

8.4.3　结构制图

1）按照尺寸规格设计绘制大衣原型结构框架图（图 8-4-2）。

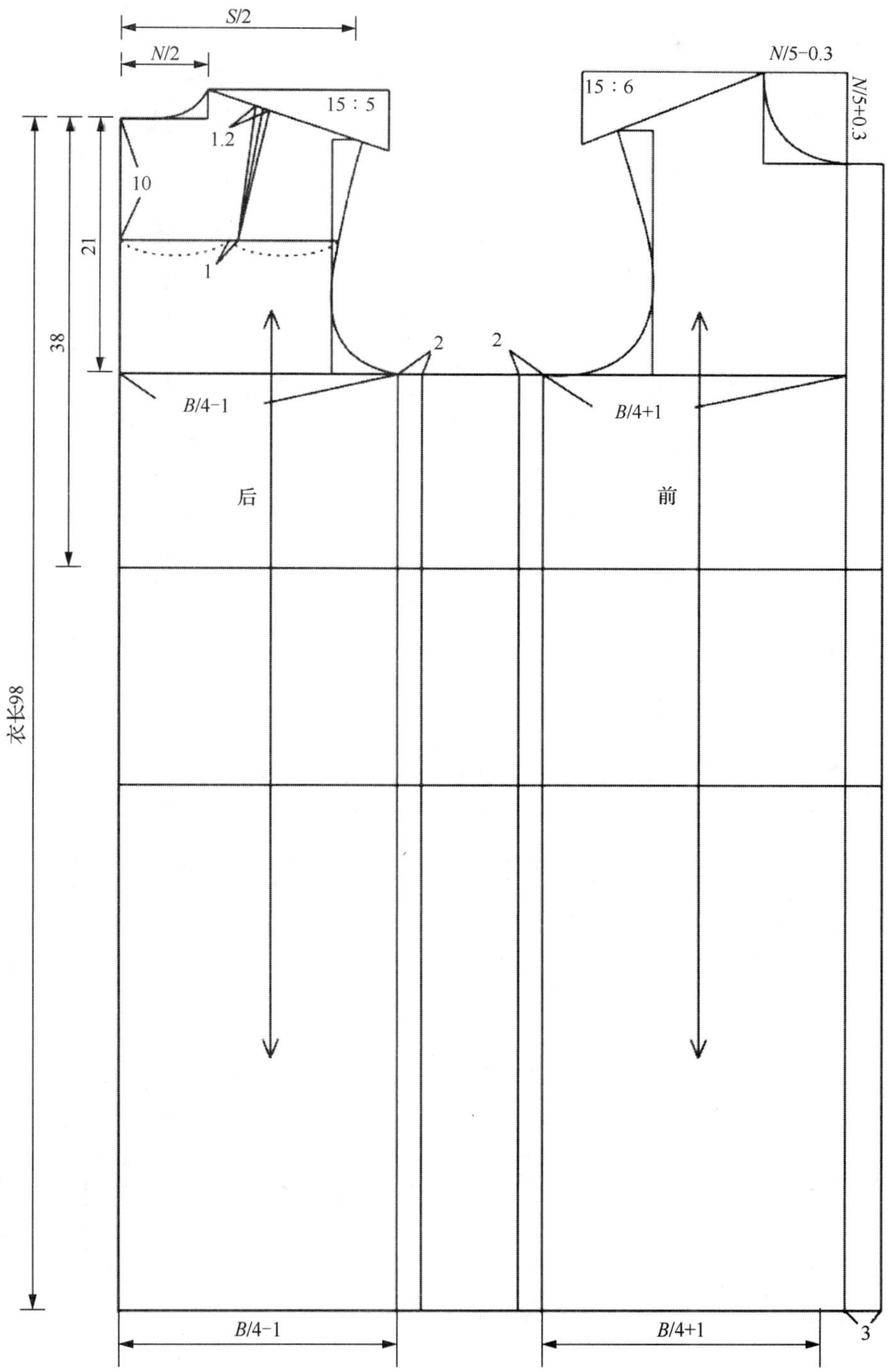

图 8-4-2　大衣原型结构框架图（单位：cm）

2）根据给定的大衣款式特点绘制大衣衣身结构图（图 8-4-3）。

3）绘制大衣袖子结构图（图 8-4-4）。

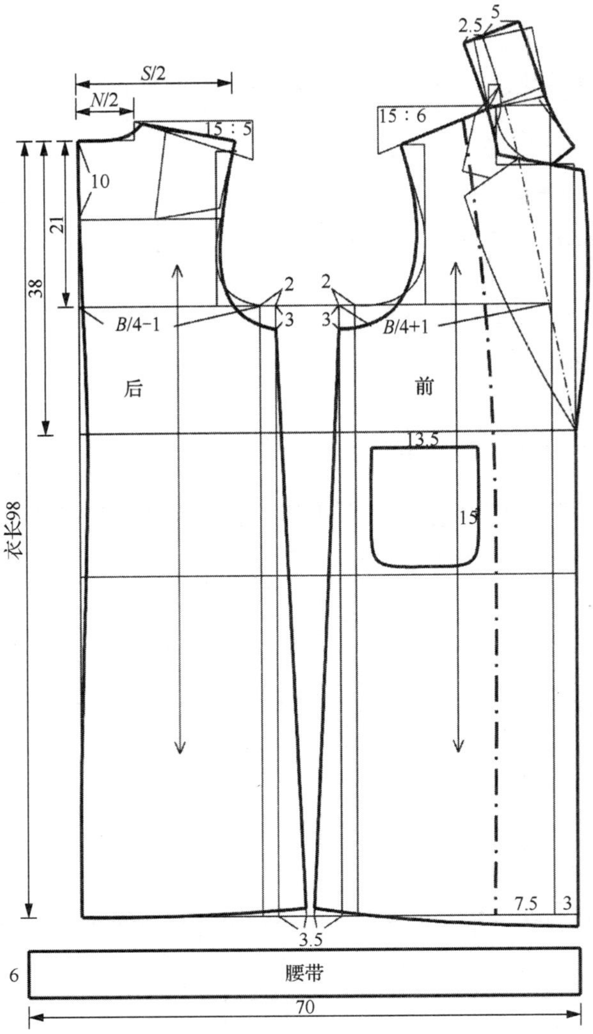

图 8-4-3　大衣衣身结构图（单位：cm）

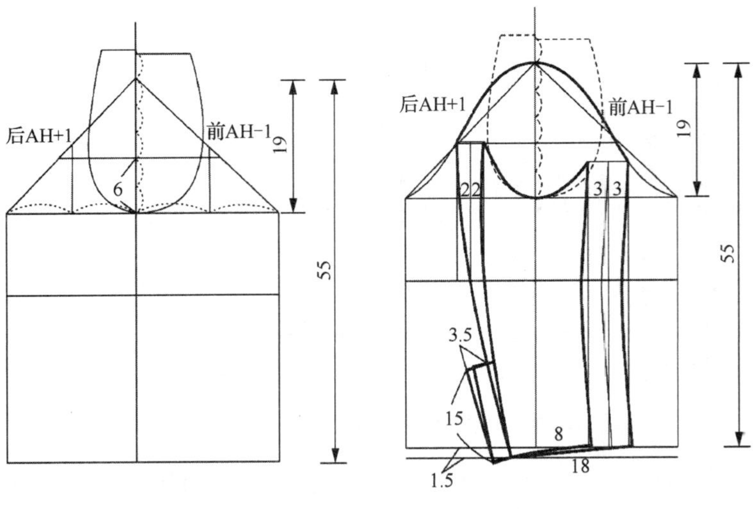

图 8-4-4　大衣袖子结构图（单位：cm）

参 考 文 献

丛艳君，2016．服装结构设计[M]．成都：电子科技大学出版社．

李正，宋柳叶，严烨晖，等，2018．服装结构设计[M]．2 版．上海：东华大学出版社．

刘春燕，2015．服装结构与工艺[M]．重庆：重庆大学出版社．

王琦，2018．服装结构设计[M]．北京：阳光出版社．

吴海燕，2017．服装结构制图[M]．北京：中国纺织出版社．

邹平，吴小兵，朴江玉，2016．服装结构设计与制图[M]．上海：东华大学出版社．